普通高等教育"十四五"系列教材

数据库原理与实践（MySQL 版）

主　编　杨俊杰　刘忠艳

副主编　张　玮　彭增焰　石　艳　陈世峰

 中国水利水电出版社

www.waterpub.com.cn

·北京·

内 容 提 要

本书以 MySQL 8.0.32 版本为平台，全面介绍了数据库系统的基本原理及其实现技术。全书共 9 章，主要内容包括数据库系统概述、关系模型基本理论、结构化查询语言 SQL、MySQL 编程、关系数据库的规范化理论、数据库的安全性、事务与并发控制、非关系型数据库 NoSQL、数据库设计。

本书提供了微课视频，每章后均配有习题，第 3 章和第 4 章还配有课堂练习，为理实一体化教学提供参考素材。书中涉及示例均在 MySQL 8.0.32 环境下测试通过。

本书既可作为普通高等院校计算机及相关专业的数据库课程教材，又可作为读者自学计算机技术的参考用书。

图书在版编目（CIP）数据

数据库原理与实践：MySQL版 / 杨俊杰，刘忠艳主编. -- 北京：中国水利水电出版社，2024.2
普通高等教育"十四五"系列教材
ISBN 978-7-5226-2340-5

Ⅰ. ①数… Ⅱ. ①杨… ②刘… Ⅲ. ①SQL语言－数据库管理系统－高等学校－教材 Ⅳ. ①TP311.132.3

中国国家版本馆CIP数据核字(2024)第021385号

策划编辑：陈红华　　责任编辑：鞠向超　　加工编辑：孙丹　　封面设计：苏敏

书　名	普通高等教育"十四五"系列教材 数据库原理与实践（MySQL 版） SHUJUKU YUANLI YU SHIJIAN (MySQL BAN)
作　者	主　编　杨俊杰　刘忠艳 副主编　张　玮　彭增焰　石　艳　陈世峰
出版发行	中国水利水电出版社 （北京市海淀区玉渊潭南路 1 号 D 座　100038） 网址：www.waterpub.com.cn E-mail：mchannel@263.net（答疑） 　　　　sales@mwr.gov.cn 电话：(010) 68545888（营销中心）、82562819（组稿）
经　售	北京科水图书销售有限公司 电话：(010) 68545874、63202643 全国各地新华书店和相关出版物销售网点
排　版	北京万水电子信息有限公司
印　刷	三河市鑫金马印装有限公司
规　格	184mm×260mm　16 开本　17 印张　435 千字
版　次	2024 年 2 月第 1 版　2024 年 2 月第 1 次印刷
印　数	0001—2000 册
定　价	51.00 元

前　言

数据库技术是计算机科学技术中发展较快的领域，已成为计算机应用和信息系统的核心技术和重要基础。"数据库原理与实践"课程是本科院校计算机相关专业的一门基础专业课。本书结合数据库基本原理、方法和应用技术，兼顾理论和应用，以 MySQL 8.0.32 版本为操作平台，每个知识点都通过实例进行讲解，在 MySQL 编程的相关章节提供了一定的课堂练习，为理实一体化教学提供参考素材。党的二十大报告指出，要"推进职普融通、产教融合、科教融汇"，产教融合、科教融汇将成为提升高等教育质量的必由之路。本书由产业专家与教师共同制定目录结构及内容，将教师教学研究项目与教材融合，以期满足新时代应用型创新人才培养的要求。

本书共分 9 章，主要内容如下。

第 1 章简要介绍了数据库系统、数据模型、数据库体系结构等。

第 2 章简要介绍了关系模型、传统的关系运算和专门的关系运算，并通过几个简单示例说明关系运算的基本应用。

第 3 章简要介绍了 SQL 语言、MySQL 数据库、MySQL 数据类型，详细讲解了 MySQL 的数据定义、数据更新、数据查询语句的语法和应用，并给出了本书使用的一个示例数据库。在本章的部分小节，还提供了课堂练习。

第 4 章详细讲解了 MySQL 程序设计、函数、存储过程、触发器、游标和异常处理的语法和应用。本章小节后附有课堂练习。

第 5 章主要介绍了函数依赖、关系模式的规范化、关系模式分解的概念和基本应用等。

第 6 章主要介绍了数据库管理系统提供的安全措施、MySQL 的安全机制及 MySQL 数据库的备份和恢复过程。

第 7 章主要介绍了事务与并发控制，讲解了事务控制的基本语法，并通过示例分析事务的处理过程。

第 8 章主要介绍了 NoSQL 数据库的发展背景、NoSQL 数据库的基本概念及存储模式，详细阐述了 MongoDB 的基本操作。

第 9 章主要介绍了数据库设计各阶段采用的方式方法及处理手段。

本书由岭南师范学院数据库教学团队教师编写，杨俊杰、刘忠艳任主编，其中，杨俊杰负责全书内容、结构的安排；刘忠艳负责编写第 1 章、第 2 章、第 4 章，陈世峰负责编写第 3 章，石艳负责编写第 7 章和第 9 章，张玮负责编写第 5 章和第 6 章，彭增焰负责编写第 8 章。

在编写过程中，编者参考了相关教材的部分内容及部分网络资料，在此对这些的作者致以衷心的感谢。

本书的出版得到了广东省一流本科课程"数据库原理"、广东省一流专业"计算机科学与技术"等项目的资助。

由于作者水平所限，书中难免存在不妥之处，敬请广大读者批评指正，并欢迎读者通过邮箱 yangjunjie1998@lingnan.edu.cn 反馈意见和建议。

编 者

2023 年 12 月

目　录

第 1 章　数据库系统概述

- **了解**：数据库的基本概念、数据库技术的产生背景与发展概况。
- **理解**：数据库系统的组成与特点、数据独立性的概念、数据模型的概念。
- **掌握**：关系模型的基本知识、关系数据库的设计方法。

1.1　数据库系统

数据库技术是计算机学科的重要分支，产生于 20 世纪 60 年代末至 70 年代初，主要研究如何有效管理和存取数据资源，以及提供可共享、安全和可靠的信息。数据库从概念的提出到现在已经形成了坚实的理论基础、成熟的商业产品和广泛的应用领域，是计算机领域发展较快的技术。

1.1.1　数据库的基本概念

数据库的基本概念

1. 数据

数据（Data）是描述客观事物并可识别的符号，是信息的具体表现形式，也是数据库中存储、用户操纵的基本对象。数据是对现实世界的事物采用计算机能够识别、存储和处理的方式进行的描述，人们可以从中得到需要的信息。数据和信息既有联系，又有区别。数据是信息的符号表示，而信息通过数据描述，又是数据语义的解释。目前，数据不仅可以是数值、字母、文字及其他特殊字符，还可以是图形、图像、动画、声音、视频等多媒体符号。

通常，人们用很多事实描述感兴趣或要保存的事物。例如，某所大学校长要了解教师张×清的一些基本情况，她的教师编号是 04018，每月基本工资为 5400 元，祖籍为广东湛江，出生日期是 1988 年 3 月 20 日，电话号码是 1362×××789，家庭住址是湛江市赤坎区寸金路××号，等等。知道这些事实就可以每月处理张×老师的工资单，在她生日时发送贺卡，打印她的工资条，遇到紧急情况时可以通知她的家人，等等。

2. 数据库

数据库（Database，DB）是长久存储在计算机中有组织、可共享、具有确定意义的大量数据的集合。通俗来讲，它是一个电子文件库，库里包含被计算机数据化的文件。比如，可以把单位同事的姓名、地址、电话号码等信息存储在计算机中的 Excel 表格中，这就是一个简单的数据库。

3. 数据库管理系统

数据库管理系统（Database Management System，DBMS）是一种大型复杂的软件系统，是位于用户和操作系统之间的一层数据管理软件，是数据库和用户之间的一个接口。它由一个相互关联的数据集合和一组访问这些数据的程序组成。这些数据集合就是数据库，并且允许用户根据需求增加、更改、删除、检索数据。

通俗来讲，数据库管理系统是一个通用的管理数据库的软件系统，由一组计算机程序构成。数据库管理系统负责数据库的定义、建立、操纵、管理和维护，能够对数据库进行有效管理，包括存储管理、安全性管理、完整性管理等。

4. 数据库系统

数据库系统（Database System，DBS）是计算机引入数据库后的系统。它是把计算机硬件、软件、数据和有关人员组合起来，为用户提供信息服务的系统。数据库系统如图 1.1 所示。

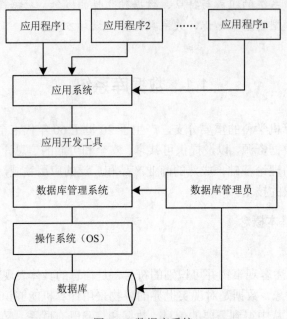

图 1.1　数据库系统

（1）计算机硬件。计算机硬件是数据库系统的物质基础，是存储数据库及运行数据库管理系统的硬件资源，主要包括计算机主机、存储设备、输入/输出设备及计算机网络环境。

（2）计算机软件。计算机软件包括操作系统、数据库管理系统、数据库应用系统等。

数据库管理系统是数据库系统的核心软件，它提供数据定义、数据操纵、数据库管理、数据库建立和维护及通信等功能。数据库管理系统提供对数据库中的数据资源进行统一管理和控制的功能，将用户、应用程序与数据库数据隔离，是数据库系统的核心，其功能的强弱是衡量数据库系统性能优劣的主要指标。数据库管理系统必须运行在相应的系统平台上，有操作系统和相关系统软件的支持。

数据库管理系统功能的强弱因系统而异，大系统功能较强、较多，小系统功能较弱、较少。目前，比较流行的关系型数据库管理系统有 MySQL、Oracle、SQL Server、Sybase、DB2等，常见的非关系型数据库管理系统有 MongoDB、Memcached、Redis 等。

数据库应用系统是系统开发人员利用数据库系统资源开发出来的、面向某类实际应用的应用软件系统。从实现技术角度而言，它是以数据库技术为基础的计算机应用系统。

（3）数据库。数据库中的数据往往不像文件系统那样只面向某项特定应用，而是面向多种应用，可以被多个用户、多个应用程序共享。其数据结构独立于使用数据的程序，对数据的增加、删除、更改和检索都由数据库管理系统进行统一管理和控制，用户对数据库进行的各种操作也都是由数据库管理系统实现的。

（4）数据库系统的有关人员。数据库系统的有关人员主要有三类：最终用户、数据库应用系统开发人员和数据库管理员（Database Administrator，DBA）。最终用户是指通过应用系统的用户界面使用数据库的人员，他们一般对数据库知识了解不多。数据库应用系统开发人员包括系统分析员、系统设计员和程序员。系统分析员负责分析应用系统，他们与最终用户、数据库管理员配合，参与系统分析；系统设计员负责应用系统设计和数据库设计；程序员根据设计要求进行编码。数据库管理员是数据管理机构的一组人员，他们负责对整个数据库系统进行总体控制和维护，以保证数据库系统的正常运行。

1.1.2　数据库技术的发展

1. 数据库管理的诞生

数据管理是研究分类、组织、编码、存储、检索和维护数据的一门技术。数据库理论技术是应数据管理的需求而产生的，而数据管理又随着计算机技术的发展而完善。随着计算机技术的不断发展，在应用需求的推动下，在计算机硬件、软件发展的基础上，数据管理技术经历了人工管理、文件管理、数据库管理三个阶段。

（1）人工管理阶段。在计算机出现之前，人们运用常规手段从事记录、存储和对数据加工，也就是利用纸张记录和利用计算工具（算盘、计算尺）计算，并主要使用人的大脑来管理和利用这些数据。

（2）文件管理阶段。20 世纪 50 年代后期到 60 年代中期，随着计算机硬件和软件的发展，磁盘、磁鼓等直接存取设备开始普及。该时期的数据处理系统把计算机中的数据组织成相互独立的被命名的数据文件，并可按文件的名字访问，对文件中的记录进行存取的数据管理技术。但是各应用都拥有自己的专用数据，通常存储在专用文件中，这些数据与其他文件中的数据有大量重复，造成了资源与人力的浪费。随着机器内存储数据的日益增加，数据重复的问题越来越突出。于是人们想到将数据集中存储、统一管理，这就演变成了数据库管理系统，进而形成数据库技术。

（3）数据库管理阶段。数据库系统的萌芽出现于 20 世纪 60 年代，当时计算机开始广泛应用于数据管理。人们对数据共享提出了越来越高的要求，而传统的文件系统已经不能满足人们的需要，能够统一管理和共享数据的数据库管理系统应运而生。当时数据管理非常简单，通过大量的分类、比较和表格绘制的机器运行数百万穿孔卡片来管理数据，将运行结果打印出来或者制成新的穿孔卡片，而数据管理就是对所有穿孔卡片进行物理存储和处理。

当今世界信息技术成为国际竞争的工具，信息战极大地促进了国家信息产业的发展。数据库系统作为现代信息系统中复杂、关键的基础软件，是信息技术的关键一环，需要单独发展一个完整的信息产业链，实现自主创新，不受制于人。全球形势驱动软件自主可控，数据库是关键环节。国家政策已经将信息安全提升到国家战略层面。安全、稳定、高效运行的数据库系统对政企业务的运转至关重要。

我国国内数据库产业呈现出百花齐放、百家争鸣的发展局面。国产数据库的发展经历了如下四个阶段。

第一阶段：探索期（1978—1988 年）。萨师煊教授和王珊教授推开了我国数据库领域的大门，培养了我国数据库的第一代人才。

第二阶段：萌芽期（1989—2000 年）。国家高技术研究发展计划（简称 863 计划）设立了"数据库重大专项""973 计划"等，为高校的数据库研究提供经费支持。我国高校及科研机构进行了原型研发与产品开发，建立了第一代原型数据库，比如东软集团股份有限公司的 Openbase、中国软件与技术服务有限公司的 Cobase 和华中科技大学的 DM Database。

第三阶段：成长期（2001—2012 年）。国家"十一五"规划发布，2008 年国产数据库成为"核高基"重大科研专项之一。有了国家政策的扶持与吸引，达梦数据库、人大金仓、南大通用和航天神舟等公司开始发展。2008 年阿里巴巴的"去 IOE"，2010 年后的云计算时代和开源社区兴起，国产数据库开始弯道超车，国产数据库领域真正进入茁壮成长、蓬勃发展的时代。

第四阶段：发展期（2013 年至今）。在大数据与互联网等的发展推动下，现有数据库技术无法满足国内企业应用场景的规模和性能等需求，国内技术人员对数据库内核相关技术的掌握越来越深入和全面，市场化竞争越来越激烈，一批新兴国产数据库厂家开始涌现。一些云计算厂商及部分数据库厂商基于 MySQL、PostgreSQL 等开源数据库进行了一些改造。截至目前，国产数据库的厂商数量已经超过 200 家。

2. 关系数据库的由来

网状数据库和层次数据库已经很好地解决了数据的集中和共享问题，但是在数据独立性和抽象级别上仍有很大的欠缺。用户在对这两种数据库进行存取时，仍然需要明确数据的存储结构，指出存取路径。而后来出现的关系数据库较好地解决了这些问题。1970 年，IBM 研究员埃德加·弗兰克·科德（E.F.Codd）博士提出了关系模型的概念，奠定了关系模型的理论基础。后来 E.F.Codd 又论述了范式理论和衡量关系系统的 12 条标准，用数学理论奠定了关系数据库的基础。关系模型有严格的数学基础，抽象级别较高且简单清晰，便于理解和使用。1976 年，霍尼韦尔（Honeywell）公司开发了第一个商用关系数据库系统——Multics Relational Data Store。关系数据库系统以关系代数作为坚实的理论基础，经过几十年的发展和实际应用，技术越来越成熟和完善。其代表产品有甲骨文公司的 Oracle、IBM 公司的 DB2 和 Informix、微软公司的 MS SQL Server、Adabas D 等。

3. 面向对象数据库系统的发展

面向对象数据库系统（Object-Oriented Database System，OODBS）是将面向对象的模型、方法和机制与先进的数据库技术有机结合而形成的新型数据库系统。它从关系模型中脱离出来，强调在数据库框架中发展类型、数据抽象、继承和持久性。它的基本设计思想是把面向对象语言向数据库方向扩展，使应用程序能够存取并处理对象；扩展数据库系统，使其具有面向对象的特征，提供一种综合的语义数据建模概念集，以便对现实世界中复杂应用的实体和联系建模。因此，面向对象数据库系统首先是一个数据库系统，具备数据库系统的基本功能；其次是一个面向对象的系统，针对面向对象的程序设计语言的永久性对象存储管理而设计，充分支持完整的面向对象的概念和机制。面向对象数据库系统对一些特定应用领域（如 CAD 等），能较好地满足其应用需求。面向对象数据库技术有望成为继关系数据库技术之后的新一代数据管理技术。

然而，多年发展表明面向对象的关系型数据库系统产品的市场发展情况并不理想，理论上的完美并没有带来市场的热烈反应。不成功的主要原因在于，这种数据库产品的主要设计思想是用新型数据库系统取代现有数据库系统。这对许多已经运用数据库系统并积累了大量工作数据的客户，尤其是大客户来说，无法承受由新旧数据转换带来的巨大工作量及巨额开支。另外，面向对象的关系型数据库系统使查询语言变得极为复杂，无论是数据库的开发商家还是应用客户都视其复杂的应用技术为畏途。

4. NoSQL 数据库系统兴起

NoSQL（Not Only SQL）泛指非关系型的数据库。随着互联网应用的发展，传统的关系数据库存在读写速度慢（关系数据库系统逻辑复杂，当数据量达到一定规模时，即使能勉强应付每秒上万次的 SQL 查询，硬盘 I/O 也无法承担每秒上万次 SQL 写数据的要求），支撑容量有限（Facebook 和 Twitter 等一些社交网站每月能产生上亿条用户动态，在包含数亿条数据的表里无法保证查询速度），扩展困难（当一个应用系统的用户量和访问量持续增加时，无法通过简单增加更多的硬件和服务节点来扩展性能和负载能力），管理和运营成本高（企业级数据库的 License（许可证）价格高、系统规模不断上升）等问题，传统的关系数据库在满足云计算和大数据时代的应用已经显得力不从心，出现了很多难以克服的问题，而非关系型的数据库因在设计上与传统关系型数据库不同，得以迅速发展。NoSQL 数据库的产生就是为了解决大规模数据集合多重数据种类带来的问题，特别是大数据应用难题。

5. 数据库技术的现状

1980 年以前，数据库技术的发展主要体现在数据库的模型设计上。20 世纪 90 年代后，计算机领域中其他新兴技术的发展对数据库技术产生了重大影响。数据库技术与网络通信技术、人工智能技术、多媒体技术等相互渗透、相互结合，使数据库技术的新内容层出不穷。数据库的许多概念、应用领域，甚至某些原理都有了重大的发展和变化，形成了数据库领域众多的研究分支和课题，产生了一系列新型数据库。分析目前数据库的应用情况可以发现，企业和部门积累的数据越来越多，许多企业面临着"数据爆炸"的困境。解决海量数据的存储管理、挖掘大量数据中包含的信息和知识，已成为目前亟待解决的问题。所以，除数据库技术核心问题的研究外，市场的需求导致出现以下几种数据库的发展及一些研究热点：分布式数据库、云数据库、并行数据库、主动数据库、多媒体数据库、模糊数据库、知识数据库、XML 数据库、数据仓库和联机分析处理（Online Analytical Processing，OLAP）、数据挖掘、面向对象数据库及数据可视化技术。

6. 数据库技术发展的趋势

大数据时代，数据量不断爆炸式增长，数据存储结构也越来越灵活多样，日益变革的新兴业务需求催生数据库及应用系统的存在形式越发丰富。这些变化均对数据库的各类能力不断提出挑战，推动数据库技术不断向模型拓展、架构解耦的方向演进，与云计算、人工智能、区块链、隐私计算、新型硬件等技术呈现取长补短、不断融合的发展态势，总结起来体现为如下七个对应趋势。

（1）多模数据库实现"一库多用"。多模数据库是指能够支持处理多种数据模式混合的数据库（如关系、KV、文档、图、时序等）。多模数据库支持灵活的数据存储类型，集中存储、查询和处理各种数据，可以同时满足应用程序对结构化、半结构化和非结构化数据的统一管理需求。目前典型代表为微软 Azure Cosmos DB、ArangoDB，巨杉 SequoiaDB 和阿里云 Lindorm 等多模数据库。

未来多模数据库应该是一种原生支持各种数据模型，拥有统一访问接口，能自动化管理各模型的数据转化、模式进化且避免数据冗余的新型数据库系统。

（2）统一框架支撑分析与事务混合处理。业务系统的数据处理分为联机事务处理（Online Transaction Processing，OLTP）与 OLAP 两类。企业通常维护不同数据库以支持两类任务，管理和维护成本高。因此，能够统一支持 OLTP 和 OLAP 的数据库成为众多企业的需求。当前产业界正基于创新的计算存储框架研发混合事务/分析（Hybrid Transactional/Analytical Processing，HTAP）数据库，HTAP 是能够同时支持在线事务处理和复杂数据分析的关系型数据库。

实现 HTAP 的关键技术包括行列转换技术、行列共存的查询优化技术、行列共存的事务处理技术等。HTAP 的典型产品有 Oracle、SAP HANA、MemSQL、Hyper、SQL Server、Greenplum、TiDB、IBM IDAA、Google F1 Lighting、OceanBase 和 PolarDB 等。

（3）运用 AI 实现管理自治。AI（Atritical Intelligence，人工智能）与数据库的技术融合体现在两个方面，一是通过 AI 技术实现数据库的自优化、自监控、自调优、自诊断；二是实现库内 AI 训练，降低 AI 使用门槛。从赋能对象来看，AI 与数据库的结合既可以体现在数据库系统自身的智能化，包括但不限于数据分布技术智能化、库内进行训练和推理操作、数据库自动诊断、容量预判等；又可以体现在数据库周边工具的智能化，能够在提升管理效率、降低错误引入率、减少安全隐患的同时大大降低运营成本。目前，学术界和工业界共识的研究重点是将机器学习与数据管理在功能上融合统一，以实现更高的查询和存储效率，自动化处理各种任务。

2019 年 6 月，Oracle（甲骨文公司）推出云上自治数据库 Autonomous Database；2020 年 4 月，阿里云发布"自动驾驶"级数据库平台 DAS；2021 年 3 月，华为发布融入 AI 框架的 OpenGauss 2.0 版本。这些均采用上述思想降低数据库集群的运维管理成本，保障数据库持续稳定、高效运行。

AI 与数据库融合还存在以下亟待攻克的挑战：一是目前技术缺乏对数据库系统的整体感知，仍停留在各个环节的局部优化层面；二是自治数据管理对系统稳定性的保障仍然存疑，没有考虑系统鲁棒性；三是提供空间和时间上小巧轻量的学习模型是 AI 赋能查询优化技术的关键问题；四是保证多场景下映射的严格一致性约束；五是面对频繁变化的场景，将训练好的系统迁移到新的数据库业务并保持较好的性能；六是在每个服务层中动态选择适当组件并组合适当的执行路径，如优化器通常包括基于代价、规则和学习模型三种组件，可以根据用户需求选择最好的。未来数据库与人工智能技术更好地结合，将有很多种可能。

（4）充分利用新兴硬件。最近十几年，新兴硬件经历了学术研究、工程化和产品化阶段发展，为数据库系统设计提供了广阔思路。最主要的硬件技术进步在多处理器（Symmetricl Mulit-Processing，SMP）、多核（Multi Core）、大内存（Big Memory）和固态硬盘（Solid State Disk，SSD）方面，多处理器和多核为并行处理提供了可能，固态硬盘大幅度提升了数据库系统的 IOPS（Input/Output Operations Per Second）和降低延迟，大内存促进了内存数据库引擎的发展。

新兴硬件可以从计算、存储和传输三个层面赋能数据库。在计算层面，借助图形处理器（Graphics Processing Unit，GPU）、现场可编程逻辑门阵列（Field Program Gate Array，FPGA）、AI 芯片等，可以实现包括但不限于多核并行优化、事务并发控制、查询加速、存储层计算卸载、数据压缩加速、工作负载迁移等能力；在存储层面，随着非易失性存储器（Non-Volatile Memory，NVM）的出现和发展，内存和外存的界限变得模糊，针对传统块存储设计的索引在 NVM 中面临新的性能挑战；在传输层面，远程直接数据存取（Remote Direct Memory Access，

RDMA）带来网络传输高性能表现和 CPU 卸载能力，为充分榨取其性能，可能对数据库系统的架构设计产生颠覆性变化。

根据第三方机构 Wikibon 的预测，2026 年 SSD 单 TB 成本将低于机械硬盘，达到 15 美元/TB；NVM 具有容量大、低延迟、字节寻址、持久化等特性，能够应用于传统数据库存储引擎的各部分，如索引、事务并发控制、日志、垃圾回收等方面；GPU 适用于特定数据库操作加速，如扫描、谓词过滤、大量数据的排序、大表关联、聚集等操作。互联网公司在 FPGA 加速进行了很多探索，例如，微软利用 FPGA 加速网卡处理，百度利用 FPGA 加速查询处理等。随着新型硬件成本逐渐降低，充分利用新兴硬件资源提升数据库性能、降低成本是未来数据库发展的重要方向。

（5）与云基础设施深度结合。近十年，云计算技术的不断发展催生出将数据库部署在云上的需求，通过云服务形式提供数据库功能的云数据库应运而生。

云与数据库融合减少了数据库参数的重复配置，具有快速部署、高扩展性、高可用性、可迁移性、易运维性和资源隔离等特点。其具体形态有两种：一种是基于云资源部署的传统数据库，即数据库云服务（Database as a Service）；另一种是基于容器化、微服务、无服务器等理念设计的存算分离架构的云原生数据库。云原生数据库能够随时随地从多前端访问提供云服务的计算节点，并且能够灵活、及时地调动资源进行扩缩容，助力企业降本增效。以亚马逊 AWS、阿里云、Snowflake 等为代表的企业，开创了云原生数据库时代。

未来，数据库将深度结合云原生与分布式技术特点，实现计算、内存和存储三者解耦、分层池化；实现查询级、事务级、算子级等更细粒度的弹性按需计算。帮助用户实现最大限度资源池化、弹性变配、超高并发等能力，更加便捷、低成本地实现云上数字化转型与升级。

（6）隐私计算技术助力安全能力提升。随着数据上云趋势显著，云数据库面临的风险相较于传统数据库更加多样化、复杂化。解决第三方可信问题是云数据库面临的首要安全挑战。

近年来，全密态数据处理、安全多方计算等将会是未来数据安全隐私计算的发展方向。全密态数据处理重点关注对数据进行加密存储，以便在加密后的数据上进行多种查询，密态数据库（Encrypted Database）利用全同态加密等技术对数据进行加密存储，以实现尽可能提高云服务处理加密数据的能力。加密方式分为基于软件加密和基于硬件加密两种，基于软件加密的典型产品为 CryptDB，针对不同查询使用了保序加密、半同态加密、全同态加密等算法对数据进行加密存储；基于硬件加密将操作转移至可信硬件（Trusted Execution Environment，TEE）处理单元（如 SCPU、Intel SGX），以获得更好的效率和通用性。该类产品在实际应用中仍然存在执行效率和数据操作过程中的安全性等挑战。

未来，全密态数据库将在软硬件结合、支持范围查找的密态索引、动态数据安全存储等方面进行技术突破。安全多方计算的最早研究工作成果为 SMCQL，借助混淆电路技术，联合两个参与方的关系型数据库执行复杂的 SQL 查询，且不泄露除查询结果之外的任何其他数据。随后 Conclave 将该框架用于大数据处理引擎上，结合秘密共享技术，联合三个参与方的引擎执行复杂分析，但执行效率较低，为提高效率，未来可从结果精度和特定操作两个角度入手，一些工作将差分隐私技术与安全多方计算结合，以降低精度为代价提升计算执行效率。此外，还可以针对数据库连接等经典操作进行优化。

（7）区块链数据库辅助数据存证溯源。区块链具有去中心化、信息不可篡改等特征。区块链数据库能够长期留存有效记录，保护数据不被篡改，数据库的所有历史操作均不可更改且能追溯，适用于金融机构、公安等行业的应用场景。

区块链数据库典型产品有 BlockchainDB、BigchainDB 和 ChainSQL 等。该类产品的研究问题主要分为数据存储与事务处理两方向，数据存储方向分为键值对和关系型数据存储，事务处理方向聚焦于在区块链上完成数据库的事物并发控制、访问控制授权、查询处理优化等传统问题。区块链数据库要容忍节点拜占庭行为而不得不采用代价更高的 PBFT（Practical Byzantine Fault Tolerance）、PoW（Proof of Work）等共识算法成为落地应用的一大挑战。此外，由于没有统一的协调者，保证区块链网络分片时分布式系统的安全性、高并发下的并行控制如何保证 ACID（Atomicity "原子性"，Consistency "一致性"，Isolation "隔离性"，Durability "持久性"）都是设计者不可忽视的问题。

该类产品还存在基于共识算法执行效率挑战和多方参与的数据隐私性挑战。未来，区块链数据库将在平衡系统可信性与吞吐量、实现基于链上链下混合存储的防篡改机制、实现面向跨链场景的数据协同处理系统等方向突破，提升区块链数据库性能将成为学术界与工业界共同探索的命题。

1.1.3　数据库系统的特点

数据库系统的出现是计算机数据管理技术的重大进步，它克服了文件系统的缺陷，提供对数据更高级、更有效的管理。

1. 数据结构化

在文件系统中，文件的记录内部是有结构的。例如，学生数据文件的每个记录都是由学号、姓名、性别、出生年月、籍贯、简历等数据项组成的。但这种结构只适用于特定的应用，对其他应用并不适用。

在数据库系统中，每个数据库都是为某应用领域服务的。例如，学校信息管理涉及多个方面的应用，包括对学生的学籍管理、课程管理、成绩管理等，还包括教工的人事管理、教学管理、科研管理、住房管理和工资管理等，这些应用之间都有着密切的联系。因此，在数据库系统中，不仅要考虑某个应用的数据结构，还要考虑整个组织（多个应用）的数据结构。这种数据组织方式使数据结构化了，要求描述数据时不仅要描述数据本身，还要描述数据之间的联系。而在文件系统中，尽管其记录内部已有了某些结构，但记录之间没有联系。数据库系统实现了整体数据的结构化，这既是数据库的主要特点，又是数据库系统与文件系统的本质区别。

2. 数据共享性高、冗余度低且易扩充

数据共享是指多个用户或应用程序可以访问同一个数据库中的数据，而 DBMS 提供并发和协调机制，可以保证在多个应用程序同时访问、存取和操作数据库数据时不产生任何冲突，从而保证数据不遭到破坏。

数据冗余既浪费存储空间，又容易导致数据不一致。在文件系统中，由于每个应用程序都有自己的数据文件，因此存在着大量重复数据。

数据库从全局观念组织和存储数据，数据已根据特定的数据模型结构化，在数据库中用户的逻辑数据文件和具体的物理数据文件不必一一对应，从而有效节省了存储资源，减少了数据冗余，保证了数据的一致性，使系统易扩充。

3. 具有较高的数据独立性

数据独立性是指应用程序与数据库的数据结构相互独立。在数据库系统中，采用了数据库的三级模式结构，保证了数据库中数据的独立性；数据存储结构改变时，不影响数据的全局逻辑结构，保证了数据的物理独立性；全局逻辑结构改变时，不影响用户的局部逻辑结构和应用程序，保证了数据的逻辑独立性。

4. 有统一的数据管理和控制功能

在数据库系统中，数据由 DBMS 统一管理和控制，用户和应用程序通过 DBMS 访问和使用数据库。DBMS 提供了一套有效的数据控制手段，包括数据安全性保护、数据完整性检查、数据库的并发控制和数据库的恢复等，增强了多用户环境下数据的安全性和一致性保护。

1.1.4　数据库系统的应用

数据库的应用领域非常广，无论是家庭、公司、大型企业还是政府部门，都需要使用数据库存储数据信息。传统数据库中大部分用于商务领域，如证券行业、银行、销售部门、医院、公司或企业单位，以及国家政府部门、国防军工领域、科技开展领域等。

随着信息时代的发展，数据库也相应产生了一些新的应用领域。

1. 多媒体数据库

多媒体数据库主要存储与多媒体相关的数据，如声音、图像和视频等。多媒体数据最大的特点是数据连续，且数据量比较大、需要的存储空间较大。

2. 移动数据库

移动数据库是在移动计算机系统上发展起来的，如笔记本电脑、掌上计算机等。该数据库最大的特点是通过无线数字通信网络传输。移动数据库可以随时随地获取和访问数据，为一些商务应用和紧急情况提供了很大的便利。

3. 空间数据库

空间数据库发展比较迅速，它主要包括地理信息数据库，又称地理信息系统（Geographic Information System，GIS）和计算机辅助设计（Computer Aided Design，CAD）数据库。其中，地理信息数据库一般存储与地图有关的信息数据；计算机辅助设计数据库一般存储设计信息的空间数据库，如机械、集成电路及电子设计图等。

4. 信息检索系统

信息检索系统是根据用户输入的信息，从数据库中查找相关文档或信息，并把查找的信息反馈给用户。信息检索领域和数据库是同步发展的，它是一种典型的联机文档管理系统或者联机图书目录。

5. 分布式数据库信息检索系统

分布式数据库信息检索系统是指一种在分布式计算环境下运行的数据库系统，该系统具备分布式存储、管理和检索数据的能力。与传统的集中式数据库系统不同，分布式数据库信息检索系统将数据存储在多个计算机或服务器上，并通过网络连接这些节点。每个节点都可以存储部分数据，并提供数据的查询和检索功能。当用户发起检索请求时，系统会根据查询的特点将请求分发到适当的节点上进行处理，并将结果返回给用户。

6. 专家决策系统

专家决策系统也是数据库应用的一部分。由于越来越多的数据可以联机获取，特别是企业可以通过这些数据做出更好的决策，以使企业更好地运行。人工智能的开展使得专家决策系统应用得更加广泛。

1.2 数 据 模 型

　　数据库系统的核心、基础是数据模型。数据模型是现实世界中数据特征及数据之间联系的抽象，用于描述一组数据的概念和定义，是数据库中存储数据的方式。在数据库中，数据的物理结构即数据的存储结构，是数据元素在计算机存储器中的表示及其配置；数据的逻辑结构是数据元素之间的逻辑关系，它是数据在用户或程序员面前的表现形式，数据的存储结构不一定与逻辑结构一致。因此，掌握数据模型的相关知识是学习数据库的基础。

1.2.1 数据模型的组成三要素

数据模型及数据
抽象过程

　　由于数据模型是现实世界的事物及其联系的一种模拟和抽象表示，是一种形式化描述数据、数据间联系及有关语义约束规则的方法，这些规则规定数据如何组织及允许进行何种操作。因此，数据模型的要素有三个部分：数据结构、数据操作和数据约束。

1. 数据结构

　　数据结构描述数据库的组成对象及其联系。用于对系统静态特征的描述包括数据的类型、内容、性质及数据之间的联系等。它是数据模型的基础，也是刻画一个数据模型性质最重要的方面。例如，前面介绍的教师（04018，张×清，5400，广东湛江，1988-3-20，1362×××789，湛江市赤坎区寸金路×号）属于记录型数据结构，即教师（教师编号，姓名，基本工资，籍贯，出生日期，电话号码，居住地址）。

　　因此，在数据库系统中，通常按照数据结构的类型命名数据模型，如分别将层次结构、网状结构和关系结构的数据模型命名为层次模型、网状模型和关系模型。

2. 数据操作

　　数据操作包括对数据库中各种对象（型）的实例（值）允许执行的操作及有关的操作规则。用于描述系统的动态特征，包括数据的插入、修改、删除和查询等。数据模型必须定义这些操作的确切含义、操作符号、操作规则及实现操作的语言。

3. 数据约束

　　数据的约束条件实际上是一组完整性规则的集合。完整性规则是给定数据模型中的数据及其联系所具有的制约和存储规则，用以限定符合数据模型的数据库及其状态的变化，以保证数据的正确性、有效性和相容性。

　　数据模型应该反映和规定数据必须遵守的、基本的、通用的完整性约束。此外，数据模型还应该提供定义完整性约束条件的机制，以反映具体涉及的数据必须遵守的、特定的语义约束条件，如学生信息中的"性别"只能为"男"或"女"，学生选课信息中的"课程号"的值必须为学校已开设课程的课程号等。

1.2.2 数据抽象的过程

　　从现实世界中的客观事物到数据库中存储的数据是一个逐步抽象的过程，这个过程经历了现实世界、信息世界和机器世界三个阶段，对应于数据抽象的不同阶段采用不同的数据模型。首先将现实世界的事物及其联系抽象成信息世界的概念模型，然后转换成机器世界的数据模型。概念模型并不依赖具体的计算机系统，它不是 DBMS 支持的数据模型，而是现实世界中客观事物的抽象表示。概念模型经过转换成为计算机上某 DBMS 支持的数据模型。因此，数据模型是对现实世界进行抽象和转换的结果。数据抽象的过程如图 1.2 所示。

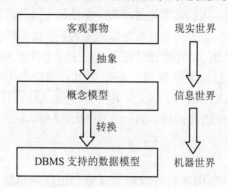

图 1.2　数据抽象的过程

在数据库系统中，针对不同的使用对象和应用目的，通常采用逐步抽象的方法，在不同层次采用不同的数据模型，一般分为概念层、逻辑层和物理层。

1. 概念层

概念层是对数据最高层的抽象，是按用户需求观点对现实世界进行建模。概念层的数据模型称为概念数据模型（简称"概念模型"，Conceptual Model）。它表达了数据的全局逻辑结构，是系统用户对整个应用项目涉及数据的全面描述。信息世界是对现实世界的一种抽象，通过对客观事物及其联系的抽象描述构造出概念模型。概念模型主要用于数据库设计，它独立于所有 DBMS，也就是说，选择 DBMS 不会影响概念模型的设计，但容易向 DBMS 支持的逻辑模型转换。

概念模型的表示方法很多，较常用的是实体-联系模型（Entity Relationship Model，E-R 模型）。

2. 逻辑层

逻辑层是对数据中间层的抽象，其按计算机系统的观点对数据进行建模。逻辑层的数据抽象称为逻辑数据模型（简称"逻辑模型"，Logical Model）。它表达了数据库的全局逻辑结构，是设计人员对整个应用项目数据库的全面描述，逻辑模型服务于 DBMS 的应用实现。机器世界是现实世界在计算机中的体现与反映。现实世界中的客观事物及其联系在机器世界中以逻辑模型描述。通常也把数据的逻辑模型直接称为数据模型。数据库系统中的主要逻辑模型有层次模型、网状模型、关系模型和面向对象模型。

3. 物理层

物理层是对数据最底层的抽象，用以描述数据物理存储结构和存储方法。该层数据抽象称为物理数据模型（简称"物理模型"，Physical Model）。它与具体的 DBMS、操作系统和硬件有关。

概念模型到逻辑模型的转换是由数据库设计人员完成的，逻辑模型到物理模型的转换是由 DBMS 完成的，一般人员不必考虑物理实现细节，因而逻辑模型是数据库系统的基础，也是应用过程中要考虑的核心问题。

1.2.3　概念模型

概念模型表征待解释的系统的学科共享知识。为了把现实世界中的具体事物抽象、组织为某数据库管理系统支持的数据模型，人们常常先将现实世界抽象为信息世界，然后将信息世界转换为机器世界。也就是说，首先把现实世界中的客观对象抽象为某种信息结构，这种信息结构不依赖具体的计算机系统，不是某个 DBMS 支持的数据模型，而是概念级的数据模型，称为概念模型。

由于概念模型可用于信息世界的建模，是现实世界到信息世界的第一层抽象，是用户与数据库设计人员之间进行交流的语言。因此，其一方面应该具有较强的语义表达能力，能够方便、直接地表达应用中的各种语义知识；另一方面应该简单、清晰、易于用户理解。概念模型的一些基本概念如下。

1. 实体与实体集

实体（Entity）是现实世界中所有可以相互区分和识别的事物，它既可以是能触及的客观对象（如一位教师、一名学生、一种商品等），又可以是抽象的事件（如一场足球比赛、一次借书等）。

性质相同的同类实体的集合称为实体集（Entity Set），如一个系的所有教师、2010 年南非世界杯足球赛的全部 64 场比赛等。

2. 属性

每个实体都具有一定的特征或性质。例如，教师的编号、姓名、性别、职称等都是教师实体的特征，足球赛的比赛时间、地点、参赛队、比分、裁判姓名等都是足球赛实体的特征。实体的特征称为属性（Attribute），一个实体可用若干属性来刻画。

能唯一标识实体的属性或属性集称为实体的码，如教师的编号可以作为教师实体的码。

3. 类型与值

属性和实体都有类型（Type）和值（Value）之分。属性类型就是属性名及其取值类型，属性值就是属性所取的具体值。例如，教师实体中的"姓名"属性，属性名"姓名"和取字符类型的值是属性类型，而"卓不凡""章达夫"等是属性值。每个属性都有特定的取值范围，即值域（Domain），超出值域的属性值被认为无实际意义，如"性别"属性的值域为（男，女），"职称"属性的值域为（助教，讲师，副教授，教授）等。由此可见，属性类型是变量，属性值是变量的值，而值域是变量的取值范围。

实体类型（简称"实体型"，Entity Type）就是实体的结构描述，通常是实体名和属性名的集合；具有相同属性的实体有相同的实体型。实体值是一个具体的实体，是属性值的集合。例如，教师实体型是教师（工号，姓名，性别，年龄，职称，部门）；教师"卓不凡"的实体值是（0528，卓不凡，男，40，教授，计算机学院）。

由此可见，由属性值组成的集合表征一个实体，相应的，这些属性名的集合表征一个实体类型，相同类型实体的集合称为实体集。

4. 实体间的联系

实体之间的对应关系称为联系（Relationship）。在现实世界中，事物内部及事物之间的联系在信息世界中反映为实体内部的联系与实体之间的联系。实体内部的联系是指组成实体的各属性之间的联系。实体之间的联系通常是指不同实体集之间的联系。例如，图书与出版社之间的关联关系为一家出版社可以出版多种书，但同一种书只能在一家出版社出版。

实体间的联系是指一个实体集中可能出现的每个实体与另一个实体集中多少个具体实体存在联系。实体之间有各种各样的联系，归纳起来有以下三种类型：

（1）一对一联系。如果对于实体集 A 中的每个实体，实体集 B 中最多有一个实体与之联系，反之亦然，则称实体集 A 与实体集 B 具有一对一联系，记为 1:1。例如，一个学院只有一位院长，一名教师只在一个学院任院长，院长与学院之间的联系是一对一的联系。

（2）一对多联系。如果对于实体集 A 中的每个实体，实体集 B 中可以有多个实体与之联系；反之，对于实体集 B 中的每个实体，实体集 A 中最多有一个实体与之联系，则称实体集 A 与实体集 B 具有一对多联系，记为 1:n。例如，一个学院有许多学生，但一名学生只能在一个学院就读，所以学院和学生之间的联系是一对多联系。

（3）多对多联系。如果对于实体集 A 中的每个实体，实体集 B 中可以有多个实体与之联系，而对于实体集 B 中的每个实体，实体集 A 中也可以有多个实体与之联系，则称实体集 A 与实体集 B 之间有多对多联系，记为 m:n。例如，一个学生可以选修多门课程，一门课程可以被多个学生选修，所以学生和课程之间的联系是多对多联系。

5. E-R 图

概念模型是反映实体及实体联系的模型。建立概念模型时，要逐一给实体命名以示区别，并描述它们之间的各种联系。E-R 图是用一种直观的图形方式建立信息世界中实体及其联系模型的工具，也是数据库设计的一种基本工具。

E-R 图由实体、属性和联系三个要素构成。矩形框表示信息世界中的实体，菱形框表示实体间的联系，椭圆框表示实体和联系的属性，将实体名、属性名和联系名分别写在相应的框内。对于作为实体码的属性，在属性名下画一条横线。实体与相应的属性之间、联系与相应的属性之间用线段连接。联系与其涉及的实体之间也用线段连接，同时在线段旁标注联系的类型（1:1、1:n 或 m:n）。

图 1.3 所示为学生信息系统中的 E-R 图。该图建立了学生、课程、院系和教师四个实体及其联系的模型。其中"学号"属性作为学生实体的码（不同学生的学号不同），"课程编号"属性作为课程实体的码，"编号"属性作为学院实体的码，"工号"属性作为教师实体的码。联系也可以有自己的属性，如学生实体和课程实体之间的"选课"联系可以有"成绩"属性。

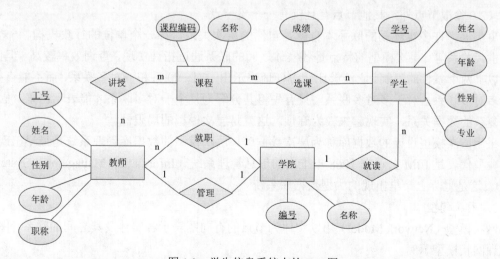

图 1.3　学生信息系统中的 E-R 图

1.2.4　逻辑模型

E-R 图只能说明实体间语义的联系，不能进一步说明详细的数据结构。在设计数据库时，总是先设计 E-R 图，再把 E-R 图转换成计算机能实现的逻辑数据模型，如关系模型。数据模型是按数据结构而命名的，根本区别在于数据之间联系的表示方式不同，即数据记录之间的联系方式不同。逻辑模型不同，描述和实现的方法也不同，相应的支持软件（DBMS）也不同。在数据库系统中，常用的逻辑模型有层次模型、网状模型、关系模型和面向对象模型。

1. 层次模型

层次模型（Hierarchical Model）用树型结构表示实体及其之间的联系。图 1.4 为学校层次模型示例。

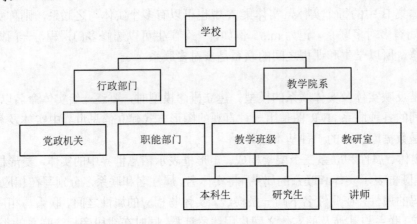

图 1.4　学校层次模型示例

在层次模型中，数据被组织成由"根"开始的"树"，每个实体都由根开始沿着不同的分枝放在不同的层次上。树中的每个节点都代表一个实体类型，连线表示它们之间的关系。根据树型结构的特点，建立数据的层次模型需要满足以下两个条件：

（1）有且仅有一个节点，没有父节点，这个节点即根节点。

（2）除根节点外，其他节点有且仅有一个父节点。

事实上，许多实体间的联系本身就是自然的层次关系，如一个单位的行政机构、一个家庭的世代关系等。层次模型的特点是各实体之间的联系通过指针实现，查询效率较高。但由于受到以上两个条件的限制，它能够比较方便地表示出一对一联系和一对多联系，而不能直接表示出多对多联系。对于多对多联系，只有先将其分解为几个一对多联系才能表示出来。因此，对于复杂的数据关系，实现起来较为麻烦，这就是层次模型的局限性。

采用层次模型设计的数据库称为层次数据库。层次模型的数据库管理系统是最早出现的，它的典型代表是 IBM 公司在 1968 年推出的信息管理系统（Information Management System，IMS），这是世界上最早出现的大型数据库系统。

2. 网状模型

网状模型（Network Model）用以实体为节点的有向图表示各实体及其之间的联系。图 1.5 为选课网状模型示例。

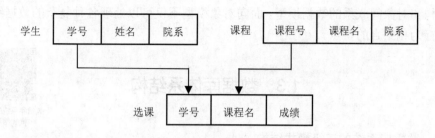

图 1.5　选课网状模型示例

网状模型的特点如下：

（1）可以有多个节点，无父节点。

（2）一个节点可以有多个父节点。

网状模型比层次模型复杂，可以直接用来表示多对多联系。然而受技术的限制，在一些已实现的网状数据库管理系统（如 DBTG 系统）中仍然只允许处理一对多联系。

网状模型的特点是各实体之间的联系通过指针实现，查询效率较高，多对多联系也容易实现。但是当实体集和实体集中的实体都较多时（这对数据库系统来说是理所当然的），众多指针使得管理工作相当复杂，用户使用也比较麻烦。

3．关系模型

与层次模型和网状模型相比，关系模型（Relational Model）有着本质的差别，它用二维表格表示实体及其相互之间的联系。在关系模型中，把实体集看成一个二维表，每个二维表都称为一个关系。每个关系都有一个名字，称为关系名。

关系模型是由若干关系模式（Relational Schema）组成的集合，关系模式就相当于前面提到的实体类型，它的实例称为关系（Relation）。例如，教师关系模式为教师（工号，姓名，性别，年龄，职称，部门），其关系实例见表 1.1，表 1.1 就是一个教师关系。

表 1.1　教师关系

工号	姓名	性别	年龄	职称	部门
0528	卓×凡	男	40	教授	计算机学院
0529	端×元	男	45	研究员	计算机学院
0530	左×穆	男	35	实验师	计算机学院
0602	司×玄	男	31	讲师	商学院
0603	龚×茗	女	30	副教授	商学院

一个关系就是没有重复行和重复列的二维表，二维表的每一行在关系中称为元组，每一列在关系中称为属性。教师关系的每一行代表一个教师的记录，每一列代表教师记录的一个字段。

虽然关系模型比层次模型和网状模型发展得晚，但其数据结构简单、容易理解，而且建立在严格的数学理论基础之上，因此是目前应用最广泛的数据模型。

4．面向对象模型

面向对象模型（Object-Oriented Model）用面向对象的观点描述现实世界中事物（对象）

的逻辑结构和对象间联系的数据模型。面向对象模型不仅可以处理各种复杂的数据结构，还具有数据和行为相结合的特点。

1.3   数据库体系结构

1.3.1   数据库系统的三级模式结构

为了有效地组织、管理数据，提高数据库的逻辑独立性和物理独立性，人们为数据库设计了一个严谨的结构体系，数据库领域公认的标准结构是三级模式与二级映射。三级模式包括外模式、概念模式和内模式；二级映射是概念模式/内模式的映射和外模式/概念模式的映射。这种三级模式与二级映射结构构成了数据库的结构体系，如图 1.6 所示。

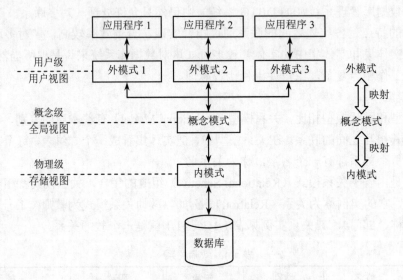

图 1.6   数据库的三级模式与二级映射

美国国家标准协会（American National Standards Institute，ANSI）的数据库管理系统研究小组于 1978 年提出了标准化的建议，将数据库结构体系分为三级：面向用户或应用程序员的用户级、面向建立和维护数据库人员的概念级、面向系统程序员的物理级。用户级对应外模式，概念级对应概念模式，物理级对应内模式，使不同级别的用户对数据库形成不同的视图。视图是指观察、认识和理解数据的范围、角度和方法，是数据库在用户眼中的反映。很显然，这种模式不同层次（级别）用户看到的数据库是不相同的。

（1）外模式。外模式又称子模式或用户模式，对应用户级。它是数据库用户看到和使用的局部数据的逻辑结构和特征的描述，是用户使用的数据库结构，是与某应用有关的数据的逻辑表示。外模式是从概念模式导出的一个子集，主要描述用户视图的各记录的组成、相互联系、数据项的特征等。用户可以通过外模式定义语言（外模式 DDL）来描述、定义对应于用户的数据记录（用户视图），也可以利用数据操纵语言（Data Manipulation Language，DML）对这些数据记录进行操作。外模式反映了数据库的用户观。

一个数据库可以有多个子模式。每个用户都至少使用一个子模式，同一个用户可以使用不同的子模式，而每个子模式都可为多个不同的用户所用。模式是对全体用户数据及其关系的综合与抽象，子模式是根据所需对模式的抽取。

（2）概念模式。概念模式又称逻辑模式或简称模式，对应概念级。它是由数据库设计者综合所有用户的数据，按照统一观点构造的全局逻辑结构，是对数据库中全部数据的逻辑结构和特征的总体描述，是所有用户的公共数据视图（全局视图）。它由数据库系统提供的数据定义语言（Data Definition Language，DDL）描述、定义，体现并反映了数据库系统的整体观。概念模式描述所有实体、实体的属性和实体间的联系，数据的约束，数据的语义信息，安全性和完整性信息，等等。

一个数据库只有一个模式。模式与具体应用程序无关，它只是装配数据的一个框架。模式用语言描述和定义，需定义数据的逻辑结构、数据有关的安全性等。

（3）内模式。内模式又称存储模式或物理模式，对应物理级。它是数据库中全体数据的内部表示或底层描述，是数据库最低一级的逻辑描述。它描述了数据在存储介质上的存储方式和物理结构，对应着实际存储在外存储介质上的数据库。内模式由内模式定义语言（内模式DDL）描述、定义，它是数据库的存储观。

一个数据库只有一个内模式。内模式设计直接影响数据库的性能。

一个数据库系统中只有唯一的数据库，因而作为定义、描述数据库存储结构的内模式和定义、描述数据库逻辑结构的概念模式也是唯一的，但建立在数据库系统上的应用是非常广泛、多样的，所以对应的外模式不是唯一的，也不可能唯一。

1.3.2　数据库系统的二级映射与数据独立性

数据独立性是指数据与程序间的互不依赖性，一般分为物理独立性与逻辑独立性。物理独立性是指数据库物理结构的改变不影响逻辑结构及应用程序，即数据存储结构的改变（如存储设备的更换、存储数据的位移、存取方式的改变等）都不影响数据库的逻辑结构，不会引起应用程序的变化。逻辑独立性是指数据库逻辑结构的改变不影响应用程序，即数据库总体逻辑结构的改变（如修改数据结构定义、增加新的数据类型、改变数据间联系等）不需要修改应用程序。

数据库的三级模式是数据在三个级别（层次）上的抽象，使用户能够逻辑地、抽象地处理数据，而不必关心数据在计算机中的物理表示和存储方式，把数据的具体组织交给 DBMS完成。为了实现这三个抽象级别的联系和转换，DBMS 在三级模式之间提供了二级映射，通过二级映射保证数据库中的数据具有较高的物理独立性和逻辑独立性。映射是一种对应规则，它指出了映射双方转换的方式。

（1）概念模式/内模式的映射。因为数据库中的概念模式和内模式都只有一个，所以概念模式/内模式的映射是唯一的。它确定了数据的全局逻辑结构与存储结构的对应关系。当存储结构变化时，概念模式/内模式的映射也应有相应的变化，其概念模式仍保持不变，即把存储结构变化的影响限制在概念模式之下，使数据的存储结构和存储方法独立于应用程序，通过映射功能保证数据存储结构的变化不影响数据的全局逻辑结构的改变，从而不必修改应用程序，确保了数据的物理独立性。

（2）外模式/概念模式的映射。数据库中的同一概念模式可以有多个外模式，每个外模式都存在一个外模式/概念模式的映射，用于定义该外模式和概念模式的对应关系。当概念模式发生改变时，如增加新的属性或改变属性的数据类型等，只需对外模式/概念模式的映射做相应的修改，而外模式（数据的局部逻辑结构）保持不变。由于应用程序是依据数据的局部逻辑结构编写的，因此不必修改应用程序，从而保证了数据与程序间的逻辑独立性。

习　题　1

（1）名词解释：信息、数据、数据处理、数据处理方式、数据库、数据库管理系统、数据库系统、数据库技术、数据模型、概念数据模型、E-R 图、结构数据模型、层次模型、网状模型、关系模型、面向对象模型、模式、外模式、内模式、外模式/概念模式映射、概念模式/内模式映射、物理数据独立性、逻辑数据独立性、实体、属性、实体集、实体间的联系。

（2）试述数据模型的三要素。

（3）试述 E-R 图、层次模型、网状模型、关系模型和面向对象模型的主要特点。

（4）试述概念模式在数据库中的重要地位。

（5）为什么数据库要实现三级体系结构？

（6）试述 DBMS 的功能。

（7）举例说明你是如何理解实体、属性、记录、数据项这些概念的"型"和"值"的区别的。

（8）试述信息与数据的联系和区别。

（9）试述数据处理的特点及数据处理的方式。

（10）试述数据处理与数据管理的关系。

（11）文件系统阶段的数据管理有哪些缺点？用简单的例子予以说明。

（12）数据库系统阶段的数据管理有什么特点？

（13）请归纳出下列模型的优缺点：E-R 图、层次模型、网关模型、关系模型、面向对象模型。

（14）设某数据库中有三个实体集：一是工厂实体集，其属性有工厂名称、厂址、联系电话等；二是产品实体集，其属性有产品号、产品名、规格、单价等；三是工人实体集，其属性有工人编号、姓名、性别、职称等。

工人与产品之间存在生产联系，每个工厂都可以生产多种产品，每种产品都可由多个工厂加工生产，要记录每个工厂生产每种产品的月产量；工厂与工人之间存在雇佣关系，每个工人只能在一个工厂工作，工厂雇佣工人有雇佣期并议定月薪。试画出 E-R 图。

（15）在学生信息管理系统中存在学生、系别、班级实体。试根据实际情况绘制 E-R 图。

（16）文件系统和数据库系统的主要区别是什么？文件系统中的文件和数据库系统中的文件有什么不同之处？

（17）何谓 DBA？其职责是什么？

（18）三级模式一般包括哪些内容？

（19）DML 分成哪两种类型？它们各有什么特点？

（20）简述 DBS 的组成及主要特征。

第 2 章　关系模型基本理论

- **了解**：关系的基本性质。
- **理解**：关系模式、关系、属性、主键及外键。
- **掌握**：传统的关系集合运算、专门的关系运算。

关系模型

2.1　关　系　模　型

关系数据库理论出现于 20 世纪 60 年代末到 70 年代初。1970 年，IBM 的研究员科德博士在其发表的《大型共享数据库的数据关系模型》中提出了"关系模型"概念。后来科德陆续发表多篇文章，奠定了关系数据库的基础。关系数据库一经问世，就赢得了用户的广泛青睐和数据库开发商的积极支持，迅速成为继层次数据库、网状数据库之后的一种崭新的数据组织方式，并后来居上，在数据库技术领域占据统治地位。

2.1.1　关系数据库的基本概念

关系数据库的基本数据结构是关系，即平时所说的二维表格，在 E-R 模型中对应于实体集，而在数据库中又对应于表。因此，二维表格、实体集、关系和表指的是同一个概念，只是使用的场合不同而已。

1.　关系

通常将一个没有重复行、重复列，并且每个行列的交叉点只都有一个基本数据的二维表格看作一个关系。二维表格包括表头和表中的内容，相应地，关系包括关系模式和记录的值，表包括表结构（记录类型）和表的记录，而满足一定条件的规范化关系的集合就构成了关系模型。

尽管关系与二维表格、传统的数据文件有相似之处，但它们又有重要的区别。严格地说，关系是一种规范化了的二维表格。在关系模型中，对关系进行了种种规范性限制，使之具有以下六种性质：

（1）关系必须规范化，每个属性都必须是不可再分的数据项。规范化是指关系模型中每个关系模式都必须满足一定的要求，最基本的要求为关系必须是一个二维表格，每个属性值都必须是不可分割的最小数据单元，即表中不能再包含表。例如，表 2.1 不能直接作为一个关系，因为该表的"工资标准"列有三个子列，这与每个属性都不可再分割的要求不符。只要去掉"工资标准"项，且将"基本工资""标准津贴""业绩津贴"直接作为基本的数据项就可以了。

（2）列是同质的，即每列中的分量是都同一类型的数据，来自同一个域。

（3）在同一关系中不允许出现相同的属性名。

（4）关系中不允许有完全相同的元组。

（5）在同一关系中元组的次序无关紧要，即任意交换两行的位置不影响数据的实际含义。

表 2.1 不能直接作为关系的表格示例

编号	姓名	工资标准		
		基本工资/元	标准津贴/元	业绩津贴/元
0530	左×穆	2350	2500	1780
0601	辛×清	1450	1350	1560
0602	司×玄	2450	2900	1870
0603	龚×茗	1780	2300	1780

（6）在同一关系中，属性的次序无关紧要，任意交换两列的位置并不影响数据的实际含义，不会改变关系模式。

以上是关系的基本性质，也是衡量一个二维表格是否构成关系的基本要素。在这些基本要素中，属性不可再分割是关键，这构成了关系的基本规范。

在关系模型中，数据结构简单、清晰，同时有严格的数学理论作为指导，为用户提供了较为全面的操作支持。因此，关系数据库成为当今数据库应用的主流。

2. 元组

二维表格的每一行在关系中称为元组（Tuple），相当于表的一个记录（Record）。表中一行描述了现实世界中的一个实体，例如在表 1.1 中，每行都描述了一名教师的基本信息。在关系数据库中，行是不能重复的，即不允许两行的全部元素完全相同。

3. 属性

二维表格的每一列在关系中称为属性（Attribute），相当于记录中的一个字段（Field）或数据项。每个属性都有一个属性名，一个属性在每个元组上的值都称为属性值，因此，一个属性包括多个属性值，只有在指定元组的情况下属性值才是确定的。同时，每个属性都有一定的取值范围，称为该属性的值域，如表 1.1 中的第 3 列，属性名是"性别"，取值是"男"或"女"，不是"男"或"女"的数据应被拒绝存入该表，这就是数据约束条件。同理，在关系数据库中，列是不能重复的，即关系的属性不允许重复；属性必须是不可再分的，即属性是一个基本数据项，不能是多个数据的组合项。

有了属性概念后，可以这样定义关系模式和关系模型：关系模式是关系名及属性名的集合；关系模型是一组相互关联的关系模式的集合。

4. 候选关键字

在关系中能够唯一区分、确定不同元组的属性或属性组合称为候选关键字，也称候选键（Candidate Key）或候选码、码。单个属性组成的候选关键字称为单候选关键字，多个属性组合的候选关键字称为组合候选关键字。关系模式的所有属性都是这个关系模式的候选关键字，称为全码。候选关键字的属性值不能为空值。空值就是不知道或不确定的值，因为空值无法唯一区分、确定元组。在表 1.1 所示的关系中，"性别""年龄""职称""部门"属性都不能充当候选关键字，"工号"和"姓名"属性均可单独作为候选关键字，其中"工号"作为候选关键字会更好一些，因为可能会有教师重名现象，而教师的工号不相同。假定没有重名的教师，"姓名"属性也是候选关键字。

若一个关系中有多个候选关键字，选定一个作为主关键字，称为该关系的主关键字或主键（Primary Key）、主码。关系中的主关键字是唯一的。

在关系中，不包含在任意候选码中的属性称为非主属性或非码属性。候选码中的属性称为主属性。

5. 外部关键字

如果关系中某个属性或属性组合并非本关系的主关键字，但是另一个关系的主关键字，则称这种属性或属性组合为本关系的外部关键字或外键（Foreign Key）、外码。在关系数据库中，用外部关键字表示两个表之间的联系。例如，可以在表 1.1 的教师关系中增加"部门编号"属性，则"部门编号"属性就是一个外部关键字，该属性是"部门"关系的主关键字，该外部关键字描述了"教师"和"部门"两个实体之间的联系。

2.1.2　关系的完整性

为了防止不符合规则的数据进入数据库，DBMS 提供了一种对数据的监控机制，这种机制允许用户按照具体应用环境定义自己数据的有效性和相容性条件。在对数据进行插入、删除、修改等操作时，DBMS 自动按照用户定义的条件监控数据，使不符合条件的数据不能进入数据库，以确保数据库中存储的数据正确、有效、相容，这种监控机制称为数据完整性保护。在关系模型中，数据完整性包括域完整性（Field Integrity）、实体完整性（Entity Integrity）、参照完整性（Referential Integrity）和用户定义完整性（User-defined Integrity）等。

1. 域完整性

域完整性是保证数据库字段取值的合理性，是关系数据库最简单、最基本的约束条件，是指表中的列必须满足某种特定的数据类型约束，包括取值范围、精度等规定。

2. 实体完整性

现实世界中的实体是可区分的，即它们具有某种唯一性标识。相应地，关系模型中以主关键字为唯一性标识。主关键字不能重复，也不能取空值。若主关键字是多个属性的组合，则所有主属性均不能取空值。如果主关键字取空值，就说明存在某个不可标识的实体，即存在不可区分的实体，这与现实世界的应用环境矛盾，因此这个实体一定不是一个完整的实体。

实体完整性是指关系的主关键字不能取空值，并且不允许两个元组的主关键字的值相同。也就是说，一个二维表格中没有两个完全相同的行，因此实体完整性也称为行完整性。

3. 参照完整性

现实世界中的实体之间往往存在某种联系，在关系模型中实体及实体的联系都是用关系描述的，自然存在关系与关系间的引用。

设 F 是关系 R 的一个或一组属性，但不是关系 R 的主关键字，如果 F 与关系 S 的主关键字 Ks 对应，则称 F 是关系 R 的外部关键字，并称关系 R 为参照关系（Referencing Relation），关系 S 为被参照关系（Referenced Relation）或目标关系（Target Relation）。

参照完整性规则就是定义外部关键字与主关键字之间的引用规则，关系 R 中每个元组在属性 F 上的值要么取空值（F 中的每个属性值均为空），要么等于 S 中某个元组的主关键字值。

【例 2.1】教师（工号，姓名，性别，部门编号，职称）、部门（编号，名称）。

其中工号是"教师"关系的主键，部门编号是外键；编号是"部门"关系的主键，则"教师"关系中每个元组的"部门编号"属性只能取下面两类值：

（1）空值，表示尚未给该职工分配部门。

（2）非空值，但该值必须是"部门"关系中某个元组的部门编号值，表示该教师不可能分配到一个不存在的系，即"部门"关系中一定存在一个元组，它的主键值等于"教师"关系中的外键值。

域完整性、实体完整性和参照完整性是关系模型中必须满足的完整性约束条件，只要是关系数据库系统就应该支持域完整性、实体完整性和参照完整性。除此之外，不同的关系数据库系统根据应用环境的不同，往往还需要一些特殊的约束条件。例如成绩表（课程号，学号，成绩），定义关系成绩表时，可以对"成绩"属性定义必须大于或等于 0 的约束。

4. 用户定义完整性

实体完整性和参照完整性适用于所有关系数据库系统。此外，不同的关系数据库系统根据应用环境的不同，往往还需要一些特殊的约束条件，用户定义完整性就是针对某具体关系数据库的约束条件，它反映某具体应用涉及的数据必须满足的语义要求，如规定关系中某属性的取值范围。

2.2　关　系　代　数

关系代数是一种抽象的查询语言，是关系数据操作语言的一种传统表达方式，它用对关系的运算来表达查询。

在关系模型中，数据是以二维表格的形式存在的，这是一种非形式化的定义。由于关系是属性数目相同的元组的集合，因此可以从集合论的角度对关系进行集合运算。

利用集合论的观点，关系是元组的集合，每个元组包含的属性数目都相同，其中属性数目称为元组的维数。通常用圆括号括起来的属性值表示元组，属性值间用逗号隔开。例如，(0528,卓不凡,男)是三元组。

设 $A_1,A_2,…,A_n$ 是关系 R 的属性，通常用 R（$A_1,A_2,…,A_n$）来表示这个关系的一个框架，也称 R 的关系模式。属性的名字唯一，属性 A_i 的取值范围 D_i（$i=1,2,…,n$）称为值域。

比较关系与二维表格，可以看出两者存在简单的对应关系，关系模式对应一个二维表格的表头，而关系的一个元组就是二维表格的一行，很多时候甚至不加区别地使用这两个概念。例如，职工关系 R={(0528,卓×凡,男),(0529,端×元,男),(0530,左×穆,男),(0601,辛×清,女)}，相应的二维表格表示形式见表 2.2。

表 2.2　职工关系 R

编号	姓名	性别
0528	卓×凡	男
0529	端×元	男
0530	左×穆	男
0601	辛×清	女

在关系运算中，并、交、差运算是从元组（表格中的一行）角度进行的，沿用了传统的集合运算规则，称传统的关系运算。连接、投影、选择运算是关系数据库中专门建立的运算规

则，涉及行和列，故称为专门的关系运算。

2.2.1　传统的关系运算

1. 并（Union）运算

设关系 R 需要插入若干元组，这些元组组成关系 R₁。由传统集合论可以知道，此时需要用集合的并运算。

设 R、S 同为 n 元关系，且相应的属性取自同一个域，则 R、S 的并运算结果也是一个 n 元关系，记作 R∪S。

$$R \cup S = \{t \mid t \in R \lor t \in S\}$$

式中，"∪"为并运算符；t 为元组变量。其结果是一个新的 R、S 同类的关系，该关系是由属于 R 或属于 S 的元组构成的集合。

2. 差（Difference）运算

设 R、S 同为 n 元关系，且相应的属性取自同一个域，则 R、S 的差运算结果也是一个 n 元关系，记作 R−S。

$$R - S = \{t \mid t \in R \land t \notin S\}$$

式中，"−"为差运算符；t 为元组变量。其结果是一个新的 R、S 同类的关系，该关系是由属于 R 但不属于 S 的元组构成的集合。

3. 交（Intersection）运算

设 R、S 同为 n 元关系，且相应的属性取自同一个域，则 R、S 的交运算结果也是一个 n 元关系，记作 R∩S。

$$R \cap S = \{t \mid t \in R \land t \in S\}$$

式中，"∩"为交运算符；t 为元组变量。其结果是一个新的 R、S 同类的关系，该关系是由属于 R 且属于 S 的元组构成的集合，即两者相同的元组的集合。也可以说 R∩S 是 R–(R–S)的缩写。

4. 广义笛卡儿积（Extended Cartesian Product）运算

设 R 是一个包含 m 个元组的 j 元关系，S 是一个包含 n 个元组的 k 元关系，则 R、S 的广义笛卡儿积是一个包含 $m \times n$ 个元组的 $j+k$ 元关系，记作 R×S，并定义 R×S=\{(r₁,r₂,…,rⱼ,s₁,s₂,…,sₖ)| (r₁,r₂,…,rⱼ)∈R 且 \{s₁,s₂,…,sₖ\}∈S\}，即 R×S 的每个元组的前 j 个分量都是 R 中的一个元组，而后 k 个分量都是 S 中的一个元组。

【例 2.2】设 R=\{(a₁,b₁,c₁),(a₁,b₂,c₂),(a₂,b₂,c₁)\},S=\{(a₁,b₂,c₂),(a₁,b₃,c₂),(a₂,b₂,c₁)\}，求 R∪S、R−S、R∩S、R×S。

根据运算规则，有以下结果：

R∪S=\{(a₁,b₁,c₁),(a₁,b₂,c₂),(a₂,b₂,c₁),(a₁,b₃,c₂)\}

R−S=\{(a₁,b₁,c₁)\}

R∩S=\{(a₁,b₂,c₂),(a₂,b₂,c₁)\}

R×S=\{(a₁,b₁,c₁,a₁,b₂,c₂),(a₁,b₁,c₁,a₁,b₃,c₂),(a₁,b₁,c₁,a₂,b₂,c₁),
　　　(a₁,b₂,c₂,a₁,b₂,c₂),(a₁,b₂,c₂,a₁,b₃,c₂),(a₁,b₂,c₂,a₂,b₂,c₁),
　　　(a₂,b₂,c₁,a₁,b₂,c₂),(a₂,b₂,c₁,a₁,b₃,c₂),(a₂,b₂,c₁,a₂,b₂,c₁)\}

R×S 是一个包含 9 个元组的六元关系。

5. 除（Division）运算

数据库应用程序中经常会出现除运算，其对一些特定类型的查询是非常有用的。给定关系 R(X,Y) 和 S(Y,Z)，其中，X，Y，Z 为属性组。R 中的 Y 与 S 中的 Y 可以有不同的属性名，但必须出自相同的域集。R 与 S 的除运算得到一个新的关系 P(X)，P 是 R 中满足下列条件的元组在 X 属性组上的投影，元组在 X 上的分量值 x 的象集 Yx 包含 S 在 Y 上投影的集合。

$$R \div S = \{t_r[X] \mid t_r \in R \wedge \prod_Y(S) \subseteq Y_x\}$$

式中，Yx 为 x 在 R 中的象集，$x = t_r[X]$。

【例 2.3】设有两个关系模式 R(A,B,C,D) 和 S(C,D)，其中关系 $R = \{(a_1,b_1,c_1,d_1),(a_1,b_1,c_2,d_2),(a_1,b_1,c_3,d_3),(a_2,b_2,c_2,d_2),(a_3,b_3,c_1,d_1),(a_3,b_3,c_2,d_2)\}$，$S = \{(c_1,d_1),(c_2,d_2)\}$，求 $R \div S$。

求解步骤如下：

第一步：找出关系 R 和关系 S 中相同的属性，即 {C,D} 属性。在关系 S 中对 {C,D} 做投影（将 {C,D} 列取出），所得关系为 $\{(c_1,d_1),(c_2,d_2)\}$。

第二步：被除关系 R 与关系 S 中不相同的属性列是 {A,B}，关系 R 在属性 (A,B) 上做取消重复值的投影为 $\{(a_1,b_1),(a_2,b_2),(a_3,b_3)\}$。

第三步：求关系 R 中 {A,B} 属性对应的象集 {C,D}，见表 2.3。

表 2.3　象集 {C,D}

A	B	C	D
a_1	b_1	c_1	d_1
		c_2	d_2
		c_3	d_3
a_2	b_2	c_2	d_2
a_3	b_3	c_1	d_1
		c_2	d_2

第四步：判断包含关系。

其实 $R \div S$ 就是判断关系 R 中 {A,B} 各值的象集 {C,D} 是否包含关系 S 中属性 {C,D} 的所有值。对比可发现，$\{a_2,b_2\}$ 的象集只有 $\{c_2,d_2\}$，不能包含关系 S 中属性 {C,D} 的所有值，所以排除 $\{a_2,b_2\}$；$\{a_1,b_1\}$ 和 $\{a_3,b_3\}$ 的象集包含了关系 S 中属性 {C,D} 的所有值，所以 $R \div S$ 的最终结果为

$$R \div S(A,B) = \{(a_1,b_1),(a_3,b_3)\}$$

【例 2.4】设有两个关系模式 R(A,B,C) 和 S(B,C,D)，其中关系 $R = \{(a1,b1,c2),(a2,b3,c7),(a3,b4,c6),(a_1,b_2,c_3),(a_4,b_6,c_6),(a_2,b_2,c_3),(a_1,b_2,c_1)\}$，$S = \{(b_1,c_2,d_1),(b_2,c_1,d_1),(b_2,c_3,d_2)\}$，求 $R \div S$。

解：第一步，$\prod_{B,C}(S)$ 为 $\{(b_1,c_2),(b_2,c_1),(b_2,c_3)\}$。

第二步，R 中 A 在 {B,C} 上的象集，a1 象集为 $\{(b1,c2),(b2,c3),(b2,c1)\}$，a2 象集为 $\{(b3,c7),(b2,c3)\}$，a_3 象集为 $\{(b_4,c_6)\}$，a_4 象集为 $\{(b_6,c_6)\}$。

第三步，判断包含关系。

$R \div S$ 的最终结果为

$$R \div S(A) = \{(a_1)\}$$

2.2.2 专门的关系运算

1. 选择（Selection）运算

设 R={(a₁,a₂,…,aₙ)}是一个 n 元关系，F 是关于(a₁,a₂,…,aₙ)的一个条件，R 中所有满足 F 条件的元组组成的子关系称为 R 的一个选择，记作 $\sigma_F(R)$，并定义：

$$\sigma_F(R) = \{t \mid t \in R \land F(t) = True\}$$

式中，σ 表示选择运算符；F 表示选择条件，是一个逻辑表达式，取逻辑值"真"或"假"，F 中的运算对象是常量（用引号括起来）或元组分量（属性名或列的序号），运算符有比较运算符（<、≤、>、≥、=、≠，统称 Θ 符）和逻辑运算符（∧、∨、¬）；σ_F 表示从 R 中挑选满足公式 F 的元组构成的关系。

选择运算是根据某些条件对关系进行水平分割，即选择符合条件的元组。

2. 投影（Projection）运算

投影是一元关系运算（只对一个关系操作，不需要两个关系），用于选取某个关系上感兴趣的某些列，并且将这些列组成一个新的关系。通俗来讲，关系 R 上的投影是从 R 中选出若干属性列组成的新的关系。

设 R(A₁,A₂,…,Aₙ)是一个 n 元关系，关系 R 在属性 A₁,A₂,…,Aₖ（$k \leq n$）上的投影记作 $\prod_{A_1,A_2,\cdots,A_k}(R)$，它是满足如下条件的 k 元组(a₁,a₂,…,aₖ)的集合：存在 R 中的元组 u，对于 $1 \leq i \leq k$，u 在属性 Aᵢ 上的值等于 aᵢ。设 u 是 R 的元组，u[A₁,A₂,…,Aₖ]表示 u 在属性 A₁,A₂,…,Aₖ 上形成的 k 元组，则

$$\prod_{A_1,A_2,\cdots,A_k}(R)=\{t \mid (\exists u)(u \in R \land t \in u[A_1,A_2,\cdots,A_k])\}$$

投影运算主要从列的角度进行运算，投影后不仅取消了原关系中的某些列，还可能取消某些元组（避免重复行）。

3. 连接（Join）运算

连接也称为 θ 连接。设 A 是关系 R 的属性，B 是关系 S 的属性，θ 是比较运算符（<、≤、=、≥、>或≠）。关系 R 和 S 在属性 A 和 B 上的 θ 连接记作：

$$R \underset{R.A\theta S.B}{\bowtie} S = \sigma_{R.A\theta S.B}(R \times S)$$

式中，R.AθS.B 是连接条件，如果 A 仅为 R 的属性，B 仅为 S 的属性，则 R.AθS.B 可以简写为 AθB。

（1）等值连接。θ 为等号"="的连接运算称为等值连接，它是从关系 R 与 S 的笛卡儿积中选取 A、B 属性值相等的元组。

（2）自然连接。自然连接是一种特殊的等值连接，它要求关系 R 中的属性 A 与关系 S 中的属性 B 名字相同，并且在结果中去掉重复的属性。因为一般的连接操作是从行的角度进行运算，但自然连接还需要取消重复列，所以是同时从行和列的角度进行运算。

在关系 R 和 S 自然连接时，选择两个关系在公共属性上值相等的元组构成新的关系，此

时，关系 R 中的某些元组可能在关系 S 中不存在公共属性上值相等的元组，造成关系 R 中这些元组的值被舍弃。同理，关系 S 中的某些元组也可能被舍弃。为了在操作时保存可能被舍弃的元组，提出了外连接（Outer Join）操作。

（3）外连接。如果 R 和 S 自然连接时，把该舍弃的元组保存在新关系中，同时在这些元组新增加的属性上填上空值（NULL），这种连接就称为外连接。如果只把左边关系 R 中要舍弃的元组放到新关系中，那么这种连接称为左外连接；如果只把右边关系 S 中要舍弃的元组放到新关系中，那么这种连接称为右外连接；如果把 R 和 S 中要舍弃的元组都放到新关系中，那么这种连接称为完全外连接。

【例 2.5】设有两个关系模式 R(A,B,C) 和 S(B,C,D)，其中关系 R={(a,b,c),(b,b,f),(c,a,d)}，关系 S={(b,c,d),(b,c,e),(a,d,b),(e,f,g)}，分别求 $\prod_{(A,B)}(R)$、$\sigma_{A=b}(R)$、$R\underset{R.A=S.B}{\bowtie}S$、R 和 S 自然连接、R 和 S 完全外连接、R 和 S 左外连接、R 和 S 右外连接的结果。

根据连接运算的规则，结果如下：

$\prod_{(A,B)}(R)=\{(a,b),(b,b),(c,a)\}$

$\sigma_{A=b}(R)=\{(b,b,f)\}$

$R\underset{R.A=S.B}{\bowtie}S=\{(a,b,c,a,d,b),(b,b,f,b,c,d),(b,b,f,b,c,e)\}$

R 和 S 自然连接：$R\bowtie S=\{(a,b,c,d),(a,b,c,e),(c,a,d,b)\}$

R 和 S 完全外连接：$R\bowtie S=\{(a,b,c,d),(a,b,c,e),(c,a,d,b),(b,b,f,NULL),(NULL,e,f,g)\}$

R 和 S 左外连接：$R\bowtie S=\{(a,b,c,d),(a,b,c,e),(c,a,d,b),(b,b,f,NULL)\}$

R 和 S 右外连接：$R\bowtie S=\{(a,b,c,d),(a,b,c,e),(c,a,d,b),(NULL,e,f,g)\}$

2.2.3 关系代数操作实例

在关系代数运算中，把经过有限次复合的式子称为关系代数表达式。这种表达式的运算结果还是一个关系，可以用关系代数表达式表示各种数据操作。

设数据库中有如下四个关系：

教师关系：Teacher(Tno, Tname, Tphone)

学生关系：Student(Sno,Sname,Ssex,Sage,Sadress,Sbirthday)

课程关系：Course(Cno,Cname,Credit)

选修关系：Score(Sno,Cno,Grade)

则有

（1）检索学习课程号为 C08 的学生学号与成绩。

$$\prod_{Sno,Grade}(\sigma_{Cno='C08'}(score))$$

表达式中也可以不写属性名，而写上属性的序号。

$$\prod_{1,3}(\sigma_{2='C08'}(score))$$

（2）检索学习课程号为 C08 的学生学号与姓名。

$$\prod_{\text{Sno,Sname}}\left(\sigma_{\text{Cno='C08'}}(\text{Student}\bowtie \text{score})\right)$$

该查询涉及两个关系 Student 和 SC，先将这两个关系进行自然连接操作，再执行选择和投影操作。

（3）检索不学习 C08 课程的学生姓名与年龄。

$$\prod_{\text{Sname,Sage}}(\text{student})-\prod_{\text{Sname,Sage}}\sigma_{\text{Cno='C08'}}(\text{student}\bowtie \text{score})$$

在该检索里要用到集合差操作。首先求出全体学生的姓名和年龄，其次求出学习 C08 课程的学生的姓名和年龄，最后对两个集合执行差操作。

（4）检索学习全部课程的学生姓名。

编写这个查询语句的关系代数表达式过程如下：

1）学生选课情况可用 $\prod_{\text{Sno,Cno}}(\text{score})$ 表示。

2）全部课程可用 $\prod_{\text{Cno}}(\text{Course})$ 表示。

3）学了全部课程的学生学号可用除法表示，操作结果是学号 Sno 集。

$$\prod_{\text{Sno,Cno}}(\text{Score})\div\prod_{\text{Cno}}(\text{Course})$$

4）从 Sno 求学生姓名 Sname，可以用自然连接和投影操作组成。

$$\prod_{\text{Sname}}\left(\text{Student}\bowtie\left(\prod_{\text{Sno,Cno}}(\text{score})\div\prod_{\text{Cno}}(\text{Course})\right)\right)$$

（5）查询选修课程名为概率统计的学生学号与姓名。

$$\prod_{\text{sno,sname}}\left(\prod_{\text{sno,sname}}(\text{student})\bowtie\left(\prod_{\text{sno,cno}}(\text{score})\bowtie\prod_{\text{cno}}(\sigma_{\text{cname='概率统计'}}(\text{course}))\right)\right)$$

（6）查询选修 C2 课程或 C4 课程的学生学号。

$$\prod_{\text{Sno}}(\sigma_{\text{cno='C2'}\lor\text{cno='C4'}}(\text{score}))$$

（7）查询至少选修 C2 课程和 C4 课程的学生学号。

$$\prod_{\text{Sno}}(\sigma_{\text{cno='C2'}}(\text{score}))\cap\prod_{\text{Sno}}(\sigma_{\text{cno='C4'}}(\text{score}))$$

（8）查询选修课程包含学生 S3 所学课程的学生学号和姓名。

$$\prod_{\text{sno,sname}}(\text{student})\bowtie\left(\prod_{\text{Sno,Cno}}(\text{score})\div\prod_{\text{cno}}(\sigma_{\text{sno='s3'}}(\text{score}))\right)$$

（9）查询未选修数据库技术的学生的学号、姓名、性别和系别。

$$\prod_{\text{sno,sname,ssex,dept}}(\text{student})-\prod_{\text{sno,sname,ssex,dept}}(\text{student})\bowtie(\text{score}\bowtie\sigma_{\text{cname='数据库技术'}}(\text{course}))$$

（10）查询管理学课程的成绩为 80～90 分的工商管理系的男生的学号和姓名。

$$\prod_{\text{sno,sname}}(\sigma_{\text{sxe='男'}\land\text{dept='工商管理系'}}(\text{student}))\bowtie\prod_{\text{sno}}(\prod_{\text{sno,cno}}(\sigma_{\text{grade>=80}\land\text{grade<=90}}(\text{score}))\bowtie$$
$$\prod_{\text{cno}}(\sigma_{\text{cname='管理学'}}(\text{course})))$$

习 题 2

（1）名词解释：域、笛卡儿积、关系、关系模式、属性、元组、候选关键字、主键、外键。

（2）试述完整性约束的类型。

（3）试述关系的基本性质。

（4）判断下列情况，分别指出它们遵循的完整性约束规则。

1）用户写一条语句明确指定月份数据为 1～12 有效。

2）关系数据库中不允许存在主键值为空的元组。

3）从 A 关系的外键出发，寻找 B 关系中的记录，且必须找到。

（5）给出两名学生选修课程关系 A 和 B，参见表 2.4 和表 2.5，属性为姓名、课程名、成绩。分别写出下列关系代数运算的结果关系。

表 2.4 关系 A

姓名	课程名	成绩
李红	数学	89
罗杰明	英语	78
陈小东	数据库	90

表 2.5 关系 B

姓名	课程名	成绩
黄边晴	C++	86
李红	数学	89
叶晴	数学	73

1）A 和 B 的并、交、差、笛尔儿积和自然连接。

2）$\sigma_{成绩>80}(A)$;　$\sigma_{2='数学' \wedge 3<90}(B)$;　$\prod_{1,3}(A)$;　$\prod_{课程名}(B)$。

3）$\prod_{1,3}(\sigma_{2='数学'}(B))$; $\prod_{姓名}(\sigma_{成绩>75}(A \bowtie B))$。

4）$A \underset{1=1}{\bowtie} B$; $A \underset{2=2 \wedge 3>3}{\bowtie} B$。

5）$A \ltimes B$; $A \rtimes B$; $A \bowtie B$。

（6）表 2.6 为职工名册表，请按下述要求写出关系代数表达式并求出结果关系。

表 2.6　职工名册表

部门	姓名	职工号	职称	工资	年龄
技术科	陈能	23	助工	1780	35
生产科	朱大酝	36	工程师	2500	28
技术科	何聪	48	总工程师	3200	46

1）取出职称为工程师或助工的所有元组。

2）从职工名册表中取出姓名和工资两列。

3）取出所有工资高于 2000 元的职工姓名和职工号。

4）找出至少包含陈能和何聪的部门。（使用除法）

（7）设数据库中有如下四个关系：

教师关系：Teacher(Tno, Tname, Tphone)

学生关系：Student(Sno,Sname,Ssex,Sage,Class,Sadress,Sbirthday)

课程关系：Course(Cno,Cname,Credit)

选修关系：Score(Sno,Cno,Grade)

写出下面查询语句的关系代数表达式：

1）检索学习课程号为 C06 的学生学号与成绩。

2）检索学习课程号为 C06 的学生学号与姓名。

3）检索选修课程名为 ENGLISH 的学生学号与姓名。

4）检索选修课程号为 C02 或 C06 的学生学号。

5）检索至少选修 C02 课程和 C06 课程的学生学号。

6）检索没有选修 C06 课程的学生姓名及其所在班级。

7）检索学习全部课程的学生姓名。

8）检索学习课程中包含 S08 学生所学课程的学生学号。

第 3 章　结构化查询语言 SQL

- **了解**：SQL 语言的特点、SELECT 语句的基本组成。
- **理解**：SELECT 语句的语法格式及各项子句的含义，子查询、嵌套查询和连接查询的基本概念。
- **掌握**：简单查询、子查询、嵌套查询、多表连接查询、查询语句 SELECT 的综合运用。

3.1　SQL 语言概述

结构化查询语言（Structured Query Language，SQL）是一种数据库查询和程序设计语言，用于存取数据及查询、更新和管理关系数据库系统，同时是数据库脚本文件的扩展名。SQL 的影响已经超出数据库领域，得到其他领域的重视和采用，如人工智能领域的数据检索、第四代软件开发工具中嵌入 SQL 的语言等。

结构化查询语言是高级的非过程化编程语言，允许用户在高层数据结构上工作。因为它既不要求用户指定对数据的存放方法，又不需要用户了解具体的数据存放方式，所以具有完全不同底层结构的不同数据库系统，可以使用相同的结构化查询语言作为数据输入与管理的接口。因为结构化查询语言语句可以嵌套，所以具有极强的灵活性和强大的功能。

3.1.1　SQL 的产生与发展

20 世纪 70 年代初，IBM 公司圣约瑟研究实验室的埃德加·科德发表将数据组成表格的应用原则（Codd's Relational Algebra）。1974 年，同一实验室的唐纳德·张柏林（D.D.Chamberlin）和雷蒙德·博伊斯（R.F. Boyce）在研制关系数据库管理系统 System R 中，研制出一套规范语言——SEQUEL(Structured English Query Language)，并在 1976 年 11 月的 IBM Journal of R&D 上公布新版本 SQL（称为 SEQUEL/2），1980 年改名为 SQL。

1979 年，Oracle 公司率先提供商用 SQL，IBM 公司在 DB2 和 SQL/DS 数据库系统中也实现了 SQL。

1986 年 10 月，美国 ANSI 采用 SQL 作为关系数据库管理系统的标准语言（ANSI X3.135-1986），后来国际标准化组织（ISO）也将其作为国际标准。

1989 年，美国 ANSI 采纳在 ANSI X3.135-1989 报告中定义的关系数据库管理系统的 SQL 标准语言称为 ANSI SQL89，该标准替代了 ANSI X3.135-1986 版本。该标准被下列组织采纳：①国际标准化组织，为 ISO 9075-1989 报告 Database Language SQL With Integrity Enhancement；②美国联邦政府，发布在 The Federal Information Processing Standard Publication（FIPS PUB）上。

目前，大部分数据库遵守 ANSI SQL89 标准。

3.1.2 SQL 的特点

由于 SQL 语法简单、命令少、简洁易用，因此成为标准并被业界和用户接受。SQL 主要具有以下特点。

1. 综合统一

SQL 集数据定义语言（DDL）、数据操纵语言（DML）、数据控制语言（DCL）的功能于一体，语言风格统一，可以独立完成数据库生命周期中的全部活动，包括定义关系模式、录入数据以建立数据库、查询、更新、维护、数据库重构、数据库安全性控制等一系列操作要求，为数据库应用系统开发提供良好的环境。例如，用户在数据库投入运行后，可根据需要随时逐步地修改模式，既不影响数据库的运行，又使系统具有良好的可扩充性。

2. 高度非过程化

非关系数据模型的数据操纵语言是面向过程的语言，用其完成某项请求时，必须指定存取路径。而用 SQL 进行数据操作时，用户只需提出"做什么"，而不必指明"怎么做"，因此用户无须了解存取路径，存取路径的选择以及 SQL 语句的操作过程由系统自动完成，不但大大减轻了用户负担，而且有利于提高数据独立性。

3. 面向集合的操作方式

SQL 采用集合操作方式，不仅查找结果可以是元组的集合，而且一次插入、删除、更新操作的对象可以是元组的集合。

4. 以同一种语法结构提供两种使用方式

SQL 既是自含式语言，又是嵌入式语言。作为自含式语言，它能够独立地用于联机交互的使用方式，用户可以在终端键盘上直接输入 SQL 命令对数据库进行操作。作为嵌入式语言，SQL 语句能够嵌入高级语言程序，供程序员设计程序时使用。而在两种使用方式下，SQL 语言的语法结构基本是一致的。这种以统一的语法结构提供两种使用方式的做法，为用户提供了极强的灵活性与方便性。

5. 不同数据库对 SQL 语言的支持与标准存在着细微的不同

有的产品的开发先于标准公布，另外，各产品开发商为了达到特殊的性能或新的特性，需要对标准进行扩展。目前，已有 100 多种遍布在从微型计算机到大型计算机上的数据库产品 SQL，包括 DB2、SQL/DS、Oracle、Ingres、Sybase、SQL Server、Dbase IV、Paradox、Microsoft Access 等。

3.1.3 SQL 的语句结构

SQL 包含如下六个部分。

1. 数据查询语言（DQL）

数据查询语言也称数据检索语句，用以从表中获得数据，确定在应用程序中给出数据的方式。SELECT是 DQL（也是所有 SQL）用得最多的保留字，其他 DQL 常用的保留字有 WHERE、ORDER BY、GROUP BY 和 HAVING。这些 DQL 保留字常与其他类型的 SQL 语句一起使用。

2. 数据操纵语言（DML）

数据操纵语言也称动作查询语言。数据操纵语言的语句包括动词INSERT、UPDATE和

DELETE，分别用于添加、修改和删除表中的行。

3．事务处理语言（TPL）

事务处理语言的语句能确保被 DML 语句影响的表的所有行及时得以更新。TPL 语句包括 BEGIN TRANSACTION、COMMIT 和 ROLLBACK。

4．数据控制语言（DCL）

数据控制语言的语句通过 GRANT 或 REVOKE 获得许可，确定单个用户和用户组对数据库对象的访问。某些 RDBMS 可用 GRANT 或 REVOKE 控制对表单个列的访问。

5．数据定义语言（DDL）

数据定义语言的语句包括动词 CREATE 和 DROP，用于在数据库中创建新表、修改表或删除表（CREAT TABLE、ALTER TABLE 或 DROP TABLE），为表加入索引，等等。DDL 包括许多与数据库目录中获得数据有关的保留字，它也是动作查询的一部分。

6．指针控制语言（CCL）

指针控制语言的语句（如 DECLARE CURSOR、FETCH INTO 和 UPDATE WHERE CURRENT）用于对一个或多个表单独进行的操作。

3.2　MySQL 简介

MySQL 安装

3.2.1　MySQL 的发展及版本

MySQL 是较流行的关系数据库管理系统，其最早可以追溯到 1979 年 MontyWidenius 用 BASIC 设计的报表工具，后来用 C 语言重写了面向报表底层存储引擎——Unireg。1996 年，发布了 MySQL 1.0，并在小范围内使用。1996 年 10 月，发布了 MySQL 3.11.1。1999 年，MySQLAB 公司成立。同年，MySQLAB 公司发布 MySQL 3.23，该版本集成了 Berkeley DB 数据库引擎，支持事务处理。2000 年 4 月，MySQL 对旧的存储引擎进行了整理，命名为 MyISAM。2001 年发布的 MySQL 3.23 版本支持大多数的基本 SQL 操作，还集成了 MyISAM 和 InnoDB 存储引擎。MySQL 与 InnoDB 的正式结合版本是 MySQL 4.0。2004 年 10 月，发布了经典的 MySQL 4.1。2005 年 10 月，发布了具有里程碑意义的 MySQL 5.0，在该版本中加入了游标、存储过程、触发器、视图和事务的支持。在 MySQL 5.0 之后的版本里，MySQL 明确表现出迈向高性能数据库的发展步伐。2008 年 1 月，Sun 公司收购 MySQLAB 公司，MySQL 数据库进入 Sun 时代。同年，Sun 公司发布 MySQL 5.1，其提供了分区、事件管理、基于行的复制等功能。2009 年，Oracle 收购 Sun 公司，MySQL 数据库进入 Oracle 时代。2010 年，发布了 MySQL 5.5，其主要特点是 InnoDB 存储引擎成为 MySQL 的默认存储引擎。2013 年和 2015 年分别发布了 MySQL 5.6 和 MySQL 5.7。2016 年，发布了 MySQL 8.0。

MySQL 主要包括以下四个常见版本：

（1）社区版本（MySQL Community Server）：开源免费，但不提供官方技术支持，是数据库学习者常用的 MySQL 版本。本书以 MySQL Community 8.0.32 为例，在 Windows 10 下进行讲解。

（2）企业版本（MySQL Enterprise Edition）：商业版，该版本是收费版本，可以试用 30 天，包含 MySQL 企业级数据库软件控与咨询服务，同时提供可靠性、安全性和实时性的技术支持。

（3）集群版（MySQL Cluster）：开源免费，可将多个 MySQL Server 封装成一个 Server，能够实现负载均衡，并提供冗余机制，可用性强。

（4）高级集群版（MySQL Cluster CGE）：需付费，包括用于管理、审计和监视 MySOI Cluster 数据库的工具，并提供 Oracle 标准支持服务。

除上述官方版本，MariaDB 是 MySQL 的一个分支，其目的是完全兼容 MySQL，它使用基于事务的 Maria 存储引擎替换 MySQL 的 MyISAM 存储引擎，并使用 Percona 的 XtraDB。

3.2.2　MySQL 的特点

MySQL 是一个多用户、多线程、基于客户机服务器（Client/Server，CS）的关系型数据库管理系统，具有体积小、运行快、总体拥有成本低、开放源码等特点，得到了广泛应用，成为许多企业首选的关系型数据库管理系统。MySQL 数据库管理系统具有以下特点。

（1）跨平台支持：MySQL 支持多种操作系统开发平台，包括 Linux、Windows、Mac OS、FreeBSD 等，编写的程序可以进行跨平台移植，而不需要对程序做任何修改。

（2）性能卓越：MySQL 是一个单进程多线程的数据库管理系统，可以使用较少的系统资源（CPU、内存）为用户提供高效的服务、MySQL 使用优化的 SQL 查询算法，可有效提高查询速度，运行快是 MySQL 的显著特性。

（3）功能强大：MySQL 提供多种数据库存储引擎，各种存储引擎各有所长，可以适用于不同的应用场合。用户可以选择最合适的引擎以得到最高性能。MySQL 支持多种开发语言，提供了丰富的 APT 函数及 TCP/IP、ODBC 和 JDBC 等数据库连接方式。

（4）存储容量大：MySQL 数据库的最大有效表尺寸通常是由操作系统对文件大小的限制决定的，而不是由 MySQL 内部限制决定的。InnoDB 存储引擎将 InnoDB 表保存在一个表空间内，该表空间可由数个文件创建，表空间的最大容量为 64TB，可以轻松处理拥有上千万条记录的大型数据库。

（5）简单易用：MySQL 数据库体积小、易部署、简单、易用。MySQL 的管理和维护简单，初学者比较容易上手。

（6）成本低廉：MySQL 采用双 GPL，在很多情况下，用户可以免费使用 MySQL。对于一些商业用途，用户需要购买 MySQL 商业许可，但价格也相对低廉。

（7）开源：MySQL 开放源代码，开发人员可以根据需要量身定制。

3.2.3　MySQL 的主要组件

MySQL 分为 Server 层和存储引擎两部分。其中，Server 层包括连接器、查询缓存、分析器、优化器、执行器。Server 层都是通用的组件，所有跨存储引擎的功能都在 Server 层实现，如存储过程、触发器、视图等。存储引擎主要负责数据的存储和提取。

（1）连接器：主要用于与客户端建立连接、获取权限、维持和管理连接。连接器首先进行身份验证，验证通过之后即可建立连接，同时，建立连接时验证权限。若要修改权限，则要重新建立新的数据库连接。当连接长时间未操作（超过连接空闲时间）时，连接器自动断开连接。

（2）查询缓存：MySQL 执行某个查询语句时，先到缓存中查看是否执行过该语句，如果之前执行过该查询语句，则直接返回结果集，从而达到快速查询的效果。对于数据经常变更的数据库来说，缓存命中率是很低的，此时查询缓存弊大于利，所以不建议使用缓存；而对于长时间不变、查询频率很高的数据，可以采用 Redis 缓存。查询缓存在 MySQL 5.7.20 版本已过时，在 MySQL 8.0 版本中被移除，仅了解即可。

（3）分析器：主要用于分析 SQL 语法是否正确，通过词法分析，明确用户输入的 SQL 语句代表什么、要做什么，之后通过语法分析判断用户输入的 SQL 语句是否满足 MySQL 语法规则。

（4）优化器：执行 SQL 语句前使用优化器进行优化，选择最优的查询方案。比如，当表中有多个索引时，决定用哪个索引，如果是多表关联查询，则决定表的连接顺序。

（5）执行器：执行器主要用于对 SQL 进行权限校验，判断 SQL 在对应表中是否有执行权限，如果有权限，则根据表的存储引擎定义调用存储引擎提供的接口，对数据进行操作；如果没有权限，则报错。

3.2.4 MySQL 的系统数据库

数据库是存储表、视图、索引、存储过程、触发器等数据库对象的容器。一个 MySQL 服务器可以包含多个数据库。安装 MySQL 后系统会自动创建如下四个系统数据库来存储 MySQL 运行和管理需要用到的系统信息。

（1）information_schema：元数据，保存了 MySQL 服务器所有数据库的信息，比如数据库名、数据库的表、访问权限、数据库表的数据类型、数据库索引的信息等。

（2）mysql：MySQL 的核心数据库，主要存储数据库的用户、权限设置、关键字等 MySQL 自己需要使用的控制和管理信息。

（3）performance_schema：存储数据库服务器的性能参数，可用于监控服务器在运行过程中的资源消耗、资源等待等情况。

（4）sys：数据库中所有的数据源来自 performance_schema，目标是降低 performance_schem 的复杂，使 DBA 更好地阅读该数据库中的内容，更快地了解 DB 的运行情况。

3.3 MySQL 数据类型

数据类型（data_type）是指数据库中允许的数据的类型。它决定了数据在数据库中的存储格式和取值范围。MySQL 支持多种类型，大致可以分为数值类型、字符串类型、日期与时间类型、二进制类型、其他类型。

3.3.1 数值类型

MySQL 支持 ANSI/ISO 数据库 SQL 92 标准中的所有数值类型数据，包括整数类型（tinyint、smallint、mediumint、int 和 bigint）、定点数类型（decimal）和浮点数类型（float、double 和 real）。数值类型见表 3.1。

表 3.1　数值类型

类型	占用字节	范围（有符号）	范围（无符号）
tinyint	1	$-2^7 \sim 2^7 - 1$	$0 \sim 2^8 - 1$
smallint	2	$-2^{15} \sim 2^{15} - 1$	$0 \sim 2^{16} - 1$
mediumint	3	$-2^{23} \sim 2^{23} - 1$	$0 \sim 2^{24} - 1$
int	4	$-2^{31} \sim 2^{31} - 1$	$0 \sim 2^{32} - 1$
bigint	8	$-2^{63} \sim 2^{63} - 1$	$0 \sim 2^{64} - 1$
float	4	$-3.402823466\text{E}+38 \sim -1.175494351\text{E}-38$	$0,$ $-1.175494351\text{E}-38 \sim -3.402823466\text{E}+38$
double	8	$-1.7976931348623157\text{E}+308 \sim$ $-2.2250738585072014\text{E}-308,$ $0,$ $2.2250738585072014\text{E}-308 \sim$ $1.7976931348623157\text{E}+308$	$0,$ $2.2250738585072014\text{E}-308 \sim$ $1.7976931348623157\text{E}+308$
real	4	$-3.402823466\text{E}+38 \sim -1.175494351\text{E}-38$	$0,$ $-1.175494351\text{E}-38 \sim -3.402823466\text{E}+38$
decimal (m, d)	m+2	依赖 m 和 d	依赖 m 和 d

说明：decimal (m, d) 表示精度确定的数值类型，其中表示总位数（包含整数部分和小数部分，但不包括小数点字符）；d 称为精度，表示小数的位数。decimal (5, 2) 表示数据的长度为 5，小数位数为 2，取值范围为 -999.99～999.99。在实际应用中，可以根据字段的具体取值范围选择适合的整数类型。例如：学生关系中的字段"年龄 (age)"的数据类型可以为 tinyint；选课关系中的字段"成绩 (score)"的数据类型可以为 decimal(5,2)。

3.3.2　字符串类型

字符串类型用来存储字符串数据。字符串可以对区分或者不区分字母大小写的串进行比较，还可以进行正则表达式的匹配查找。字符型串类型见表 3.2。

表 3.2　字符串类型

类型	大小	说明
char(n)	0～255	定长字符串
varchar(n)	0～65535	变长字符串
tinytext	0～255	短文本字符串
text	0～65535	长文本数据
mediumtext	0～16777215	中等长度文本数据
longtext	0～4294967295	极大文本数据

说明：char(n) 和 varchar(n) 中的 n 代表字符数，而不代表字节数，比如 char(30) 表示可以存储 30 个字符。char 和 varchar 类型类似，但它们保存和检索的方式不同，最大长度和是否尾部空格被保留等也不同。在存储或检索过程中不进行大小写转换。varchar 和 text 类型是变长类型，其存储需求取决于字符串的实际长度。由于 MySQL 在建立数据库时指定了字符集，因

此不存在 nchar、nvarchar 和 ntext 数据类型。

3.3.3 日期与时间类型

MySQL 表示时间值的日期与时间类型为 date、time、year、datetime 和 timestamp。每个日期与时间类型都有一个有效值范围和一个"零"值，当指定 MySQL 不能表示的值时使用"零"值。日期与时间类型见表 3.3。

表 3.3 日期与时间类型

类型	大小(bytes)	范围	格式	说明
date	3	1000-01-01~9999-12-31	YYYY-MM-DD	日期值
time	3	-838:59:59~838:59:59	HH:MM:SS	时间值或持续时间
year	1	1901~2155	YYYY	年份值
datetime	8	1000-01-01 00:00:00 ~ 9999-12-31 23:59:59	YYYY-MM-DD hh:mm:ss	混合日期和时间值
timestamp	4	1970-01-01 00:00:01 ~ 2038-01-19 03:14:07	YYYY-MM-DD hh:mm:ss	混合日期和时间值，时间戳

说明：

（1）YYYY 表示年，MM 表示月，DD 表示日，HH 表示小时，MM 表示分，SS 表示秒。time、datetime 和 timestamp 类型可以精确到秒；date 类型只存储日期，不存储时间。

（2）datetime 和 timestamp 类型既包含日期又包含时间。二者的不同之处除存储字节和支持范围不同外，datetime 类型，按照实际输入的格式存储，与用户所在时区无关；而 timestamp 类型以世界标准时间格式存储，按照用户当前时区，转换成世界标准时间，检索时再转换回当前时区。因此，查询 timestamp 类型数据时，系统会根据用户所在不同时区，显示不同的时间日期值。例如，timestamp 范围中的结束时间是第 2147483647 秒，北京时间是 2038 年 1 月 19 日上午 11:14:07，而格林尼治时间是 2038 年 1 月 19 日凌晨 03:14:07。

3.3.4 二进制类型

存储由"0"和"1"组成的字符串的字段可以定义为二进制类型。MySQL 中的二进制类型包括 bit、binary、varbinary、tinyblob、blob、mediumblob 和 longblob。其中，bit 类型以位为单位存储字段值，其他二进制类型以字节为单位存储字段值。二进制类型见表 3.4。

表 3.4 二进制类型

类型	存储大小	说明
bit(M)	大约(M+7)/8 个字节	位字段类型
binary (M)	M 个字节	固定长度二进制字符串
varbinary (M)	M+1 个字节	可变长度二进制字符串
tinyblob (M)	L+1 个字节，$L<2^8$	非常小的 blob
blob (M)	L+2 个字节，$L<2^{16}$	小的 blob

类型	存储大小	说明
mediumblob (M)	L+3 个字节，$L<2^{24}$	中等大小的 blob
longblob (M)	L+4 个字节，$L<2^{32}$	非常大的 blob

说明：

（1）binary 和 varbinary 类似于 char 和 varchar，不同的是它们包含二进制字符串，而不包含非二进制字符串。也就是说，它们包含字节字符串，而不包含字符字符串。这说明它们没有字符集，并且排序和比较基于列值字节的数值。

（2）blob 是一个二进制大对象，可以容纳可变数量的数据。blob 有四种类型：tinyblob、blob、mediumblob 和 longblob，它们的区别是可容纳的存储范围不同。text 有四种类型：tinytext、text、mediumtext 和 longtext，对应这四种 blob 类型，可存储的最大长度不同，可根据实际情况选择。blob 是二进制字符串，text 是非二进制字符串，两者均可存放大容量信息。blob 主要存储图片、音频信息等，而 text 只能存储纯文本文件。但由于现在图片和音频越来越多，检索起来不方便，因此都不放在数据库，一般放在专门的文件存储服务器上。

3.3.5 其他类型

MySQL 支持两种复合数据类型 enum 和 set。enum 类型允许从一个集合取得一个值，而 set 类型允许从一个集合中取得多个值。复合数据类型见表 3.5。

表 3.5 复合数据类型

类型	最大值	用途
enum('value1', 'value2',...)	65535	只能存储 1 个所列值或为 NULL
set('valuel', 'value2', ...)	64	可以存储 1 个或多个所列值或为 NULL

例如，性别 ssex，enum(男,女)的值可以是男、女，或者 NULL。兴趣 interest，set(唱歌，游泳，网球)的值可以 NULL，也可以是所列 3 个选项中的任意 1～3 个值。

3.3.6 数据类型的选择

数据类型的需要根据实际需求进行选择，并考虑数据存储和查询的效率。在实际使用过程中，需要根据业务需求、数据量和性能要求等因素综合考虑。以下是选择合适数据类型的常见规则：

（1）能存储所需数据的最短小、计算最快捷的数据类型。

（2）数据类型越简单越好，例如 int 比 varchar 简单。

（3）尽量用内置的日期与时间数据类型，不用字符串存储日期与时间。

（4）尽采用精确小数类型（如 decimal），而不采用浮点数类型。

（5）尽可能用 NOT NULL 定义字段约束，避免允许字段为 NULL 值。例如 InnoDB 存储引擎中 NULL 既需要额外存储开销，又要增加磁盘 I/O 次数和计算开销。

（6）尽量少用 text 类型，必须使用时，最好将 text 字段与经常操作的表分开，以减少磁盘 I/O 开销，提高系统性能。

3.4 数据库设计

通过前文得到了"教务管理系统"的 8 个关系模式，结合设计数据表遵循的原则，可将 8 个关系模式转换为对应的数据表，见表 3.6 至表 3.13。

表 3.6 学生表 student

列名	数据类型	长度	允许空	默认值	约束	备注
sno	char	12	否		主键	学生学号
sname	varchar	10	否			学生姓名
ssex	enum		否	男	取值范围"男"或"女"	学生性别
sbirthday	date		是			出生日期
stel	char	11	是			联系电话
mno	char	4	是		外键，参照 major 表 mno 列	专业编号

表 3.7 教师表 teacher

列名	数据类型	长度	允许空	默认值	约束	备注
tno	char	12	否		主键	教师工号
tname	varchar	10	否			教师姓名
tsex	enum		否	男	取值范围"男"或"女"	教师性别
tbirthday	date		是			出生日期
ttel	char	11	是			联系电话
tprof	varchar	10	是			教师职称
mno	char	4	是		外键，参照 major 表 mno 列	专业编号

表 3.8 课程表 course

列名	数据类型	长度	允许空	约束	备注
cno	char	8	否	主键	课程编号
cname	varchar	20	否		课程名称
ctype	varchar	5	是		课程类型
chour	tinyint		是		课程学时
ccredit	decimal	2,1	是		课程学分
cterm	tinyint		是	1～8	开设学期
dno	char	2	否	外键，参照 dept 表的 dno 列	开课学院

表 3.9　成绩表 score

列名	数据类型	长度	允许空	约束	备注
cno	char	8	否	外键，参照 course 表 cno 列 (cno,sno)组合为主键	课程编号
sno	char	12	否	外键，参照 student 表 sno 列 (cno,sno)组合为主键	学生学号
time	datetime		是		选课时间
grade	decimal	5,2	是		课程成绩

表 3.10　学院表 dept

列名	数据类型	长度	允许空	约束	备注
dno	char	2	否	主键	学院编号
dname	varchar	15	是		学院名称
dloc	varchar	20	是		办公地址
ddean	char	5	是	外键，参照 teacher 表的 tno 列	负责人

表 3.11　授课表 lesson

列名	数据类型	长度	允许空	约束	备注
lno	int	11	否	主键	自动增长
cno	char	8	否	外键，参照 course 表 cno 列	课程编号
tno	char	5	否	外键，参照 teacher 表 tno 列	教师编号
clsno	char	10	否	外键，参照 class 表 clsno 列	班级编号
laddr	varchar	20	是		上课地点
lweek	tinyint		是	1～5	上课周次
lbegin	time		是		开始时间
lend	time		是		结束时间

表 3.12　班级表 class

列名	数据类型	长度	允许空	约束	备注
clsno	char	10	否	主键	班级编号
clsname	varchar	15	是		班级名称
clsyear	year		是		入学年份
mno	char	4	是	外键，参照 major 表的 mno 列	所属专业

表 3.13　专业表 major

列名	数据类型	长度	允许空	约束	备注
mno	char	4	否	主键	专业编号
mname	varchar	15	是		专业名称
dno	char	2	是	外键，参照 dept 表的 dno 列	所属学院

3.5 数 据 定 义

创建数据库

3.5.1 数据库的创建和管理

1. 创建数据库

创建数据库需要使用 CREATE DATABASE 或 CREATE SCHEMA 语句,其语法格式如下:

```
CREATE (DATABASE | SCHEMA) [IF NOT EXISTS] db_name
[[DEFAULT] CHARACTER SET [=] charset_name]
[[DEFAULT] COLLATE [=] collation_name]
[[DEFAULT] ENCRYPTION [=] { 'Y' | 'N' }];
```

说明:

(1)上述语句中的"[]"是可选项,"{}"是必选项,"|"表示只能选择其中一项。

(2)db_name:创建的数据库的名称,要遵守 MySQL 中对象名称的命名规则。

(3)IF NOT EXISTS:为了避免与已有数据重名,创建数据库前要判断数据库是否已存在,不存在时需创建数据库。

(4)CHARACTER SET:指定数据库的字符集。

(5)COLLATE:指定字符集的校对规则。

(6)ENCRYPTION:数据库的加密设置。

MySQL 不区分字母大小写,为了方便理解,本书中的所有语法格式和示例代码中的固定关键字用大写字母,对象名称和属性名等用小写字母。数据表的名称、列名、约束名、索引名等标识符可以加上反引号(`)。

【例 3.1】创建 school 数据库。

```
CREATE DATABASE school;
```

【例 3.2】创建 xsgl 数据库,指定字符集为 utf8mb4,设置默认校对规则为 utf8mb4_0900_ai_ci。

```
CREATE DATABASE IF NOT EXISTS xsgl
DEFAULT CHARACTER SET utf8mb4
DEFAULT COLLATE utf8mb4_0900_ai_ci;
```

2. 选择数据库

可以使用 USE 语句选择数据库作为当前数据库,然后对数据库对象进行操作,语法格式如下:

```
USE db_name;
```

【例 3.3】选择 school 数据库。

```
USE school;
```

3. 查看数据库

可以使用 SHOW DATABASES 语句查看 MySQL 服务器中所有的数据库的名称。另外,还可以使用 SHOW CREATE DATABASE 语句查看一个数据库的创建语句,语法格式如下:

```
SHOW CREATE DATABASE db_name;
```

【例 3.4】查看 school 数据库。

```
SHOW CREATE DATABASE school;
```

4. 修改数据库

创建数据库后，可以修改数据库的相关参数，比如默认字符集、校对规则和加密方式，语法格式如下：

```
ALTER {DATABASE | SCHEMA} db name
[[DEFAULT] CHARACTER SET [=] charset name]
[[DEFAULT] COLLATE [=] collation name]
[[DEFAULT] ENCRYPTION [=] {'Y' | 'N'}];
```

【例 3.5】修改 xsgl 数据库的字符集为 gbk，校对规则为 gbk_chinese_ci。

```
ALTER DATABASE xsgl
DEFAULT CHARACTER SET gbk
DEFAULT COLLATE gbk_chinese_ci;
```

修改完数据库，可以通过 SHOW CREATE DATABASE 语句查看修改后的相关信息。

5. 删除数据库

删除数据库是指在数据库系统中删除已经存在的数据库，删除成功之后，原来分配的空间将被收回。如果数据库中已经包含数据表和数据，则删除数据库时，这些内容也会被删除。因此，删除数据库之前根据需要备份。

可以使用 DROP DATABASE 或 DROP SCHEMA 语句删除数据库，语法格式如下：

```
DROP {DATABASE | SCHEMA} [IF EXISTS] db_name;
```

【例 3.6】删除 xsgl 数据库。

```
DROP DATABASE IF EXISTS xsgl;
```

3.5.2 表的创建和管理

创建表

MySQL 中数据库的主要对象是数据表，创建数据库后，可以向数据库中添加数据表。数据通常存储在表中，表存储在数据库文件中，任何有相应权限的用户都可以对其进行操作。

1. 创建表

MySQL 创建表需要用到 CREATE TABLE 语句，语法格式如下：

```
CREATE [TEMPORARY] TABLE [IF NOT EXISTS] tbl_name
( col_name data_type[(n[,m])] [NOT NULL | NULL] [DEFAULT { literal | (expr)}] [AUTO_INCREMENT]
[COMMENT 'string'],
...
[index definition],
[constraint definition]
) [table options];
```

CREATE TABLE 参数说明见表 3.14。

表 3.14 CREATE TABLE 参数说明

参数	说明
TEMPORARY	如果使用该关键字，则创建的表为临时表。临时表只在当前连接可见，当关闭连接时，MySQL 会自动删除表并释放所有空间
IF NOT EXISTS	用于防止表存在时发生错误

参数	说明
tbl_name	要创建的表的名称,可以使用 db_name.tbl_name 的方式在指定数据库中创建表。如果只有表的名称,则在当前数据库中创建表
col_name	列的名称
data_type	列的数据类型
NOTNULL | NULL	指定该列是否允许空值,默认为 NULL
DEFAULT {literal | (expr)}	指定列的默认值,默认值可以是常量,也可以是表达式
AUTO_INCREMENT	用于定义自增列,每个表只能有一个自增列,该列的数据类型必须是整型或浮点型,并且必须被索引,不能有默认值。自增列从 1 开始。在自增列中插入 NULL(建议)或 0 值时,该列的值将设置为当前列的最大值+1
COMMENT 'string'	该选项指定列的注释,最长有 1024 个字符
index_definition	定义索引
constraint_definition:	定义约束
table_options	表的选项,常用的选项如下: (1)AUTO_INCREMENT [=] value:表的初始自动增量值。 (2)[DEFAULT] CHARACTER SET [=] charset name:指定表的默认字符集。 (3)ENGINE [=] engine_name:指定表的存储引擎。 (4)ENCRYPTION [=] {'Y' | 'N'}:启用或禁用 InnoDB 表的页面级数据加密

【例 3.7】在数据库 school 中创建学生表 student,表结构见表 3.6。

```
CREATE TABLE IF NOT EXISTS `student` (
    `sno` char(12) NOT NULL COMMENT '学生学号',
    `sname` varchar(10) NOT NULL COMMENT '学生姓名',
    `ssex` enum('男','女') NOT NULL DEFAULT '男' COMMENT '学生性别',
    `sbirthday` date NULL COMMENT '出生日期',
    `stel` char(11) NULL COMMENT '联系电话',
    `mno` char(4) NOT NULL COMMENT '专业编号'
) ENGINE=InnoDB DEFAULT CHARSET=utf8mb4 COMMENT='学生表';
```

【例 3.8】在数据库 school 中创建课程表 course,表结构见表 3.7。

```
CREATE TABLE IF NOT EXISTS `course` (
    `cno` char(5) NOT NULL COMMENT '课程编号',
    `cname` varchar(15) NOT NULL COMMENT '课程名称',
    `ctype` varchar(5) NULL COMMENT '课程类型',
    `chour` tinyint(4) NULL COMMENT '课程学时',
    `ccredit` decimal(2,1) NULL COMMENT '学分',
    `cterm` tinyint(4) NULL COMMENT '开设学期'
) ENGINE=InnoDB DEFAULT CHARSET=utf8mb4 COMMENT='课程表';
```

在 MySQL 中,可以利用 CREATE TABLE 语句将一个存在的表结构复制到新表中。可以用 LIKE 子句或 SELECT 子句复制一个表结构。

LIKE 子句是基于另一个表的定义创建一个新表,语法格式如下:

```
CREATE TABLE new_tbl LIKE orig_tbl;
```

说明：

（1）该语句可以将源表 orig_tbl 的结构复制到新表 new_tbl 中。

（2）新表包括源表中的列、列的属性、默认值、主键约束、唯一性约束、检查约束和索引的定义，外键约束定义不会复制到新表中。

（3）创建的新表为空表，不包含源表中的数据。

【例 3.9】在数据库 school 中，通过复制学生表 student 的表结构创建表 student_bak。

```
CREATE TABLE student_bak LIKE student;
```

在 MySQL 中还可以通过 SELECT 子句实现表结构和记录的复制。

```
CREATE TABLE new_tbl
[ (column_definition,
[index_definition],
[constraint_definition]
) [table_options] ]
[AS]
SELECT select_list FROM orig_tbl;
```

说明：

（1）该语句可以将源表的表结构和记录复制到新表中，但不会复制默认值、约束、索引。

（2）如果 CREATE TABLE 语句中定义了列的信息，则在生成的表中，SELECT 语句产生的列附加在这些列之后。

（3）SELECT 语句可以是任意合法的查询语句，MySQL 将基于查询结果创建新表有关 SELECT 语句的内容。

【例 3.10】在数据库 school 中复制学生表 student 中班级编号为"2023010201"的学生数据创建表 student_soft。

```
CREATE TABLE student_soft
AS
SELECT * FROM student WHERE clsno = '2023010201';
```

2. 查看表

查看表包括查看当前数据库中的表、查看表结构和查看表的定义。

（1）查看数据库中的表。可以使用 SHOWTABLES 命令查看当前数据库中已有的表。

【例 3.11】查看数据库 school 中的表。

```
USE school;
SHOW TABLES;
```

（2）查看表结构。在 MySQL 中，可以使用 DESCRIBE 语句或 SHOW COLUMNS | FIELDS 语句查看某个表的基本结构，包括列名、数据类型、键、是否允许空值、默认值等信息。

DESCRIBE 语句的语法格式如下：

```
DESC[RIBE] [db_name.]tbl_name;
```

说明：

（1）DESCRIBE 可以简写为 DESC。

（2）db_name：表示要查看的表所在的数据库的名称，如果省略，则默认为当前数据库。

（3）tbl_name：表示要查看的表名称。

【例 3.12】使用 DESCRIBE 语句查看数据库 school 中学生表 student 的表结构。

```
DESC student;
```

SHOW COLUMNS | FIELDS 语句的语法格式如下：

```
SHOW {COLUMNS | FIELDS} {FROM | IN} tbl_name [{FROM | IN} db_name]
```

说明：

（1）SHOW COLUMNS 语句与 SHOW FIELDS 语句的作用相同，FROM 语句与 IN 语句的作用相同。

（2）db_name：表示要查看的表所在数据库的名称，如果省略，则默认为当前数据库。

（3）tbl_name：表示要查看的表的名称。

【例 3.13】使用 SHOW COLUMNS | FIELDS 语句查看数据库 school 中课程表 course 的表结构。

```
SHOW COLUMNS FROM course;
```

（3）查看表的定义。在 MySQL 中，可以使用 SHOW CREATE TABLE 语句查看创建表的 CREATE TABLE 语句，语法格式如下：

```
SHOW CREATE TABLE tbl_name;
```

【例 3.14】使用 SHOW CREATE TABLE 语句查看学生表 student 的定义语句。

```
SHOW CREATE TABLE student \G
```

注意：

（1）如果语句后用分号结束，则显示结果可能会比较混乱，使用 \G 可以使结果显示更加整齐、美观，便于查看。

（2）在返回表的 CREATE TABLE 语句中，表的名称、列名、约束名、索引名等标识符均加上了反引号(`)。

3. 修改表

在使用数据库应用系统的过程中，功能需求可能会发生变化或者需要增加新的功能，导致数据库中表的结构发生改变，需要修改表。在 MySQL 中，可以使用 ALTER TABLE 语句修改表，包括列的修改、约束的修改、修改表名和表的选项，约束的修改将在 3.6.3 节详细介绍。ALTER TABLE 语句的语法格式如下：

```
ALTER TABLE tbl_name
ADD [COLUMN] new_col_name data_type [FIRST | AFTER col_name]
| ADD [CONSTRAINT [constraint_name]] {PRIMARY KEY | UNIQUE | FOREIGN KEY } (col_name, …)
REFERENCES tbl_name (col_name, …)
| ALTER [COLUMN] col_name { SET DEFAULT value | DROP DEFAULT}
| CHANGE [COLUMN] old_clo_name new_col_name data_type
| MODIFY [COLUMN] col_name data_type
| RENAME [TO | AS ] new_tbl_name
| [table options]
| DROP [COLUMN] col_name
| DROP PRIMARY KEY
| DROP INDEX index_name
| DROP FOREIGN KEY fk_name
```

ALTER TABLE 参数说明见表 3.15。

表 3.15　ALTER TABLE 参数说明

参数	说明
ADD [COLUMN]	用于向数据表中添加新列，通过 FIRST|AFTER 指定添加新列的位置，默认添加到最后一列
ADD [CONSTRAINT]	用于向数据表中添加约束，其中 PRIMARY KEY 表示主键，UNIQUE 表示唯一索引，FOREIGN KEY 表示外键
ALTER [COLUMN]	用于修改列的默认值（SET DEFAULT）、删除默认值（DROP DEFAULT），以及设置是否可见（SET VISIBLE / INVISIBLE）
CHANGE[COLUMN]	用于修改字段名及类型
MODIFY[COLUMN]	用于修改字段类型
RENAME	用于修改表名
DROP[COLUMN]	用于删除字段
DROP PRIMARY KEY	用于删除主键
DROP INDEX	用于删除索引
DROP FOREIGN KEY	用于删除外键
table_options	用于修改表的选项，常用的选项如下： （1）AUTO_INCREMENT [=] value：表的初始自动增量值。 （2）[DEFAULT] CHARACTER SET [=] charset name：指定表的默认字符集。 （3）ENGINE [=] engine_name：指定表的存储引擎。 （4）ENCRYPTION [=] {'Y' | 'N'}：启用或禁用 InnoDB 表的页面级数据加密

【例 3.15】在学生表 student 中添加学生民族 snation 字段，数据类型为 varchar，长度为 20，允许为空值。

```
ALTER TABLE student
ADD snation VARCHAR (20);
```

【例 3.16】在学生表 student 的班级编号 clsno 后添加一个入学时间 enrollment 字段，数据类型为 char，长度为 4，允许为空值。

```
ALTER TABLE student
ADD enrollment CHAR (4) AFTER clsno;
```

【例 3.17】将学生表 student 中的 enrollment 字段的数据类型改为 date。

```
ALTER TABLE student
MODIFY enrollment date;
```

【例 3.18】将学生表 student 中的 enrollment 字段改为 senroll。

```
ALTER TABLE student
RENAME COLUMN enrollment TO senroll;
```

【例 3.19】将学生表 student 中的 senroll 字段的名称改为 senroll_year，数据类型为 year，允许为空值。

```
ALTER TABLE student
CHANGE senroll senroll_year year;
```

【例 3.20】将学生表 student 中的 snation 字段的默认值设为"汉族"。

```
ALTER TABLE student
ALTER COLUMN snation SET DEFAULT '汉族';
```

注意：

CHANGE、MODIFY、RENAME COLUMN 和 ALTER 子句都允许对表中现有列进行更改，它们的区别如下：

（1）CHANGE [COLUMN]子句可以重命名列，也可以更改列定义，一般用于同时更改列名和列定义。如果只更改列名，则使用 RENAME COLUMN 子句更简单。如果只更改列的定义，则使用 MODIFY[COLUMN]子句更方便。

（2）MODIFY [COLUMN]子句只能修改列的定义，不能修改列的名称。

（3）RENAME COLUMN 子句只能修改列的名称，不能修改列的定义。

ALTER [COLUMN]子句仅用于更改列的默认值和可见性。

【例 3.21】 删除学生表 student 中的 senroll_year 字段。

```
ALTER TABLE student
DROP senroll_year;
```

【例 3.22】 将 student_bak 重命名为 student_backup。

```
ALTER TABLE student_bak
RENAME TO student_backup;
```

注意：

在 MySQL 中，也可以通过下面语句修改表名：

```
RENAME TABLE old_tbl_name TO new_tbl_name;
```

在例 3.22 中，也可以使用下面语句进行重命名：

```
RENAME TABLE student_bak TO student_backup;
```

4. 删除表

在数据库应用系统中可删除不再使用的数据表。使用 DROP TABLE 语句可以删除一个或多个表，语法格式如下：

```
DROP [TEMPORARY] TABLE [IF EXISTS] tbl_name [, tbl_name];
```

说明：

（1）TEMPORARY：删除的表为临时表。

（2）tbl_name：要被删除的表名。使用 DROP TABLE 语句能同时删除多个表，只需将表名依次用逗号隔开即可。

（3）IF EXISTS：用于在删除表前判断对应表是否存在，防止表不存在时发生错误。

（4）如果表之间存在外键约束关系，删除父表有两种方法：一是先删除与之关联的子表，再删除父表；二是先取消关联表的外键约束，再删除父表。第二种方法适用于需要保留子表数据、只删除父表的情况。

3.5.3　表的完整性管理

由于数据库是一种共享资源，因此，在数据库的使用过程中保证数据安全、可靠、正确、可用成为非常重要的问题。数据库的完整性保护可以保证数据的正确性和一致性。读者可以通过学习约束、规则和触发器等技术来充分认识保证数据库完整性的重要性。

1. 数据库完整性概述

数据完整性是指保护数据库中数据的准确性、有效性和一致性，以防止错误数据的插入导致无效操作。设计数据表时，可以定义与该表相关的完整性约束条件，例如主键、默认值和空值等。当用户对数据库进行操作时，数据库管理系统会自动检测操作是否符合相关的完整性约束，从而确保数据在整个数据库系统中的完整性和一致性。此外，数据完整性管理不仅包括对数据进行输入时的检查，还包括对数据的更新、删除和查询等操作的管理。

数据表的约束分为列约束和表约束。列约束是针对特定字段的约束，包含在其字段定义中，紧跟在字段其他定义之后，用空格隔开，无需指定字段名；而表约束与字段定义相互独立，不包含在字段定义中，常用于对多个字段的约束，与字段定义用逗号分隔，定义表约束时必须指定要约束的字段名称。

数据完整性一般包括实体完整性、参照完整性和用户自定义完整性。实体完整性通过主键约束或者唯一性约束实现，参照完整性通过外键约束实现，用户自定义完整性通过非空约束、检查约束和默认值约束实现。

（1）实体完整性。实体完整性要求表中每行数据都有唯一的标识，不能重复。实体完整性可以通过主键约束、唯一性约束及唯一性索引等实现。

1）主键（PRIMARY KEY）约束。主键约束指定表的一列或多列的组合能唯一地标识一行记录。在规范化的表中，每行中的所有数据值都完全依赖主键，创建或修改表时可通过定义 PRIMARY KEY 约束来创建。每个表都只能有一个主键。

2）唯一性（UNIQUE）约束。唯一性约束指定一个或多个列的组合的值具有唯一性，以防止在列中输入重复的数据。

3）唯一性索引（UNIQUE INDEX）。在使用数据库的数据过程中，有些原本不相同的数据可能变成相同数据，从而产生错误，可以通过建立唯一性索引来实现数据的实体完整性。

（2）参照完整性。参照完整性是用来维护相关数据表之间数据一致性的手段。通过实现引用完整性，可以避免因一个数据表的记录改变而使另一个数据表内的数据变成无效的值。引用完整性约束是指引用关系中外键的取值是空值（外键的每个属性值均为空值）或被引用关系中某个元组的主键值。采用外键约束来实现数据库表的参照完整性。

外键（FOREIGN KEY）约束。外键是指表中某个字段的值依赖于另一张表中某个字段的值，而被依赖的字段必须具有主键约束或者唯一约束。外键的取值可以是空值或是被依赖关系中某个元组的主键值。

（3）用户自定义完整性。用户自定义的完整性是指针对具体的应用，用户根据需要自己定义的数据必须满足的语义要求。用户自定义完整性通过检查约束、非空约束和默认值约束实现。

1）检查（CHECK）约束。通过约束条件表达式限制列上可以接受的数据值和格式。

2）非空（NULL/ NOT NULL）约束。空值（NULL）意味着数据尚未输入。它与 0 或长度为零的字符串（""）的含义不同。如果某列只有有值才能使记录有意义，那么可以指明该列不允许取空值。

3）默认值（DEFAULT）约束。数据库中每行记录的每列都应该有一个值。当然这个值可以是空值，当向表中插入数据时，如果用户没有明确给出某列的值，则 MySQL 会自动为该列添加空值，以减少数据输入的工作量。

2. 主键约束

主键约束用于定义基本表的主键，起唯一标识作用，确保表中记录的唯一性。其值不能为空值、不能重复，以保证实体的完整性。一张表只能有一个 PRIMARY KEY 约束，且其可以作用于一列，也可以作用于多列的组合。

（1）创建表时定义主键约束。主键约束既可用于列约束，又可用于表约束。当用于定义列级约束时，可以在 CREATE TABLE 语句中主键列的属性定义中加上 PRIMARY KEY，语法格式如下：

col_name data_type [DEFAULT { literal | (expr) }] PRIMARY KEY

【例 3.23】创建表 student_pk，以列级主键约束将 sno 列定义为主键。

```
CREATE TABLE IF NOT EXISTS `student_pk` (
    `sno` char(12) PRIMARY KEY,
    `sname` varchar(10),
    `ssex` enum('男','女'),
    `sbirthday` date,
    `stel` char(11),
    `clsno` char(10)
);
```

当主键约束用于定义表级约束时，可以在 CREATE TABLE 语句所有列的定义后，加上主键约束的定义，语法格式如下：

[CONSTRAINT constraint_name] PRIMARY KEY (col_name1 [, col_name2 ...])

【例 3.24】创建学院表 dept，以表级主键约束将 dno 定义为主键。

```
DROP TABLE IF EXISTS dept;
CREATE TABLE IF NOT EXISTS dept (
    dno char(2),
    dname varchar(15),
    dloc varchar(20),
    ddean char(5),
    PRIMARY KEY (dno)
);
```

【例 3.25】创建成绩表 score，以表级主键约束定义 sno 列和 cno 列组合为主键。

```
DROP TABLE IF EXISTS score;
CREATE TABLE IF NOT EXISTS score (
    cno char(5),
    sno char(12),
    time datetime,
    grade decimal(5,2),
    CONSTRAINT pk_score_sno_cno PRIMARY KEY (cno, sno)
);
```

注意：使用列级主键约束时，系统会自动为主键约束生成一个随机名称。而使用表级主键约束时，如果省略 CONSTRAINT constraint_name，则 MySQL 也会为约束自动命名。复合主键必须定义为表级主键约束，在 PRIMARY KEY 关键字后的括号中给出多个列的名称，以逗号隔开。

（2）修改表时定义主键约束。如果表已经存在且需要创建主键约束，则可以用 ALTER TABLE 语句修改表结构以增加主键约束，语法格式如下：

ALTER TABLE tbl_name
ADD [CONSTRAINT constraint_name] PRIMARY KEY (col_name1[, col_name2 ...])

【例 3.26】修改学生表 student，将 sno 设置为主键。

```
ALTER TABLE student
ADD CONSTRAINT pk_sno PRIMARY KEY (sno);
```

3. 唯一性约束

唯一性约束是指所有记录中字段的值不能重复出现，主要是针对候选码，以保证候选码的值的完整性。定义了唯一性约束的字段称为唯一码。唯一码允许为空值，但为保证其唯一性，只允许出现一个空值。

（1）创建表时定义唯一性约束。唯一性约束既可用于列约束，又可用于表约束。UNIQUE 用于定义列约束时，其语法格式如下：

```
col_name data_type UNIQUE
```

【例 3.27】建立教师表 teacher，并设置姓名 tname 为唯一性约束。

```
DROP TABLE IF EXISTS teacher;
CREATE TABLE IF NOT EXISTS teacher (
    tno char(5) PRIMARY KEY,
    tname varchar(15) UNIQUE,
    tsex enum('男','女'),
    tbirthday date,
    tprof varchar(10),
    mno char(4)
);
```

当 UNIQUE 用于定义表约束时，可以在表中所有列的定义之后加上唯一性约束的定义，其语法格式如下：

```
[CONSTRAINT constraint_name] UNIQUE (col_name1 [, col_name2 ...])
```

【例 3.28】建立学生表 student，定义姓名 sname 和性别 ssex 为唯一约束且为表约束。

```
DROP TABLE IF EXISTS student;
CREATE TABLE IF NOT EXISTS student (
    sno char(12) ,
    sname varchar(10),
    ssex enum('男','女'),
    sbirthday date,
    stel char(11),
    clsno char(10),
    PRIMARY KEY (sno)
    UNIQUE (sname, ssex)
);
```

说明：

（1）一个表中可以有多个 UNIQUE 约束，UNIQUE 约束可以定义在多个列上；如果要为多个列的组合设置唯一性约束，则必须定义为表级完整性约束，在 UNIQUE 关键字后的括号中给出多个列的名称，以逗号分隔。

（2）使用 UNIQUE 约束的字段允许为空值。

（3）UNIQUE 约束用于强制在指定字段上创建一个 UNIQUE 索引，默认为非聚集索引。

（2）修改表时定义唯一性约束。如果表已经存在且需要创建唯一性约束，则可以用 ALTER TABLE 语句修改表结构，以增加唯一性约束，语法格式如下：

```
ALTER TABLE tbl_name
ADD [CONSTRAINT constraint_name] UNIQUE (col_name1[, col_name2 ...])
```

【例 3.29】建立学生表 student，为 sname 设置唯一性约束。

```
ALTER TABLE student
ADD CONSTRAINT un_sname UNIQUE (sname)
```

4. 外键约束

外键约束用于在两个数据表 A 和 B 之间建立连接。指定 A 表中某个字段或多个字段为外码，其取值是 B 表中某个主码值、唯一码值或取空值。其中，包含外码的表 A 称为从表，包含外码所引用的主码或唯一码的表 B 称为主表。使用外键约束可以保障两表间的参照完整性。

（1）创建表时定义外键约束，语法格式如下：

```
[CONSTRAINT constraint_name] FOREIGN KEY (col_name1 [, col_name2 ...])
    REEERENCES tbl_name (col_name1 [, col_name2 ...])
        [ON DELETE RESTRICT | CASCADE | SET NULL | NO ACTION)]
        [ON UPDATE RESTRICT | CASCADE | SET NULL | NO ACTION)]
```

注意：创建外键约束时，主表必须已经创建且被参照的列必须已经定义主键、唯一性约束或者键，从表中的外键列和主表中被参照的列名称可以不同，但是数据类型、长度必须相同。对主表进行删除（DELETE）或更新（UPDATE）操作时，若从表中有一个或多个对应匹配的外键，则主表的删除或更新行为取决于定义从表的外码时指定的 ON DELETE/ON UPDATE 子句。

在上述语法格式中，部分项目的解释如下：

（1）RESTRICT：拒绝对主表的删除或更新操作。若主表中有一个相关的外码值，则不允许删除或更新主表中的主码值；

（2）CASCADE：在主表中删除或更新时，自动删除或更新从表中对应的记录；

（3）SET NULL：在主表中删除或更新时，将子表中对应的外码值设置为空值；

（4）NO ACTION：NO ACTION 和 RESTRICT 相同，InnoDB 拒绝对主表的删除或更新操作。

【例 3.30】建立选课表 score，定义学号 sno 和课程号 cno 为外键。

```
DROP TABLE IF EXISTS score;
CREATE TABLE IF NOT EXISTS score (
    cno char(5),
    sno char(12),
    time datetime,
    grade decimal(5,2),
    PRIMARY KEY (cno, sno),
    FOREIGN KEY (cno) REEERENCES course (cno),
    FOREIGN KEY (sno) REEERENCES student (sno)
);
```

（2）修改表时定义外键约束。如果表已经存在且需要创建外键约束，则可以用 ALTER TABLE 语句修改表结构，以增加外键约束，语法格式如下：

```
ALTER TABLE tb_name
ADD [CONSTRAINT constraint_name] FOREIGN KEY (col_name ...)
    REEERENCES tbl_name (col_name...)
        [ON DELETE RESTRICT | CASCADE | SET NULL | NO ACTION)]
        [ON UPDATE RESTRICT | CASCADE | SET NULL | NO ACTION)]
```

【例 3.31】修改学生表 student，将 clsno 列设置为外键。

```
ALTER TABLE student
ADD CONSTRAINT fk_clsno FOREIGN KEY (clsno) REEERENCES class (clsno);
```

5. 检查约束

检查约束用于对某列或者多个列的值设置检查条件，限制输入的数据满足检查条件，如月份只能输入整数，且限定为 1～12 的整数。检查约束一般用于实现用户定义的完整性。

（1）创建表时定义检查约束。检查约束既可用于列约束，又可用于表约束。当 CHECK 用于定义列约束时，在 CREATE TABLE 语句中，在要定义 CHECK 约束的列的属性定义中加上 CHECK 约束，其语法格式如下：

```
col_name data_type CHECK (expr)
```

【例 3.32】建立选课表 score，定义成绩 grade 的取值范围为 0～100。

```
DROP TABLE IF EXISTS score;
CREATE TABLE IF NOT EXISTS score (
    cno char(5),
    sno char(12),
    time datetime,
    grade decimal(5,2) CHECK (grade>=0 and grade<=100),
    PRIMARY KEY (cno, sno),
    FOREIGN KEY (cno) REEERENCES course (cno),
    FOREIGN KEY (sno) REEERENCES student (sno)
);
```

检查约束也可以定义为表级约束，在 CREATE TEABLE 语句中，在所有列的定义后加上检查约束的定义，语法格式如下：

```
[CONSTRAINT constraint_name] CHECK (expr)
```

【例 3.33】建立授课表 lesson，为上课周次 lweek 设置检查约束，限制其取值范围为 1～5。

```
DROP TABLE IF EXISTS lesson;
CREATE TABLE IF NOT EXISTS lesson (
    lno int(11) AUTO_INCREMENT,
    tno char(5),
    clsno char(10),
    cno char(5),
    laddr varchar(20),
    lweek tinyint(4),
    lbegin time,
    lend time,
    PRIMARY KEY (lno),
    FOREIGN KEY (cno) REEERENCES course (cno),
    FOREIGN KEY (tno) REEERENCES teacher (tno),
    FOREIGN KEY (clsno) REEERENCES class (clsno)
    FOREIGN KEY (sno) REEERENCES student (sno)
    CHECK (lweek >=1 and lweek<=5);
);
```

（2）修改表时定义检查约束。如果表已经存在且需要创建检查约束，则可以用 ALTER TABLE 语句修改表格，以增加检查约束。

【例 3.34】修改课程表 course，为开课学期 cterm 列设置检查约束，限制其取值范围为 1～8。

```
ALTER TABLE course
ADD CONSTRAINT chk_cterm CHECK (cterm>=1 and cterm<=8);
```

6. 非空约束

非空约束主要用于保证表中某个字段的值不为空值。

说明：

（1）NULL：允许为空，表示"不知道""不确定"或"没有数据"空白，其值不是"0"，也不是空白，更不是填入字符串"NULL"。

（2）NOT NULL：不允许为空，表示字段中不允许出现空值。当某个字段只有输入值才有意义时，可以设置此字段为 NOT NULL。

设置非空约束时，可以在创建表时定义约束，但是只能用于定义列约束，语法格式如下：

```
col_name data_type [NULL | NOT NULL]
```

【例 3.35】建立学生表 student，其中将学号和姓名设置为非空约束。

```
DROP TABLE IF EXISTS student;
CREATE TABLE IF NOT EXISTS student (
    sno char(12) NOT NULL COMMENT '学生学号',
    sname varchar(10) NOT NULL COMMENT '学生姓名',
    ssex enum('男','女') COMMENT '学生性别',
    sbirthday date NULL COMMENT '出生日期',
    stel char(11) COMMENT '联系电话',
    clsno char(10) COMMENT '所属班级',
    PRIMARY KEY (sno)
);
```

非空约束也可以通过修改表来定义，语句格式如下：

```
ALTER TABLE tbl_name MODIFY col_name data_type NOT NULL
```

【例 3.36】为课程表 course 的课程名称 cname 添加非空约束。

```
ALTER TABLE course MODIFY cname varchar(15) NOT NULL;
```

7. 默认值约束

默认值约束用于指定一个字段的默认值。插入记录时，如果没有给该字段赋值，数据库系统就会自动为这个字段插入默认值。默认值约束通常用于已经设置非空约束的列，以防止在数据表中录入数据时出现错误。

创建表时，可以使用 DEFAULT 关键字设置默认值约束，语法格式如下：

```
col_name data_type DEFAULT { literal | (expr) }
```

【例 3.37】建立学生表 student，设置性别的默认值。

```
DROP TABLE IF EXISTS student;
CREATE TABLE IF NOT EXISTS student (
    sno char(12) NOT NULL COMMENT '学生学号',
    sname varchar(10) NOT NULL COMMENT '学生姓名',
    ssex enum('男','女') NOT NULL DEFAULT '男' COMMENT '学生性别',
    sbirthday date DEFAULT NULL COMMENT '出生日期',
    stel char(11) NOT NULL COMMENT '联系电话',
    clsno char(10) NOT NULL COMMENT '所属班级',
```

```
    PRIMARY KEY (sno),
    FOREIGN KEY (clsno) REEERENCES class (clsno)
) ENGINE=InnoDB DEFAULT CHARSET=utf8 COMMENT='学生表';
```

修改表时添加默认值约束，CHANGE、MODIFY 和 ALTER 子句都可以用来设置默认值，语法格式如下：

```
ALTER TABLE tbl_name
[ MODIFY COLUMN col_name data_type DEFAULT { literal｜(expr) }]
|[CHANGE COLUMN old_col_name new_col_name data_type DEFAULT { literal｜(expr) }]
|[ ALTER col_name SET DEFAULT { literal｜(expr) }
```

【例 3.38】为教师表 teacher 的性别 tsex 设置默认值。

```
ALTER TABLE teacher ALTER tsex SET DEFAULT '男';
```

8. 删除约束

删除完整性约束的语法格式如下：

```
ALTER TABLE tbl_name DROP CONSTRAINT constraint_name;
```

【例 3.39】删除课程表 course 中的 CHECK 约束 chk_cterm。

```
ALTER TABLE course DROP CONSTRAINT chk_cterm;
```

删除完整性约束的相关说明如下：

（1）删除主键约束时，由于一个表中只能有一个主键约束，因此不需要指定主键约束名就可以删除主键约束，语法格式如下：

```
ALTER TABLE tbl_name DROP PRIMARY KEY;
```

（2）删除非空约束时，语法格式如下：

```
ALTER TABLE tbl_name MODIFY col_name data_type NULL;
```

（3）若添加完整性约束时没有指定约束名，则可以通过 SHOW CREATE TABLE 语句查看数据表结构，从而获取约束名。

3.5.4　索引的创建和管理

创建索引

1. 索引的概念

在关系数据库中，索引是一种单独的、物理的、对数据库表中一列或多列的值进行排序的存储结构，它是某个表中一列或多列值的集合和相应的指向表中物理标识这些值的数据页的逻辑指针清单。索引的作用相当于图书的目录，可以根据目录中的页码快速找到所需内容。

索引提供指向存储在表的指定列中的数据值的指针，然后根据指定的顺序对这些指针排序。数据库使用索引以找到特定值的指针，然后通过指针找到包含该值的行，以使对应表的 SQL 语句执行得更快，可快速访问数据库表中的特定信息。

当表中有大量记录时，若要对表进行查询有两种方法：第一种搜索信息的方式是全表搜索，即取出所有记录，与查询条件进行对比，然后返回满足条件的记录，这样做会消耗大量数据库系统时间，并造成大量磁盘 I/O 操作；第二种搜索信息的方式是在表中建立索引，然后在索引中找到符合查询条件的索引值，最后通过保存在索引中的 ROWID（相当于页码）快速找到表中对应的记录。

索引的优点如下：

（1）提高数据的检索速度。

（2）创建唯一性索引，保证数据库表中每行数据的唯一性。

（3）加速表和表之间的连接。

（4）使用分组和排序子句进行数据检索时，可以显著减少查询中分组和排序的时间。

索引的缺点如下：

（1）索引需要占用物理空间。

（2）当对表中的数据进行增加、删除和修改时，需要动态地维护索引，降低了数据的维护速度。

2. 索引的分类

MySQL 提供了多种索引类型，包括普通索引、唯一索引、主键索引、全文索引、空间索引、聚集索引、非聚集索引等。

（1）普通索引：最基本的索引类型。创建普通索引时，对索引列的数据类型和值的唯一性没有限制。例如，可在教师表中对教师姓名建立普通索引。

（2）唯一索引：创建索引时，使用 UNIOUE 关键字的索引。唯一索引要求索引列的值唯一，但允许有空值（除非列的定义中有 NOT NULL），因此使用唯一索引比使用普通索引查询快。

（3）主键索引：建立数据表时，依据主键自动建立的索引。主键索引是一种特殊的唯一索引，要求索引列值唯一且不允许有空值。由于一个数据表只能有一个主键，因此，一个数据表也只能有一个主键索引。

（4）全文索引：创建索引时，使用 FULLTEXT 关键字的索引。全文索引是基于文本的列（数据类型为 CHAR、VARCHAR 或 TEXT）创建的，以加快对这些列中数据的查询和 DML 操作。查询数据量较大的字符串类型字段时，使用全文索引可提高查询速度。

（5）空间索引：创建索引时，使用 SPATIAL 关键字的索引。空间索引只适用于 GEOMET-RYPOINT、POLYGON 等空间数据类型的列。目前，只有 MyISAM 存储引擎支持空间索引且索引字段不能为空值。

（6）聚集索引：将数据行的键值在数据表内排序并存储对应的数据记录，使得数据表的物理顺序与索引顺序一致。由于数据记录按聚集索引键的次序存储，因此聚集索引查找数据很快。但创建聚集索引时需要重排数据，所需空间相当于数据所占用空间的 120%。由于一个表中的数据只能按照一种顺序存储，因此一个表中只能创建一个聚集索引。

（7）非聚集索引：在聚集型索引基础上，通过额外的列或列集合建立记录的索引。非聚集索引通常使用主键外的其他常用查询列。一个表中最多有一个聚集索引，但可以有一个或多个非聚集索引。

3. 索引的管理

（1）创建索引。

MySQL 中创建索引的方式有三种：使用 CREATE TABLE 语句创建表时创建索引、使用 CREATE INDEX 语句创建索引，以及对已经存在的表使用 ALTER TABLE 语句创建索引。

1）使用 CREATE TABLE 语句创建表时可以直接创建索引，语法格式如下：

```
CREATE [TEMPORARY] TABLE [IF NOT EXISTS] tbl_name
( column definition,
    …
```

```
[(FULLTEXT | SPATIAL | UNIQUE)] INDEX | KEY [index_name] (col_name [(length)] | (expr) [ASC|
DESC], ...)
);
```

CREATE INDEX 的参数说明见表 3.16。

表 3.16　CREATE INDEX 的参数说明

参数	说明
FULLTEXT | SPATIAL | UNIQUE	可选项，分别表示全文索引、空间索引和唯一索引
INDEX | KEY	二选一，作用相同
index_name	要创建的索引的名称，如果省略，则 MySQL 默认用列名 col_name 作为索引名称
col_name [(length)]	索引包含的列的名称和长度，length 为可选参数且只有字符串类型的列才可以指定长度
(expr)	函数索引对应的表达式
ASC|DESC	索引值的排序方式，ASC 表示升序，默认值，DESC 表示降序

【例 3.40】为专业表 major 中 mname 列创建名为 idx_mname 的唯一索引。

```
CREATE TABLE major
(
    mno CHAR(4) PRIMARY KEY,
    mname VARCHAR(20)，
    dno CHAR(2),
    CONSTRAINT fk_dno FOREIGN KEY (dno) REFERENCES dept(dno),
    UNIQUE INDEX idx_mname(mname)
);
```

由于定义主键约束或唯一性约束后，MySQL 会自动创建唯一索引，因此本例也可以通过创建唯一性约束的方法创建唯一索引。

2）使用 CREATE INDEX 语句可以在一个已经存在的表中创建索引，语法格式如下：

```
CREATE [UNIQUE | FULLTEXT | SPATIAL] INDEX index_name
ON tbl_name (col_name [(length)] | (expr) [ASC| DESC], ...)
```

【例 3.41】在学生表 student 中的 sname 列创建名为 idx_sname 的普通索引，降序排列。

```
CREATE INDEX idx_sname ON student(sname DESC);
```

【例 3.42】在教师表 teacher 中的 tname 列和 tprof 列创建名为 idx_tname_tprof 的组合索引，按 tname 升序、tprof 降序排列。

```
CREATE INDEX idx_tname_tprof ON teacher (sname , tprof DESC);
```

3）使用 ALTER TABLE 语句在一个已经存在的表中创建索引，语法格式如下：

```
ALTER TABLE tbl_name
ADD [{FULLTEXT | SPATIAL | UNIQUE}] INDEX | KEY [index_name] (col_name [(length)] | (exp) [ ASC |
DESC], …);
```

【例 3.43】在课程表 course 中 cname 列上创建普通索引，按降序排列。

```
ALTER TABLE course
ADD INDEX idx_cname(cname DESC);
```

（2）查看索引。创建索引后，可以使用 SHOW INDEX 语句查看已经存在的索引，语句格式如下：

SHOW (INDEX | INDEXES | KEYS) {FROM | IN} tb_name [{FROM | IN)} db_name]

【例 3.44】查看数据库 school 中的所有索引。

SHOW INDEXS;

【例 3.45】查看数据库 school 中 course 表上的所有索引。

SHOW INDEX FROM school.course;

（3）删除索引。当某个时期基本表中数据更新频繁或者某个索引不再需要时，需要删除部分索引。MySQL 删除索引有两种方法：使用 DROP INDEX 语句和 ALTER TABLE 语句。

1）使用 DROP INDEX 语句删除索引，语法格式如下：

DROP INDEX index_name ON tbl_name

2）使用 ALTER TABLE 语句删除索引，语法格式如下：

ALTER TABLE tbl_name DROP INDEX index_name

【例 3.46】删除教师表 teacher 的索引 idx_tname_tprof。

DROP INDEX idx_tname_tprof ON teacher;

【例 3.47】删除课程表 course 的索引 idx_cname。

ALTER TABLE course DROP INDEX idx_cname;

3.6 数 据 更 新

数据操纵语言用于检索和使用数据库中的数据。使用 DML 语句可以在数据库中添加、修改、查询或删除数据，包括 INSERT、UPDATE 和 DELETE 语句。

3.6.1 插入数据

对于数据库而言，创建表后，应该先插入数据，再查询、更新、删除、插入数据，以保证数据的实时性和准确性。在 MySQL 中，可以使用 INSERT 语句插入数据，也可以使用 REPLACE 语句插入数据。

插入数据

（1）使用 INSERT VALUES 语句插入一行记录，语法格式如下：

INSERT [INTO] tbl_name [(column_list)

VALUES (value_list)

INSERT VALUES 的参数说明见表 3.17。

表 3.17　INSERT VALUES 的参数说明

参数	说明
tbl_name	要插入数据的表的名称
column_list	要插入数据的一列或多列的列表。必须用括号将 column_list 括起来，多列之间用逗号分隔。若向表中所有的列插入数据，则可省略 column_list；若插入部列，则需要给出插入列的列名列表
value_list	要插入的数据对应各列的值。对于 column_list（如果已指定）或表中的每个列，都必须有一个数据值。values_list 的值的数目和数据类型要与 column_list 的列的数目和数据类型一致

【例 3.48】向学生表 student 中插入一行记录，语法格式如下：

```
INSERT INTO student (sno, sname, ssex, sbirthday, stel, clsno)
    VALUES('202001020304','张丽丽','女','2002-8-8', '132×××8765','2020010203');    /*指定列名*/
INSERT INTO student
    VALUES('202001020304','张丽丽','女','2002-8-8', '132×××8765','2020010203');    /*不指定列名*/
```

第一条 SQL 语句指定了插入列的列名，指定列名后，只要列名和 VALUES 后面的值对应即可。第二条 SQL 语句中表名 student 后面没有指定列名，VALUES 后面的值要与表中的列对应，列的顺序是创建表时的顺序。

【例 3.49】向课程表 course 中插入指定的（课程编号，课程名称）数据。

```
INSERT INTO course (cno, cname)
VALUES ('01012', '数据库原理及应用');
```

（2）使用 INSERT VALUES 语句插入多行记录，语法格式如下：

```
INSERT IINTO] tbl name[(column_list)] VALUES (value_list), (value_list), …
```

使用 INSERT VALUES 语句插入多行数据时，在多行数据之间用逗号分隔，同时每行数据都需要用圆括号括起来。

【例 3.50】向学生表 student 中插入三行记录。

```
INSERT INTO student VALUES
('202001020301', '刘林', '男', '2002-02-28', '133×××5785', '2020010203'),
('202001020302', '李伟明', '男', '2003-04-09', '139×××3365', '2020010203'),
('202001020303', '孙宏明', '男', '2002-12-24', '138×××3536', '2020010203');
```

（3）使用 INSERT SET 语句插入一行记录，语法格式如下：

```
INSERT [INTO] tbl_name
SET col_name1=value1, col_name2=value2, …
```

INSERT SET 的参数说明见表 3.18。

表 3.18　INSERT SET 的参数说明

参数	说明
tbl_name	要插入数据的表的名称
col_name1, col_name2	表中列的名称
value1, value2	要插入的数据对应各列的值

【例 3.51】向课程表 course 中插入一门课程，其中课程编号为"01013"，课程名称为"面向对象程序设计"，学分为 4。

```
INSERT INTO course
SET cno='01013', cname='面向对象程序设计', ccredit=4;
```

（4）使用 INSERT SELECT 语句插入记录。可以使用 INSERT SELECT 语句将 SELECT 语句的结果插入表中，SELECT 语句可以从一个或多个表中选择数据，语法格式如下：

```
INSERT [INTO] tbl_name [column_list]
SELECT …
```

注意：

（1）表名后的 column_list 可以指定列名，也可以不指定列名。

（2）SELECT 子句中挑选的列的数目、顺序要与 column_list 的列的数目、顺序一致，如果表名后没有指定列名，则与表中的列的数目、顺序一致。

【例 3.52】向 student_backup 表插入学生表 student 中班级为"2020010203"的学生数据。

```
INSERT INTO student_backup
SELECT * FROM student WHERE clsno='2020010203';。
UPDATE student
```

（5）使用 REPLACE 语句插入记录，语法格式如下：

```
REPLACE [INTO] tbl_name [(column_list)]
VALUES (value_list)
| SET col_name1=value1, col_name2=value2, …
| SELECT …
```

说明：

（1）REPLACE 语句是 MySQL 对 SQL 标准的扩展，或者插入数据，或者先删除再插入数据。

（2）使用 REPLACE 语句添加记录时，如果要添加的新记录的主键或 UNIQUE 约束的字存在于表中，则需删除已有记录后添加新记录。

（3）只有当表具有主键或唯一索引时，REPLACE 才有意义；否则，它将等效于 INSERT 语句，因为没有用于确定新行是否与另一行重复的索引。

【例 3.53】使用 REPLACE 语句向学生表 student 中插入两行记录。

```
REPLACE INTO student VALUES
('202001020301', '刘林林', '男', '2003-02-28', '133××××5785', '2020010203'),
('202001020305', '张三峰', '男', '2003-03-08', '171××××0607', '2020010203'),
```

执行语句后，可以看到由于学号为"202001020301"的学生已经在表中，MySQL 先删除原来的记录再插入新的记录，学号为"202001020305"的学生不存在，因此 MySQL 直接插入新行。

3.6.2　更新数据

更新数据

在 MySQL 中，使用 UPDATE 语句修改表中的数据，根据操作涉及的表的数目，可以分为单表更新和多表更新。单表更新语句的语法格式如下：

```
UPDATE table_name
    SET col_name1 = value1 [,col_name2 = value2 …]
    [WHERE where_condition]
```

UPDATE 的参数说明见表 3.19。

表 3.19　UPDATE 的参数说明

参数	说明
table_name	要修改数据的表的名称
SET 子句	引出后面的赋值表达式
col_name1 = value1 …	指定要更改数据的列的名称或变量名称及其新值，也可指定使用对列定义的默认值替换列中的现有值。如果该列没有默认值且定义为允许空值，则也可用来将列更改为 NULL
WHERE 子句	指定要更新的行满足的条件，如果没有 WHERE 子句，则更新所有行

【例 3.54】将学生表 student 中学号为"202301010104"的学生的班级改为"0102"。

```
UPDATE student
    SET clsno= '0102'
    WHERE sno='202301010104';
```

【例 3.55】将教师表 teacher 中工号为"01003"的教师的职称改为"副教授"，所在专业改为"0103"。

```
UPDATE teacher
    SET tprof='副教授', mno='0103'
    WHERE tno='01003';
```

多表更新语句的语法格式如下：

```
UPDATE tbl_name1, tbl_name2 [, tbl_name3…]
    SET col_name1=value1 [,col_name2 = value2 …]
        [WHERE where_condition]
```

注意：

（1）多表更新语句执行覆盖多个表的更新操作，UPDATE 子句列出操作涉及的所有表的名称。

（2）WHERE 子句需要指定表之间的连接条件(参见 3.8 节)，用于在多个表之间匹配行。

【例 3.56】在学生表 student_soft 中，要求将学生的班级更新为 student 表中对应学生的班级。

```
UPDATE student_soft, student
    SET student_soft.mno = student.mno
    WHERE student_soft.sno = student.sno;
```

3.6.3　删除数据

删除数据

MySQL 提供了两种从表中删除数据行的语句：DELETE 语句和 TRUNCATE TABLE 语句。

（1）DELETE 语句。语法格式如下：

```
DELETE      [ FROM ]
     { table_name | view_name}
  [ FROM { <table_source> } [ ,...n ] ]
```

说明：

（1）[FROM]：可选关键字，可用在 DELETE 关键字与目标 table_name、view_name 之间。

（2）table_name | view_name：要删除行的表的名称或视图名称。

（3）[FROM { < table_source > } [,...n]]：指定删除时用到的额外的表或视图及连接的条件。

（2）TRUNCATE TABLE 语句。语法格式如下：

```
TRUNCATE TABLE
     [ { database_name.[ schema_name ]. | schema_name . } ]
table_name [ ; ]
```

说明：

（1）database_name：数据库的名称。

（2）schema_name：表所属架构的名称。

（3）table_name：要截断的表的名称或要删除全部行的表的名称。

TRUNCATE TABLE 语句的功能与不带 WHERE 子句的 DELETE 语句相同，二者均删除表中的全部行。

与 DELETE 语句相比，TRUNCATE TABLE 语句具有以下优点：

（1）所用的事务日志空间较少。DELETE 语句每次删除一行，都在事务日志中为所删除的每行记录一个项；TRUNCATE TABLE 语句通过释放用于存储表数据的数据页来删除数据，并且在事务日志中只记录页释放。

（2）使用的锁通常较少。当使用行锁执行 DELETE 语句时，锁定表中各行以便删除；TRUNCATE TABLE 语句始终锁定表和页，而不是锁定各行。

（3）如无例外，在表中不会留有任何页。执行 DELETE 语句后，表仍会包含空页。例如，只有至少使用一个排他表锁才能释放堆中的空表。如果执行删除操作时没有使用表锁，则表（堆）中包含许多空页。

【例 3.57】删除教师表 teacher 中的全部记录，但保留数据表结构。

语法格式如下：

```
TRUNCATE TABLE teacher;
```

等价于：

```
DELETE FROM teacher;
```

【例 3.58】在课程表 course 中删除课程号为"08195371"的记录。

```
DELETE FROM course
WHERE cno='08195371';
```

3.7 数 据 查 询

在数据库应用中，最常见的操作是数据查询，它是数据库系统中的重要功能，也是数据库其他操作（如统计、插入、删除及修改）的基础。无论是创建数据库还是创建数据表等，其最终目的都是使用数据，而使用数据的前提是需要从数据库中获取数据库提供的数据信息。SQL 使用 SELECT 语句从数据库中查询数据。下面按照先简单后复杂、逐步细化的原则，重点介绍利用 SELECT 语句对数据库进行查询的方法。

3.7.1 基本查询

1. 简单查询

简单查询是指 SELECT 语句只包含 SELECT 子句和 FROM 子句的操作，

基本查询

涉及的对象是单表中的列，即在查询过程中对一张表的列进行操作。在单表中，对列进行的操作实际上是对关系的"投影"操作。

SELECT 语句的语法格式如下：

```
SELECT [ALL|DISTINCT] select_list
FROM table_name
[WHERE where_condition]
[GROUP BY {col_name | expr | position}, ... [WITH ROLLUP]]
```

[HAVING having_condition]
[ORDER BY {col name | expr | position} [ASC | DESC], ...]
[LIMIT {.[offset,] row_count | row_count OFFSET offset}]]

SELECT FROM 子句的参数说明见表 3.20。

表 3.20　SELECT FROM 子句的参数说明

参数	说明
ALL	表示输出包括重复记录在内的所有记录，ALL 是默认值
DISTINCT	表示输出无重复结果的记录
select_list	所要查询选项的集合，多个选项之间用逗号分隔。在输出结果中，如果不希望使用字段名作为各列的标题，可以根据要求设置一个列标题，语法格式如下： column_name1 [[AS] column_title1],column_name2 [[AS] column_title2][,...] 其中，column_name 表示要查询的列名，column_title 表示指定的列标题
table_name	表示要查询的表。当选择多个数据表中的字段时，可使用别名来区分不同的表，语法格式如下： table_name1 [table_alias1][,table_name2 [table_alias2]][,...] 其中，table_alias 表示数据表的别名
GROUP BY 子句	指定用于分组的列或表达式
HAVING 子句	指定返回的分组结果必须满足的条件
ORDER BY 子句	指定查询结果的排序方式
LIMIT 子句	限定查询结果包含的行数

（1）查询全部列或指定列。若要查询表的全部字段，则使用 "*" 表示全部列；若要查询表中指定的列，则各列之间用逗号隔开。

【例 3.59】查询全体学生的学号与姓名。

```
SELECT sno,sname
FROM student
```

【例 3.60】查询全体学生的详细记录。

```
SELECT sno, sname, ssex, sbirthday, stel, mno
FROM student;
```

或

```
SELECT *
FROM student;
```

（2）消除重复行或定义列别名。若查询只涉及表的部分字段，则可能会出现重复行。

【例 3.61】查询选修课程的学生学号。

```
SELECT sno
FROM score;
```

等价于：

```
SELECT ALL sno
FROM score;
```

执行以上 SELECT 语句后，结果中会有重复的学号。此时可用 DISTINCT 关键字消除结果集中的重复记录。如果没有指定 DISTINCT 关键字，则默认为 ALL。

```
SELECT DISTINCT sno
FROM score;
```

为了便于理解查询结果，可以自定义显示每列标题行的名称，即为列取别名。

【例 3.62】查询学生表 student 中全部学生的姓名和性别。要求用汉字作为列标题，且去掉重名的学生。

```
SELECT DISTINCT sname AS 姓名, ssex 性别
FROM student;
```

（3）计算列值。SELECT 语句中的选项除字段名外，还可以是算术表达式、字符串常量或函数。

1）算术表达式。

【例 3.63】查询全体学生的姓名及出生年份。

```
SELECT sname, YEAR (sbirthday)
FROM student;
```

2）字符串常量。

【例 3.64】查询全体学生的姓名、年龄和班级编号。

```
SELECT sname, 2023- YEAR (sbirthday), clsno
FROM student;
```

可以用内置时间函数计算当前年份。

```
SELECT sname, YEAR(SYSDATE())-YEAR (sbirthday), clsno
FROM student;
```

语句中的 SYSDATE()和 YEAR()均是系统提供的内置函数。SYSDATE()函数获取当前日期，YEAR() 函数获取指定日期的年份整数。例如，设当前日期为 2023-07-07，则 YEAR(SYSDATE())表达式的返回值为数值 2023。

【例 3.65】使用列别名改变查询结果的列标题。

```
SELECT sname AS 姓名, YEAR (sbirthday) AS 出生年份
FROM student;
```

3）函数。可以通过某类函数对查询结果集进行汇总统计。例如，求一个结果集的最大值、最小值、平均值、总和值、计数值等，这些函数称为聚合函数。表 3.21 中列出了常用聚合函数。使用 SELECT 语句对列进行查询时，不仅可以查询原表中已有的列，还可以通过计算得到新的列值。

表 3.21　常用聚合函数

函数	功能
AVG([DISTINCT|ALL] <字段名>)	求一列数据的平均值
SUM([DISTINCT|ALL] <字段名>)	求一列数据的和
COUNT([DISTINCT|ALL] *) COUNT([DISTINCT|ALL] <字段名>)	统计查询的行数
MIN([DISTINCT|ALL] <字段名>)	求列中的最小值
MAX([DISTINCT|ALL] <字段名>)	求列中的最大值

【例 3.66】查询学生表 student 中的学生总人数。

```
SELECT COUNT(*)
FROM    student;
```

【例 3.67】查询选修课程的学生人数。

```
SELECT COUNT(DISTINCT sno)
FROM score;
```

【例 3.68】计算成绩表 score 中学生的平均成绩、最高成绩和最低成绩。

```
SELECT AVG(grade), MAX(grade), MIN(grade)
FROM score;
```

【例 3.69】对学生表 student 分别查询学生总数和学生的平均年龄。

```
SELECT COUNT(*) AS  总数
FROM student;
SELECT AVG(YEAR(SYSDATE())-YEAR (sbirthday)) AS  平均年龄
FROM student;
```

（4）限制结果集的行数。

若查询的结果集行数特别多，则可指定返回的行数。

【例 3.70】对学生表 student 选择姓名、性别查询，返回结果集中的前 5 行。

```
SELECT sname AS  姓名, ssex AS  性别
FROM student
LIMIT 5;
```

【例 3.71】查询教师表 teacher 中第 3 位教师开始的 5 位教师的工号、姓名和职称。

```
SELECT tno, tname, tprof
FROM teacher
LIMIT 3,5
```

等价于：

```
SELECT tno, tname, tprof
FROM teacher
LIMIT 5 OFFSET 3;
```

2．条件查询

条件查询是用得最多且比较复杂的一种查询方式。在 SELECT 语句中，使用 WHERE 子句指定查询条件，实现查询符合要求的数据信息。条件查询的本质是对表中的数据进行筛选，即关系运算中的"选择"操作。WHERE 子句的语法格式如下：

```
WHERE search_condition
```

其中，search_condition 表示条件表达式。

条件表达式是查询的结果集应满足的条件，如果某行条件为真，就包括该行记录。

在条件查询中，主要通过判断运算确定条件的真或假来进行查询，返回的值为逻辑真（TRUE）或逻辑假（FALSE）。常用的查询条件见表 3.22。

表 3.22 常用的查询条件

查询条件	运算符
比较	=、>、<、>=、<=、!=、<>、!>、!<、NOT+上述比较运算符
确定范围	BETWEEN AND、NOT BETWEEN AND

续表

查询条件	运算符
确定集合	IN、NOT IN
字符匹配	LIKE、NOT LIKE
空值	IS NULL、IS NOT NULL
多重条件（逻辑运算）	AND、OR、NOT

（1）比较运算。进行比较运算时，其结果只能是逻辑真（TRUE）或逻辑假（FALSE）。

【例 3.72】在学生表 student 中，查询"2023 计科 1 班"全体学生。

```
SELECT sname
FROM student
WHERE clsno='2023010101';
```

【例 3.73】在学生表 student 中，查询所有年龄在 20 岁以下的学生的姓名及年龄。

```
SELECT sname, YEAR(SYSDATE())-YEAR (sbirthday) AS age
FROM student
WHERE YEAR(SYSDATE())-YEAR (sbirthday)< 20;     //WHERE 子句中不能用别名
```

【例 3.74】在学生表 score 中，查询有考试成绩不及格的学生的学号。

```
SELECT DISTINCT sno
FROM score
WHERE grade < 60;
```

（2）范围比较运算。用于范围比较运算的关键字有 BETWEEN 和 IN。BETWEEN 一般应用于数值型数据和日期型数据，IN 一般应用于字符型数据。

当要查询的条件是某个值的范围时，可以使用 BETWEEN 关键字，语法格式如下：

```
SELECT column_name(s)
FROM table_name
WHERE column_name BETWEEN value1 AND value2
```

其中，表达式 value1 的值不能大于表达式 value2 的值。

【例 3.75】在学生表 student 中，查询年龄为 20～23 岁（包括 20 岁和 23 岁）的学生的学号、姓名和年龄。

```
SELECT sno, sname, YEAR(SYSDATE())-YEAR (sbirthday) AS age
FROM student
WHERE YEAR(SYSDATE())-YEAR (sbirthday) BETWEEN 20 AND 23;
```

【例 3.76】在学生表 student 中，查询年龄不为 20～23 岁的学生的姓名和年龄。

```
SELECT sname, YEAR(SYSDATE())-YEAR (sbirthday) AS age
FROM student
WHERE YEAR(SYSDATE())-YEAR (sbirthday) NOT BETWEEN 20 AND 23;
```

【例 3.77】在学生表 student 中，查询 2023 计科 1 班、2023 计科 2 班和 2023 软件 1 班的学生的姓名和性别。

```
SELECT sname, ssex
FROM student
WHERE clsno IN ('2023010101','2023010102','2023010201');
```

【例 3.78】在学生表 student 中，查询不是 2023 计科 1 班、2023 计科 2 班和 2023 软件 1

班的学生的姓名和性别。

```
SELECT sname, ssex
FROM student
WHERE clsno IN ('2023010101','2023010102','2023010201');
```

【例 3.79】在学生表 student 中，查询 2005—2006 年出生的学生的信息。

```
SELECT *
FROM student
WHERE YEAR(sbirthday) BETWEEN 2005 AND 2006;
```

（3）逻辑运算。查询时可能有多个条件，需要用逻辑运算符 AND、OR 和 NOT 等连接 WHERE 子句中的多个查询条件。当一条语句中同时含有多个逻辑运算符时，取值的优先顺序为 NOT→AND→OR。进行逻辑运算时，其结果也只能是逻辑真（TRUE）或逻辑假（FALSE）。

【例 3.80】在学生表 student 中，查询 2023 计科 1 班在 2006 年以前出生的学生的姓名。

```
SELECT sname
FROM student
WHERE clsno = '2023010101' AND YEAR (sbirthday) <2006;
```

【例 3.81】用逻辑运算符实现例 3.75 的查询。

```
SELECT sno, sname, YEAR(SYSDATE())-YEAR (sbirthday) AS age
FROM student
WHERE YEAR(SYSDATE())-YEAR (sbirthday) >= 20 AND YEAR(SYSDATE())-YEAR (sbirthday) <= 23;
```

【例 3.82】用逻辑运算符实现例 3.76 的查询。

```
SELECT sname, YEAR(SYSDATE())-YEAR (sbirthday) AS age
FROM student
WHERE YEAR(SYSDATE())-YEAR (sbirthday) <20 OR YEAR(SYSDATE())-YEAR (sbirthday) >23;
```

【例 3.83】用逻辑运算符实现例 3.77 的查询。

```
SELECT sname, ssex
FROM student
WHERE clsno = '2023010101' OR clsno = '2023010102' OR clsno = '2023010201';
```

【例 3.84】用逻辑运算符实现例 3.58 的查询。

```
SELECT sname, ssex
FROM student
WHERE clsno != '2023010101' AND clsno <> '2023010102' AND clsno != '2023010201';
```

（4）空值比较运算。使用 IS NULL 关键字判定一个表达式的值是否为空，查询时使用"字段名 IS [NOT]NULL"的形式，而不能写成"字段名=NULL"或"字段名!=NULL"。

【例 3.85】因为某些学生选修课程后没有参加考试，所以他们有选课记录，但没有考试成绩。查询缺少成绩的学生的学号和相应的课程号。

```
SELECT sno, cno
FROM score
WHERE grade IS NULL;
```

【例 3.86】查询有成绩的学生的学号和课程号。

```
SELECT sno, cno
FROM score
WHERE grade IS NOT NULL;
```

（5）模式匹配运算。在实际应用中，有时用户并不能给出精确的查询条件，需要根据不确切的线索来查询。MySQL 提供标准的 SQL 模式匹配 LIKE，以及一种基于扩展正则表达式的模式匹配形式 REGEXP（或 RLIKE）。

LIKE 关键字的语法格式如下：

```
[NOT] LIKE '<match_expression>' [ESCAPE escape_character]
```

说明：

（1）match_ expression：匹配表达式，一般为字符串表达式，在查询语句中可以是列名。

（2）pattern：在 match_ expression 中的搜索模式串。在搜索模式中可以使用通配符，表 3.23 中列出了 LIKE 关键字可以使用的通配符。

（3）ESCAPE escape_character：转义字符，应为有效的 SQL 字符。escape_character 是字符表达式，默认值为 "\"，且必须为单个字符。使用 ESCAPE 指定转义符。

表 3.23　LIKE 关键字可以使用的通配符

运算符	描述	示例
%	包含零个、一个或多个字符的任意字符串	cname LIKE '%Java%' 将查找课程名包含 Java 的所有课程
_	下划线，对应任何单个字符	sname LIKE '_海燕' 将查找以 "海燕" 结尾的所有六个字符的名字

REGEXP 或 RLIKE 关键字的语法格式如下：

```
REGEXP | RLIKE pat_string
```

其中，pat_string 是一个正则表达式，可以包含普通字符和特殊字符。表 3.24 列出了正则表达式的常用殊字符。

表 3.24　正则表达式的常用特殊字符

元字符	描述	示例
^	匹配文本的开始字符	'^a'匹配以字母 a 开头的字符串，如 a、ab、abcd
$	匹配文本的结束字符	'ed$'匹配以 ed 结尾的字符串，如 led、hoted
.	匹配任何单个字符	'a.b'匹配任何 a 和 b 之间有一个字符的字符串，如 acb
*	匹配零个、一个或多个它前面的字符	'a*b'匹配字符 b 前面有任意个字符 a，如 ab、aab、aaaab
+	匹配前面的字符一次或多次	'ab+'匹配以 a 开头，后面至少跟一个 b，如 ab、abb、abbb
x|y	匹配 x 或 y	'ab|bc'匹配 ab 或 bc
[xyz]	匹配包含的任一个字符	[abc]可以匹配 plain 中的 a
[^xyz]	匹配未包含的任意字符	[^abc]可以匹配 plain 中的 plin 任一字符
{n}	匹配确定的 n 次	o{2}不能匹配 Bob 中的 o，但是能匹配 food 中的两个 o
{n,}	至少匹配 n 次	o{2,}不能匹配 Bob 中的 o，但能匹配 fooooood 中的所有 o。o{1,}等价于 o+，o{0,}则等价于 o*
{n,m}	最少匹配 n 次且最多匹配 m 次	o{1,3}将匹配 fooooood 中的前三个 o 为一组，后三个 o 为一组

1）匹配串为固定字符串。

【例 3.87】查询学号为"202301010104"的学生的详细情况。

```
SELECT *
FROM student
WHERE sno LIKE ' 202301010104';
```

等价于：

```
SELECT *
FROM student
WHERE sno = '202301010104';
```

2）匹配串为含通配符的字符串。

【例 3.88】查询所有姓刘的学生的姓名、学号和性别。

```
SELECT sname, sno, ssex
FROM student
WHERE sname LIKE '刘%';
```

【例 3.89】查询姓"欧阳"且全名为三个汉字的学生的姓名。

```
SELECT sname
FROM student
WHERE sname LIKE '欧阳_';
```

【例 3.90】查询名字中第二个字为"雪"的学生的姓名和学号。

```
SELECT sname, sno
FROM student
WHERE sname LIKE '_雪%';
```

【例 3.91】查询所有不姓刘的学生的姓名。

```
SELECT sname
FROM student
WHERE sname NOT LIKE '刘%';
```

3）使用换码字符将通配符转义为普通字符。

【例 3.92】查询课程名以_结尾的课程号和课程名。

```
SELECT cno, cname
FROM course
WHERE cname LIKE '%\_';
```

或者

```
SELECT cno, cname
FROM course
WHERE cname LIKE '%$_' ESCAPE '$';
```

【例 3.93】查询以 DB_开头且倒数第三个字符为 i 的课程的详细情况。

```
SELECT *
FROM course
WHERE cname LIKE 'DB$_%i__' ESCAPE '$';
```

4）使用正则表达式。

【例 3.94】在学生表 student 中查询学号倒数第三个数为 2，倒数第一个数为 1~4 的学生的学号、姓名、班级信息。

```
SELECT sno, sname, clsno
FROM student WHERE sno RLIKE '2.[1234]$';
```

3. 查询结果处理

使用 SELECT 语句完成查询工作后，查询结果默认显示在屏幕上，若需要处理这些查询结果，则可使用 SELECT 的其他子句配合操作。

（1）排序输出。

SELECT 的查询结果是按查询过程中的自然顺序给出的，因此查询结果通常无序，如果希望查询结果有序输出，就需要用 ORDER BY 子句配合，语法格式如下：

```
ORDER BY column_name1[ASC|DESC][,column_name2[ASC|DESC]] [,…]
```

说明：

（1）column_name 代表排序选项，可以是字段名和数字。字段名必须是主 SELECT 子句的选项，当然是所操作的表中的字段。数字是表的列序号，第一列为 1。

（2）ASC 指定的排序项按升序排列，为默认值，排序列为空值的元组最后显示。

（3）DESC 指定的排序项按降序排列，排序列为空值的元组最先显示。

【例 3.95】查询选修了编号为 "01101" 的课程的学生的学号及成绩，查询结果按分数降序排列。

```
SELECT sno, grade
FROM score
WHERE cno= '01101'
ORDER BY grade DESC;
```

【例 3.96】查询全体学生情况，查询结果按所在班级的编号升序排列，同一班级中的学生按出生日期降序排列。

```
SELECT *
FROM student
ORDER BY clsno, sbirthday DESC;
```

（2）重定向输出。INTO 子句用于把查询结果存放到一个新建的表中，语法格式如下：

```
INTO new_table
```

new_table 指定了新表的名称，新表的列由 SELECT 子句中指定的列构成。新表中的数据行是由 WHERE 子句指定的，但如果 SELECT 子句中指定了计算列在新表中对应的列，则新表的列不是计算列，而是一个实际存储在表中的列。其中的数据在执行 SELECT INTO 语句时计算得出。

【例 3.97】对成绩表 score，查询选修 "数据库原理" 课程（课程号为 "01301"）的所有学生的信息，并将结果存入 score_01301 表。

```
SELECT sno 学号, cno 数据库原理, grade 成绩
INTO score_01301
FROM score
WHERE cno= '01301';
```

（3）分组统计与筛选。使用 GROUP BY 子句对查询结果进行分组，语法格式如下：

```
GROUP BY column_name 1 [,column_name 2][,…]
```

说明：column_name 是分组选项，既可以是字段名，又可以是分组选项的序号（第一个分组选项的序号为 1）。

GROUP BY 子句可以将查询结果按指定列分组，该列值相等的记录为一组。通常，在每组中通过聚合函数来计算一个或多个列。若分组后还要按照一定的条件进行筛选，则需要使用

HAVING 子句，语法格式如下：

HAVING <search_condition>

说明：<search_condition>指定组或聚合应满足的搜索条件。

HAVING 子句与 WHERE 子句相同，可以起到按条件选择记录的作用，但两个子句的作用对象不同，WHERE 子句作用于基本表或视图；而 HAVING 子句作用于组，必须与 GROUP BY 子句连用，用来指定每个分组内应满足的条件。在查询中，首先用 WHERE 子句选择记录，然后进行分组，最后用 HAVING 子句选择记录。当然，GROUP BY 子句也可单独出现。另外，GROUP BY 子句和 HAVING 子句可以使用 SELECT 子句中的列别名。

【例 3.98】求各课程号及相应的选课人数。

```
SELECT cno, COUNT(sno)
FROM score
GROUP BY cno;
```

【例 3.99】查询选修了三门以上课程的学生的学号。

```
SELECT sno
FROM score
GROUP BY sno
HAVING COUNT(*) >3
```

【例 3.100】查询平均成绩大于 80 的课程编号和平均成绩。

```
SELECT cno, AVG(grade) as  平均成绩
FROM score
GROUP BY cno
HAVING  平均成绩  >=80
```

3.7.2　连接查询

连接查询

在数据查询中，经常涉及提取两个或两个以上表的数据。涉及多个表的查询称为连接查询（多表查询）。通过连接可以为不同实体创建新的数据表，以使用新表中的数据查询其他表的数据。通过连接运算符可以实现多表查询，它既是关系数据库模型的主要特点，又是区别于其他类型数据库管理系统的一个标志。连接查询既是 SQL 中的高级查询又是复杂查询。

连接可分为自连接、内连接、外连接和交叉连接等，可以在 FROM 或 WHERE 子句中指定连接的条件。在 FROM 子句中指定连接的条件有助于区分连接操作与 WHERE 子句中的搜索条件，所以在 SQL 中推荐使用这种方法。

FROM 子句连接的语法格式如下：

FROM join_table [join_type] JOIN join_table ON join_condition

说明：

（1）join_table：指出参与连接操作的表名，连接可以对一个表操作，也可以对多表操作。

（2）join_type：指出连接类型，可分为内连接、外连接和交叉连接。

（3）ON join_condition：指出连接条件，由被连接表中的列、比较运算符和逻辑运算符等组成。

1. 自连接

自连接（Self Join）是指一个表自己与自己建立连接，也称自身连接。若要在一个表中找具有相同列值的行，则可以使用自连接。使用自连接时，需要为表指定两个别名，且对所有列的引用均用别名限定。

【例 3.101】查询选修"数据库原理"课程（课程号为"01301"）课程的成绩高于学号为"202301020101"的学生的成绩的所有学生信息，并按成绩降序排列。

```
SELECT x.*
FROM score x , score y                 /*将成绩表 score 分别取别名为 x 和 y*/
WHERE x.cno= '01301' and x.grade > y. grade and
      y.sno= '202301020101' and y.cno= '01301'
ORDER BY x. grade DESC;
```

2. 内连接

内连接（Inner Join）使用比较运算符比较表间某（些）列数据，并列出这些表中与连接条件匹配的数据行。根据比较方式的不同，内连接又分为等值连接和不等值连接两种。

（1）等值连接。在连接条件中使用等号"="运算符比较被连接列的列值，按对应列的共同值将一个表中的记录与另一个表中的记录相连接，包括其中的重复列，这种连接称为等值连接。

【例 3.102】查询所有选课学生的学号、所选课程的名称和成绩。

```
SELECT score.cno, cname, grade
FROM course, score
WHERE course.cno = score.cno;         /*在 WHERE 子句中给出等值连接查询条件*/
```

【例 3.103】查询男学生的选课情况，要求列出学号、姓名、性别、课程名、课程号和成绩。

```
SELECT A.sno, A.sname, A. ssex, C.cname, C.cno, B.grade
FROM student A INNER JOIN score B ON A.sno = B. sno       /*可省略 INNER*/
                INNER JOIN course C ON B.cno = C.cno
WHERE (A.ssex = '男') ;
```

等价于：

```
SELECT A.sno, A.sname, A. ssex, C.cname, C.cno, B.grade
FROM student A, score B, course C
WHERE A.sno = B. sno AND B.cno = C.cno AND A.ssex = '男';
```

【例 3.104】查询学生的选课情况。要求列出选课表 score 中的所有列和学生表 student 中的学生姓名 sname 列。

```
SELECT A.sname, B.*
FROM student A INNER JOIN score B ON A.sno =B.sno;
```

等价于：

```
SELECT A.sname, B.*
FROM student A, score B
WHERE A.sno =B.sno;
```

（2）不等值连接。在连接条件中，使用除等号"="运算符以外的其他比较运算符比较被连接的列的列值，这种连接称为不等值连接。不等值连接使用的运算符包括>、>=、<=、<、!>、!<和<>。

【例 3.105】使用以下语句实现例 3.101 中要求的查询。

```
SELECT A.sno,A.grade
FROM score A INNER JOIN score B ON A.grade>B.grade AND A.cno=B.cno
WHERE ( B.sno='202301020101') AND (B.cno='01301')
ORDER BY A.grade DESC
```

例 3.105 中的查询语句是在 FROM 子句中使用表达式 A.grade>B.grade 进行不等值连接；在 WHERE 子句中以表达式 B.sno='202301020101' AND B.cno='01301'为查询条件进行查询。

3. 外连接

外连接（Outer Join）分为左外连接（Left Outer Join）和右外连接（Right Outer Join）两种。进行内连接查询时，返回查询结果集中的仅符合查询条件（WHERE 搜索条件或 HAVING 条件）和连接条件的行。进行外连接时，返回查询结果集中的不仅包含符合连接条件的行，而且包括左表（左外连接时）、右表（右外连接时）中的所有数据行。

（1）左外连接。左外连接使用 LEFT OUTER JOIN 关键字进行连接。LEFT OUTER JOIN 关键字从左表（table1）返回所有行，即使右表（table2）中没有匹配。如果右表中没有匹配，则结果为 NULL。LEFT OUTER JOIN 的语法格式如下：

```
SELECT column_name(s)
FROM table1
LEFT OUTER JOIN table2
ON table1.column_name=table2.column_name
```

【例 3.106】学生表 student 左外连接成绩表 score。

```
SELECT A.sno, A.sname, B.cno, B.grade
FROM student A LEFT OUTER JOIN score B
ON A.sno = B.sno;
```

在左外连接中，学生表 student 中不满足条件的行也显示出来。在返回结果中，所有不符合连接条件的数据行中的列值均为 NULL。

（2）右外连接。右外连接使用 RIGHT OUTER JOIN 关键字进行连接。RIGHT OUTER JOIN 关键字从右表（table2）返回所有行，即使左表（table1）中没有匹配。如果左表中没有匹配，则结果为 NULL。RIGHT OUTER JOIN 的语法如下：

```
SELECT column_name(s)
FROM table1
RIGHT OUTER JOIN table2
ON table1.column_name=table2.column_name
```

【例 3.107】教师表 teacher 右外连接授课表 lesson。

```
SELECT A.tno, A.tname, B.*
FROM teacher A RIGHT OUTER JOIN lesson B
ON A.tno = B.tno;
```

例 3.107 中右外连接用于两个表（teacher 和 lesson）中，右外连接限制教师表 teacher 中的行，而不限制授课表 lesson 中的行。也就是说，在右外连接中，授课表 lesson 不满足条件的行也显示出来了。

执行此语句可以发现，SELECT 语句的输出结果是授课表 course 中的所有记录，教师表 teacher 中不符合连接条件的记录用 NULL 代替。

4. 交叉连接

交叉连接（Cross Join）没有 WHERE 子句，它返回连接表中所有数据行的笛卡儿积。笛卡儿积结果集的值为第一个表的行数乘以第二个表的行数。交叉连接使用关键字 CROSS JOIN 进行连接。

【例 3.108】对学生表 student 和成绩表 score 进行交叉连接。

```
SELECT student.* , score.* FROM student CROSS JOIN score;
```

等价于：

```
SELECT student.* , score.* FROM student , score;
```

3.7.3　嵌套查询

嵌套查询

有时一个 SELECT 查询语句无法完成查询任务，需要另一个查询语句 SELECT 的结果作为查询的条件，即需要在一个查询语句 SELECT 的 WHERE 子句中出现另一个查询语句 SELECT，这种查询称为嵌套查询。在嵌套查询中，处于内层的查询称为子查询，处于外层的查询称为父查询。子查询的结果作为输入传递给父查询，父查询将该值结合到计算中，以便确定最后的输出。

SQL 语言允许多层嵌套查询，即一个子查询中还可以嵌套其他子查询。以嵌套的方式构造程序正是 SQL 中"结构化"的含义所在。嵌套查询的一般查询方法是由内向外处理，即每个子查询在上一级查询处理之前处理。

子查询的本质是一个完整的 SELECT 语句，它可以是一个 SELECT 语句、SELECT INTO 语句、INSERT INTO 语句、DELETE 语句或 UPDATE 语句嵌套在另一个子查询中。子查询的输出可以包括一个单独的值（单行子查询）、多行值（多行子查询）或者多列数据（多列子查询）。

子查询的使用规则如下。

（1）子查询必须至少包括一个 SELECT 子句和 FROM 子句。

（2）因为 ORDER BY 子句只能对最终查询结果排序，所以子查询 SELECT 语句不能包括在 ORDER BY 子句中。如果显示的输出需要按照特定顺序显示，那么 ORDER BY 子句应该作为外部查询的最后一个子句。

（3）子查询必须包括在一组括号中，以便与外部查询分开。

（4）如果将子查询放在外部查询的 WHERE 子句或 HAVING 子句中，那么该子查询只能位于比较运算符的"右边"。

1. 单值嵌套查询

子查询的返回结果是一个值的嵌套查询，称为单值嵌套查询。

【例 3.109】查询选修"数据库原理"课程的所有学生的学号和成绩。

```
SELECT sno, grade
FROM score
WHERE cno=(
    SELECT cno
    FROM course
    WHERE cname='数据库原理');
```

执行语句分两个过程：首先执行子查询，返回"数据库原理"的课程编号 cno（01301）；然后在外查询中找出课程编号 cno 等于 01301 的记录，查询这些记录的学号和成绩。

也可以用下面的语句实现：

```
SELECT S.sno, S.grade
FROM score S, course C
WHERE S.cno = C.cno and C. cname='数据库原理';
```

2. 多值嵌套查询

子查询的返回结果是数据集的嵌套查询，称为多值嵌套查询。若某个子查询的返回值是一个数据集，则必须在 WHERE 子句中指明使用这些返回值的方法，通常使用条件运算符 IN、ANY（或 SOME）和 ALL。

（1）使用 IN 运算符。在嵌套查询中，子查询的结构往往是一个集合，所以谓词 IN 是嵌套查询中最经常使用的运算符。IN 是属于的意思，等价于"=ANY"，即等于子查询中结果集中的任何一个值。

【例 3.110】查询与"陈嘉宁"在同一个班级的学生。

此查询要求可以分两步完成。

第一步：确定"陈嘉宁"所在的班级编号。

```
SELECT clsno
FROM student
WHERE sname= '陈嘉宁'
```

返回值为"2023010101"。

第二步：查找所有在编号为"2023010101"的班级的学生。

```
SELECT sno, sname, clsno
FROM student
WHERE clsno = '2023010101'
```

将第一步查询嵌入第二步查询的条件。

```
SELECT sno, sname, clsno
FROM student
WHERE clsno IN
    (SELECT clsno
     FROM student
     WHERE sname= '陈嘉宁')
```

本例中，子查询的查询条件不依赖父查询，称为不相关子查询。

可以用自连接完成例 3.110 的查询要求。

```
SELECT S1.sno, S1.sname, S1. clsno
FROM student S1, student S2
WHERE S1.clsno = S2.clsno AND S2.sname = '陈嘉宁'
```

【例 3.111】查询选修课程名为"数据结构"的课程的学生的学号和姓名。

```
SELECT sno, sname        ③最后在 student 关系中取出 sno 和 sname
FROM student
WHERE sno IN
    (SELECT sno          ②然后在 score 关系中找出选修课程号为 01302 的课程的学生学号
     FROM score
     WHERE cno IN
```

```
        (SELECT cno          ①首先在 course 关系中找出"数据结构"的课程号 01302
         FROM course
         WHERE cname= '数据结构'
        )
    )
```

也可以用连接查询实现例 3.111。

```
SELECT student.sno, sname
    FROM student, score, course
    WHERE student.sno = score.sno AND
                    score.cno = course.cno AND
                    course.cname= '数据结构'
```

用 IN 运算符在主查询中检索的记录，在子查询中的某些记录也包含与它们相同的值。相反，可以用 NOT IN 在主查询中检索记录，在子查询中没有包含与它们的值相同的记录。

（2）带有比较运算符的子查询。带有比较运算符的子查询是指父查询与子查询之间用比较运算符进行连接。当用户确切知道内层查询返回单个值时，可以用>、<、=、>=、<=、!=或<>等比较运算符。

【例 3.112】假设一名学生只能在一个系学习，并且必须属于一个系，则可以在例 3.110 中用 "=" 代替 IN。

```
SELECT sno, sname, clsno
FROM student
WHERE clsno =
    (SELECT clsno
     FROM student
     WHERE sname= '陈嘉宁')
```

还可以用子查询中的表名别名查询子查询外的 FROM 子句的列表。

【例 3.113】找出每名学生超过其选修课程平均成绩的课程号。

```
SELECT cno
FROM score x
WHERE grade >= (
    SELECT AVG (grade)
    FROM score y
    WHERE y.sno=x.sno)
```

（3）使用 ANY、ALL 运算符。当子查询返回单值时可以用比较运算符，当返回多值时使用 ANY（有的系统用 SOME）或 ALL 运算符。而使用 ANY 或 ALL 运算符时必须同时使用比较运算符。ANY、ALL 运算符的语义见表 3.25。

表 3.25　ANY、ALL 运算符的语义

运算符	语义描述
> ANY	大于子查询结果中的某个值
> ALL	大于子查询结果中的所有值
< ANY	小于子查询结果中的某个值
< ALL	小于子查询结果中的所有值

运算符	语义描述
>= ANY	大于或等于子查询结果中的某个值
>= ALL	大于或等于子查询结果中的所有值
<= ANY	小于或等于子查询结果中的某个值
<= ALL	小于或等于子查询结果中的所有值
= ANY	等于子查询结果中的某个值
=ALL	等于子查询结果中的所有值（通常没有实际意义）
!=（或<>）ANY	不等于子查询结果中的某个值
!=（或<>）ALL	不等于子查询结果中的任一个值

ANY 或 SOME 运算符是同义字，用于检索主查询中的记录，这些记录要满足在子查询中检索的所有记录的比较条件。

【例 3.114】查询其他班级中比"2023 计科 1 班"中某学生年龄小的学生的姓名和出生日期。

```
SELECT sname, sbirthday
    FROM student
    WHERE sbirthday < ANY (
        SELECT sbirthday
        FROM student
        WHERE clsno = (
            SELECT clsno
            FROM class
            WHERE clsname= '2023 计科 1 班' )
    )
        AND clsno <> (                    /*父查询块中的条件*/
        SELECT clsno
        FROM class
        WHERE clsname= '2023 计科 1 班');
```

只使用 ALL 运算符检索主查询中的记录，它们满足在子查询中检索的所有记录的比较条件。

【例 3.115】查询其他班级中比"2023 计科 1 班"中所有学生年龄小的学生的姓名和出生日期。

```
SELECT sname, sbirthday
    FROM student
    WHERE sbirthday < ALL (
        SELECT sbirthday
        FROM student
        WHERE clsno =(
            SELECT clsno
            FROM class
            WHERE clsname= '2023 计科 1 班')
```

```
                    )
            AND clsno <> (                              /*父查询块中的条件*/
                SELECT clsno
                FROM class
                WHERE clsname= '2023 计科 1 班');
```

ANY、ALL 运算符可以与聚集函数、IN 运算符相互转换，其等价转换关系见表 3.26。

表 3.26　ANY、ALL 运算符与聚集函数、IN 运算符的等价转换关系

运算符	=	<>或者!=	<	<=	>	>=
ANY	IN	—	<MAX	<=MAX	>MIN	>=MIN
ALL	—	NOT IN	<MIN	<=MIN	>MAX	>=MAX

【例 3.116】使用聚集函数实现例 3.114。

```
SELECT sname, sbirthday
    FROM student
    WHERE sbirthday < (
        SELECT MAX (sbirthday)
        FROM student
        WHERE clsno = (
            SELECT clsno
            FROM class
            WHERE clsname= '2023 计科 1 班')
        )
        AND clsno <> (
            SELECT clsno
            FROM class
            WHERE clsname= '2023 计科 1 班' );
```

【例 3.117】使用聚集函数实现例 3.115。

```
SELECT sname, sbirthday
    FROM student
    WHERE sbirthday < (
        SELECT MIN (sbirthday)
        FROM student
        WHERE clsno = (
            SELECT clsno
            FROM class
            WHERE clsname= '2023 计科 1 班' )
        )
        AND clsno <> (
            SELECT clsno
            FROM class
            WHERE clsname= '2023 计科 1 班' );
```

（4）使用 EXISTS 运算符。

使用 EXISTS 的子查询只能判断子查询是否有结果返回。执行时，首先执行一次外查询并缓存结果集；然后遍历外查询结果集的每条记录，并将其代入子查询中作为条件进行查询。如果子查询有返回结果，则 EXISTS 结果为 TRUE，这条记录可作为外部查询的结果行，否则不能作为结果行。由于 EXISTS 的返回值取决于子查询是否返回行，并不考虑行的内容，因此子查询中通常使用 SELECT *。NOT EXISTS 的返回值与 EXISTS 的相反。

使用 EXISTS 的子查询的语法格式如下：

```
SELECT select_expr FROM table ref WHERE [EXISTS | NOT EXISTS] (subquery);
```

【例 3.118】查询工号为"01001"的教师讲授课程的课程号、课程名和学时（使用 EXISTS 运算符）。

```
SELECT cno, cname, chour
FROM course
WHERE EXISTS (
    SELECT * FROM lesson WHERE cno=course.cno AND tno='01001');
```

上述语句等价于以下相关子查询。

```
SELECT cno, cname, chour
FROM course
WHERE '01001' IN (
    SELECT tno FROM lesson WHERE cno=course.cno);
```

也可以使用普通子查询实现，语句如下：

```
SELECT cno, cname, chour
FROM course
WHERE cno IN (
    SELECT cno FROM lesson WHERE tno='01001');
```

还可以使用内连接查询实现，语句如下：

```
SELECT DISTINCT course.cno, cname, chour
FROM course, lesson
WHERE course.cno=lesson.cno AND tno='01001';
```

或者

```
SELECT DISTINCT course.cno, cname, chour
FROM course INNER JOIN lesson ON course.cno=lesson.cno AND tno='01001';
```

由此可见，对于同样的查询任务，可以从不同角度考虑问题，从而使用不同的查询方法实现。在实际查询过程中，读者可以根据需要选用查询方法。

【例 3.119】查询没有学生选课的课程信息。

```
SELECT * FROM course A
WHERE NOT EXISTS
(SELECT cno FROM score WHERE cno=A.cno);
```

该例的外查询从课程表 course 获得课程信息，并将 cno 值传入内查询，与内查询成绩表 score 的 cno 值做比较，如果相等，说明该 cno 出现在成绩表 score 中，内查询返回该 cno 值。

因为内查询有结果返回，所以外查询结果为真，说明有学生选该课程。经 NOT EXISTS 判断，该课程不包含在查询结果中。

3.7.4 集合查询

集合查询

集合运算符将来自两个或两个以上查询的结果合并到单个结果集中。T-SQL 支持三种集合运算：并集（UNION）、交集（INTERSECT)、差集（EXCEPT）。集合运算的限定条件如下：

（1）子结果集具有相同的结构。

（2）子结果集的列数相同。

（3）子结果集对应的数据类型可以兼容。

（4）每个子结果集都不能包含 ORDER BY 和 COMPUTE 子句。

集合运算的语法格式如下：

```
SELECT _statement1
集合运算符
SELECT _statement2
[ORDER BY]
```

关于 ORDER BY 子句，应注意如下两点：

（1）ORDER BY 是对整个运算后的结果排序，而不是对单个数据集。

（2）ORDER BY 后面排序的字段名称是第一个数据集的字段名或别名。

1. 并集

UNION 可以连接两个或两个以上结果集，形成"并集"。子结果集的所有记录组合在一起形成新的结果集，并使用 UNION 连接。UNION 的语法格式如下：

```
SELECT statement
UNION [ALL]
SELECT statement
```

说明：

（1）UNION：将多个查询结果合并时，系统自动去掉重复元组。

（2）UNION ALL：将多个查询结果合并时，保留重复元组。

【例 3.120】查询"2023 计科 1 班"的学生或 2005 年以后出生的学生。

```
SELECT *
FROM student
WHERE clsno= '2023010101'
UNION
SELECT *
FROM student
WHERE YEAR (sbirthday) > 2005;
```

也可以用下面的语句实现：

```
SELECT DISTINCT *
FROM student
WHERE clsno= '2023010101' OR YEAR (sbirthday) > 2005;
```

【例 3.121】查询选修编号为"01301"或"01302"课程的学生。

```
SELECT sno
FROM score
WHERE cno='01301'
UNION
SELECT sno
FROM score
WHERE cno= '01302'
```

2. 差集

EXCEPT 可以连接两个或两个以上结果集，形成"差集"。返回左边结果集中已经有的记录，而右边结果集中没有的记录。EXCEPT 的语法格式如下：

```
SELECT statement
EXCEPT
SELECT statement
```

EXCEPT 将自动删除重复行。

【例 3.122】查询"2023 计科 1 班"的学生与 2005 年以后出生的学生的差集。

```
SELECT *
FROM student
WHERE clsno= '2023010101'
EXCEPT
SELECT *
FROM student
WHERE YEAR (sbirthday) > 2005;
```

实际上是查询"2023 计科 1 班"中 2005 年及以前出生的学生。

```
SELECT *
FROM student
WHERE clsno= '2023010101' AND YEAR (sbirthday) <= 2005;
```

3. 交集

INTERSECT 可以连接两个或两个以上结果集，形成"交集"。返回左边结果集和右边结果集中都有的记录。INTERSECT 的语法格式如下：

```
SELECT statement
INTERSECT
SELECT statement
```

【例 3.123】查询"2023 计科 1 班"的学生与 2005 年以后出生的学生的交集。

```
SELECT *
FROM student
WHERE clsno= '2023010101'
INTERSECT
SELECT *
FROM student
WHERE YEAR (sbirthday) > 2005;
```

实际上是查询"2023 计科 1 班"中 2005 年以后出生的学生。

```
SELECT *
FROM student
WHERE clsno= '2023010101' AND YEAR (sbirthday) > 2005;
```

【例 3.124】查询选修编号为"01301"和"01302"课程的学生交集。

```
SELECT sno
FROM score
WHERE cno='01301'
INTERSECT
SELECT sno
FROM score
WHERE cno=01302 '
```

实际上是查询既选修课程 01301 又选修课程 01302 的学生。

```
SELECT sno
FROM score
WHERE cno='01301' AND sno IN
    (SELECT sno
    FROM score
    WHERE cno='01302')
```

视图操作

3.8 视 图

视图（View）是关系数据库中供用户以多种角度观察数据库中数据的重要机制。用户通过视图浏览表中感兴趣的数据，而数据的物理存放位置仍在表中。

1. 视图的概念

视图是从一个或多个表（或视图）中导出的表。视图是数据库的用户使用数据库的观点。例如，对于一所学校，其学生的情况存放于数据库的一个或多个表中，而学校的不同职能部门关心的学生数据是不同的。即使是相同数据，也可能有不同的操作要求，可以根据不同需求，在物理的数据库上定义数据结构，这种根据用户观点所定义的数据结构就是视图。

视图是一个虚拟表，不包含任何物理数据，即视图对应的数据不进行实际存储。数据库中只存放视图的定义，这些数据仍存放在定义视图的基本表（数据库中永久存储的表）中。

对视图的操作与对基本表的操作相同，可以进行查询、修改和删除，但对数据的操作要满足一定的条件。当修改通过视图看到的数据时，相应基本表的数据也会发生变化。同理，若基本表的数据发生变化，则这种变化也会自动反映到视图中。使用视图具有以下优点：

（1）为用户集中数据，简化用户的数据查询和处理。有时用户所需的数据分散在多个表中，定义视图可将它们集中在一起，从而方便用户进行数据查询和数据处理。

（2）屏蔽数据库的复杂性。用户不必了解复杂数据库中的表结构，并且数据库表的更改不影响用户对数据库的使用。

（3）简化用户权限的管理。只需授予用户使用视图的权限，而不必指定用户只能使用表的特定列，提高了安全性。

（4）便于数据共享。用户可共享数据库的数据，而不必都定义和存储自己所需的数据，从而相同的数据只需存储一次。

（5）可以重新组织数据，以便输出到其他应用程序。

创建或使用视图时，应遵守以下规定：

（1）只有在当前数据库中才能创建视图。视图的命名必须遵循标识符命名规则，不能与表同名。

（2）不能把规则、默认值或触发器与视图关联。

（3）允许嵌套视图。

（4）不能基于临时表建立视图。

2. 视图的创建

创建视图时需要使用 CREATE VIEW 语句，语法格式如下：

```
CREATE [OR REPLACE]
    [ALGORITHM = {UNDEFINED | MERGE | TEMPTABLE}]
    VIEW view_name [(column_list)]
    AS select_statement
[WITH [CASCADED | LOCAL] CHECK OPTION];
```

CREATE VIEW 的参数说明见表 3.27。

表 3.27 CREATE VIEW 的参数说明

参数	说明
CREATE	创建新的视图，如果数据库中存在同名视图，则出错
CREATE OR REPLACE	如果视图不存在，则创建；如果已经存在同名视图，则先删除，再创建视图
ALGORITHM	可选项，指定视图使用的算法，取值为 UNDEFINED、MERGE 或 TEMPTABLE，默认值为 UNDEFINED，表示由 MySQL 自动选择算法
view_name	视图名称，必须符合有关标识符的规则。可以选择是否指定视图所有者名称
column_list	可选项，指定视图的属性列。如果省略，则 SELECT 语句检索的列名将作为视图的列名
AS	指定视图要执行的操作
select_statement	定义视图的 SELECT 语句。在 SELECT 语句中，可以引用基本表或其他视图，也可以不引用任何表
[WITH [CASCADED	LOCAL] CHECK OPTION]	设置通过视图更改数据（如插入更新、删除）时，保证视图数据符合视图的定义。如果定义视图的 SELECT 语句中包含 WHERE 子句，指定 WITH CHECK OPTION 选项，则可以限制只能对 WHERE 子句为 TRUE 的数据进行操作。LOCAL 和 CASCADED 关键字指定该限制检查的范围，LOCAL 只检查其所在的视图，即使该视图是在其他视图的基础上定义的；而 CASCADED 除检查其所在的视图外，如果该视图是在其他视图的基础上定义的，还检查其引用的其他视图。该选项的默认值为 CASCADED

【例 3.125】在 student 数据库中创建 v_student_1 视图，该视图选择学生表 student 中的所有女学生。

```
CREATE VIEW v_student_1
AS
SELECT * FROM student WHERE ssex='女';
```

【例3.126】创建 v_student_2 视图，该视图包括"2023 计科 1 班"学生的学号、姓名、选修的课程编号及成绩。要保证对该视图的修改都符合"clsno 为 2023 计科 1 班（编号为2023010101）"条件。

```
CREATE VIEW v_student_2
AS
    SELECT student.sno, sname, cno, grade
    FROM student, score
    WHERE student. clsno = '2023010101' AND student.sno = score.sno
WITH CHECK OPTION
```

注意：创建视图时，源表可以是基本表，也可以是视图。

【例3.127】创建学生的平均成绩视图 v_student_avg，该视图包括 sno（在视图中列名为学号）和平均成绩。

```
CREATE VIEW v_student_avg
AS
    SELECT sno AS 学号, AVG(grade) AS 平均成绩
    FROM score
    GROUP BY sno;
```

MySQL 支持使用 INSERT、UPDATE 和 DELETE 语句对视图中的数据进行插入、更新和删除操作。当视图中的数据发生变化时，数据表中的数据也会发生变化，反之亦然。

要使视图处于可更新状态，视图中的行和底层基本表中的行之间必须存在一对一的关系。另外，当视图定义出现以下情况时，视图不支持更新操作。

（1）定义视图时指定 ALGORITHM = TEMPTABLE，视图将不支持 INSERT 和 DELETE 操作；

（2）视图中不包含基表中所有被定义为非空且未指定默认值的列，视图将不支持 INSERT 操作。

（3）在定义视图的 SELECT 语句中使用了 JOIN 联合查询，视图将不支持 INSERT 和 DELETE 操作。

（4）在定义视图的 SELECT 语句后的字段列表中使用了数学表达式或子查询，视图将不支持 INSERT，也不支持 UPDATE 使用了数学表达式、子查询的字段值。

（5）在定义视图的 SELECT 语句后的字段列表中使用 DISTINCT、聚合函数、GROUP BY、HAVING、UNION 等，视图将不支持 INSERT、UPDATE、DELETE 操作。

（6）在定义视图的 SELECT 语句中包含子查询，而子查询中引用了 FROM 子句后面的表，视图将不支持 INSERT、UPDATE、DELETE 操作。

（7）视图定义基于一个不可更新视图。

（8）常量视图。

【例3.128】将视图 v_student_1 中学号为"202302020110"的学生的班级修改为"2023020301"。

```
UPDATE v_student_1
    SET clsno=' 2023020301'
    WHERE sno=' 202302020110'
```

问题：能修改视图 v_student_avg 中的"平均成绩"吗？

3. 视图的查询

定义视图后，可以像查询基本表那样对视图进行查询。

【例 3.129】使用视图 v_student_1 查找 student 表中的女生。

```
SELECT *
FROM v_student_ 1
Where ssex= '女'
```

【例 3.130】查找平均成绩在 80 分以上的学生的学号和平均成绩。

```
SELECT *
FROM v_student_avg
WHERE  平均成绩>80
```

4. 视图的修改

修改视图就是修改视图的定义。例如，基本表增加或删除了某字段，而视图引用了该字段，此时必须修改视图使之与基本表保持一致；或者调整视图的算法、权限等。在 MySQL 中，使用 CREATE OR REPLACE VIEW 或 ALTER VIEW 语句修改视图。

（1）使用 CREATE OR REPLACE VIEW 语句修改视图。使用 CREATEOR REPLACE VIEW 语句修改视图的语法和创建视图的一致，执行时，先删除数据库中已存在的同名视图，再用新的视图定义语句创建视图。

（2）使用 ALTER VIEW 语句修改视图，语法格式如下：

```
ALTER VIEW
[ALGORITHM = {UNDEFINED | MERGE | TEMPTABLE}]
    VIEW view_name [(column_list)]
    AS select_statement
[WITH [CASCADED | LOCAL] CHECK OPTION];
[WITH CHECK OPTION]
```

其中，各参数的含义与 CREATE VIEW 语句中参数的含义相同。

【例 3.131】修改 v_student_ 1 视图。将视图中选择学生表 student 中的所有女生修改为选择所有男学生。

```
ALTER VIEW v_student_1
AS
SELECT * FROM student WHERE ssex='男'
```

5. 视图的删除

当不再需要某个视图时，可以删除它。删除视图后，表和视图基于的数据不受影响。

在 MySQL 中，删除视图的命令是 DROP VIEW，其语法格式如下：

```
DROP VIEW [IF EXISTS] view_name [, …]
```

说明：

（1）view_name：要删除的视图名称。

（2）n: 表示可以指定多个视图的占位符。

使用 DROP VIEW 可删除一个或多个视图。

【例 3.132】删除 v_student_1 视图。

DROP VIEW IF EXISTS v_student_1

习　题　3

（1）名词解释：SQL、表、视图、行、列、主键约束、外键约束、检查约束、唯一约束、默认约束、聚簇索引、唯一索引、连接查询、嵌套查询、子查询。

（2）在表中设置主键和外键的作用分别是什么？

（3）T-SQL 中有哪些数据类型？请至少列出六种。

（4）什么是外连接？在什么情况下采用？

（5）使用 T-SQL 语句完成下列查询：

1）查询选修课程编号为 01、02、03 的学生的学号、课程号和成绩记录。

2）查询除课程编号为 01、02、03 外的成绩大于 60 分的学生的学号、课程号和成绩记录。

3）查询选修课程编号为 01、02、03 的成绩为 70～80 分的学生的学号、课程号和成绩记录。

4）查询选修课程编号为 01 的最好成绩、最差成绩、平均成绩记录。

5）查询 201401 班的男生人数。

6）查询 201401 班张姓学生的人数。

7）查询 201401 班张姓学生的学号、姓名。

8）查询 1980 年后出生的副教授记录。

9）查询工号为"0001"的教师的授课门数。

10）查询没有安排授课教师的课程信息。

（6）使用 SQL 语句完成下列操作：

1）在成绩表 score 中插入数据，要求每名学生选修三门以上课程，每门课程至少三名学生选修。

2）查询至少选修三门课程的学生的学号和选修课程门数。

3）查询学号为 101、102、103 的三名学生不及格课程门数，按照学号降序排列查询结果。

4）查询每名学生的学号、姓名、选修的课程名称、成绩、上课教师姓名，按照学号升序排列查询结果。

5）查询"数据库课程设计"的间接选修课，要求输出课程编号、课程名称、间接选修课的课程编号和名称。

6）查询所有学生的选课情况（包括没有选课的学生）。

（7）使用 SQL 语句完成下列操作：

1）查询每名学生的学号、最好成绩、最差成绩、平均成绩。

2）查询最低分高于 70、最高分低于 90 的学生的学号。

3）查询所有学生的学号、姓名、最好成绩、最差成绩、平均成绩。

4）查询最低分高于 70，最高分低于 90 的学生的学号、姓名、班级。

5）查询选修编号为 203 课程的学生成绩高于 103 号学生成绩的所有学生的学号。

6）查询选修编号为 203 课程的学生成绩高于 103 号学生成绩的所有学生的学号和姓名。

7）查询与"张三"年龄相同的所有学生的信息。

8）查询与"张三"年龄相同的同班的学生姓名。

9）查询成绩比该课程平均成绩低的学生的学号和成绩。

（8）对于如下关系模式：

雇员表 EMP(雇员编号 EID,姓名 ENAME,出生年月 BDATE,性别 SEX,居住城市 CITY)

公司表 COMP(公司编号 CID,公司名称 CNAME,公司所在城市 CITY)

工作表 WORKS(雇员编号 EID,公司编号 CID,加入公司日期 STARTDATE,薪酬 SALARY)

1）检索所有为"IBM 公司"工作的雇员名字。

2）检索所有年龄超过 50 岁的女雇员的姓名和所在公司的名称。

3）检索所有居住城市与公司所在城市相同的雇员。

4）检索"IBM 公司"雇员的人数、平均工资、最高工资和最低工资，并且分别用 E#、AVG_SAL、MAX_SAL、MIN_SAL 作为列标题。

5）检索同时在"IBM 公司"和"SAP 公司"兼职的雇员名字。

6）检索工资高于其所在公司雇员平均工资的雇员。

7）检索雇员最多的公司。

8）为工龄超出 10 年的雇员加薪 10%。

9）年龄大于 60 岁的雇员应办理退休手续，删除退休雇员的所有相关记录。

10）"IBM 公司"增加某新雇员，将该雇员的有关记录插入 EMP 表和 WORKS 表，假设新进雇员薪酬未定，暂以空值表示。

（9）根据习题（8）给出的关系模式创建一个视图，显示"IBM 公司"的所有雇员的有关信息，并在对视图进行更新操作时遵循约束。

（10）根据习题（8）给出的关系模式创建表 COMP_INFO。该表用来存放所有公司的统计信息，包括公司编号、雇员人数、平均薪酬。

第4章 MySQL编程

- **了解**：存储过程、触发器、游标、MySQL异常处理的特点和作用。
- **理解**：MySQL程序设计基础知识、存储过程、触发器、游标、MySQL异常处理的基本概念。
- **掌握**：MySQL编程基础、函数、存储过程、触发器和游标的创建、执行及使用方法。

4.1 MySQL编程基础

MySQL的脚本就是通常所说的MySQL程序，是通过一套对字符、关键词及特殊符号的使用规定，利用一条或多条MySQL语句（SQL语句+扩展语句）编写而成。MySQL的脚本文件保存时，后缀名一般为.sql。

MySQL脚本具体来说是由表达式、常量、变量、函数及注释等构成的语句。MySQL语句是组成MySQL脚本的基本单位，每条语句都能完成特定的操作。

4.1.1 MySQL中SQL语句的基本书写规则

1. SQL语句要以分号";"结尾

在关系型数据库中，语句是逐条执行的，每条语句都能完成特定的操作，通常要在句尾使用分号";"结尾。

2. SQL语句不区分字母大小写

SQL不区分关键字的字母大小写，但是为了理解方便，通常将关键字大写，将数据库名、表名和列名等小写。插入表的数据是区分字母大小写的，如a123和A123是不同的数据。

3. SQL语句中的标点符号必须是英文状态下的符号

SQL语句的单词之间必须使用英文空格或换行符分隔，所有标点符号都必须是英文状态下的符号，否则会发生错误。

4.1.2 运算符与表达式

运算符是一种符号，通过运算符连接运算量构成表达式。简单表达式可以是一个常量、变量、列或标量函数。可以用运算符将两个或更多的简单表达式连接起来组成复杂表达式。运算符用来指定要在一个或多个表达式中执行的操作。

1. 标识符

标识符是用户编程时使用的名字。每个对象都由一个标识符唯一标识。对象标识符是在定义对象时创建的，随后该标识符用于引用该对象。MySQL标识符命名规则稍微有点烦琐，这里使用万能命名规则：标识符由字母、数字或下划线(_)组成，且第一个字符必须是字母或下划线。

2. 常量与变量

在程序运行过程中，不能改变值的数据称为常量，相应地，可以改变值的数据称为变量。

（1）常量。常量是表示特定数据值的符号，其格式取决于数据类型。MySQL 中常用的常量包括字符串常量、日期与时间常量、数值常量、逻辑数据常量和空值。

1）字符串常量。字符串常量是用单引号或双引号括起来的字符序列。在 MySQL 中推荐使用单引号，若字符串中本身有单引号字符，则单引号要用两个单引号表示，如'China'、'O''Brien'、'X+Y='均为字符串常量。

2）日期与时间常量。日期与时间常量常量使用特定格式的字符日期值表示，用单引号括起来，如：'2023/02/21'、'2023-02-21 21:32:45'。

3）数值常量。数值常量包括整型常量、浮点常量。

整型常量由没有用引号括起来且不含小数点的一串数字表示，如 1894 和 2 为整型常量。

浮点常量主要用科学记数法表示，如 101.5E5 和 0.5E-2 为浮点常量。

精确数值常量由没有用引号引起来且包含小数点的一串数字表示，如 1894.1204 和 2.0 为精确数值常量。

4）逻辑数据常量。逻辑数据常量使用数字 0 或 1 表示，并且不使用引号。非 0 数字当作 1 处理。

5）空值。空值适用于各种数据类型，通常表示"不确定的值"。在数据列定义之后，还需要确定该列是否允许空值。允许空值意味着用户在向表中插入数据时可以忽略该列值。空值可以表示整型、实型、字符型数据等。

（2）变量。变量用于临时存放数据，变量中的值随着程序的运行而改变，变量有名字和数据类型两个属性。变量的命名使用常规标识符，即以字母、下划线（_）开头，后续接字母、数字、下划线的字符序列，不允许嵌入空格或其他特殊字符。MySQL 中存在两种变量，一种是系统定义和维护的全局变量，通常在名称前面加@@符号；另一种是用户定义的用来存放中间结果的局部变量，通常在名称前面加@符号，但在过程体中定义的局部变量不加@符号。

1）局部变量。局部变量的作用范围限制在程序内部，它可以作为计数器来计算循环次数或控制循环执行的次数。另外，局部变量还可以保存数据值，供控制流语句测试及保存由存储过程返回的数据值等。

可以使用 SET 语句来定义局部变量，并为其赋值。SET 语句的语法格式如下：

SET @local_variable1=express1[,@local_variable2= express2,…];

其中，@local_variable1、@local_variable2 是变量的名称；express1、express2 是变量的值；SET 语句可以同时定义多个变量，中间用逗号隔开。

可以使用 SELECT 语句显示局部变量，SELECT 语句的语法格式如下：

SELECT @local_variable1[,@local_variable2,…];

还可以使用 DECLARE 语句声明局部变量，声明后可以为变量赋值。这些变量的作用范围是 BEGIN 和 END 语句块之间。

DECLARE 语句的语法格式如下：

DECLARE   local_variable1[,local_variable2,...] data_type [DEFAULT value];

其中，local_variable1、local_variable2 是变量的名称，变量名前不能加@且必须符合标识符规则；data_type 是由系统提供或用户定义的数据类型，可选项 DEFAULT value 用来指定变量的默认值，若没有指定默认值，则局部变量的初始默认值为 NULL。

当使用 DECLARE 语句声明局部变量时，必须提供变量名称及其数据类型。一条 DECLARE 语句可以定义多个同类型变量，各变量之间用逗号隔开。例如：

```
DECLARE name,address varchar(30);
```

定义局部变量后，可使用 SET 语句或 SELECT 语句重新为局部变量赋值，SET 语句赋值语法格式如下：

```
SET local_variable1 =expression1[,local_variable2 =expression2,…]
```

说明：

（1）local_variable1：赋值的局部变量的名称。

（2）expression1：变量所赋的值。

使用 SELECT 语句将所查询出的字段数据依次赋值到 into 后的变量中。当 SELECT 查询结果为空（无记录）时，不对变量进行赋值操作；当 SELECT 查询的结果不止一条时，MySQL 将报错，函数执行失败。SELECT 语句赋值的语法格式如下：

```
SELECT filed1 [, …] into var1 [, …] from tableName where conditon；
```

使用 SET 或 SELECT 赋值时，可同时为多个局部变量赋值，中间用逗号隔开。使用 SELECT 语句显示局部变量的值。

【例 4.1】求两个变量的和。

```
SET @a=1, @b=2, @sum=0;
SET @sum=@a+@b;
SELECT @sum;
```

【例 4.2】查找"张丽丽"的选课信息。

```
DELIMITER @@
SET @xm='张丽丽';
SET @xh=' ';
SELECT sno into @xh FROM student WHERE sname=@xm;
SELECT * FROM score WHERE sno=@xh;
@@
DELIMITER ;
```

【例 4.3】求任意两个数之和。

```
DELIMITER @@
CREATE FUNCTION sum_ab(a DECIMAL(5,2),b DECIMAL(5,2))
RETURNS DECIMAL
DETERMINISTIC
BEGIN
   DECLARE x,y DECIMAL(5,2);
   SET x=a,y=b;
   RETURN x+y;
END
@@
DELIMITER ;
SELECT sum_ab(3,4);
```

2）全局变量。全局变量是 MySQL 系统提供并赋值的变量。全局变量通常被服务器用来跟踪服务器的相关信息，不能显式地被赋值或声明。全局变量不能由用户定义，也不能被应用程序用来在处理器之间传递信息。

全局变量由系统提供，在某个给定的时刻，各用户的变量值不相同。表 4.1 列出了 MySQL 中常用的全局变量。

表 4.1　MySQL 中常用的全局变量

变量	说明
@@back_log	返回 MySQL 主要连接请求的数量
@@basedir	返回 MySQL 安装基准目录
@@port	返回服务器侦听 TCP/IP 连接所用的端口
@@storage_engine	返回存储引擎
@@version	返回服务器版本号
@@license	返回服务器的许可类型

3. 运算符

MySQL 语言运算符共有 4 类，即算术运算符、位运算符、比较运算符和逻辑运算符。由运算符把操作数连接起来的式子称为表达式。

（1）算术运算符。算术运算符用于数值型列或变量间的算术运算，包括加（+）、减（-）、乘（*）、除（/或 DIV）和取余（%或 MOD）等。算术运算符见表 4.2。

表 4.2　算术运算符

算术运算符	作用
+、-、*	加法、减法、乘法运算
/	除法运算，返回商
DIV	整除运算，返回商的整数
%或 MOD	求余运算，返回余数

如果表达式中有多个算术运算符，则先计算乘、除法和求余，再计算加、减法。如果表达式中所有算术运算符都具有相同的优先顺序，则执行顺序为从左到右。括号中的表达式优先于其他运算。算术运算的结果为优先级较高的参数的数据类型。

（2）位运算符。位运算符用于对数据进行按位与（&）、或（|）、异或（^）、取反（~）等运算。在 MySQL 语句中进行整型数据的位运算时，先将它们转换为二进制数，再进行计算。其中，与、或、异或运算符需要两个操作数，而求反运算符仅需要一个操作数。位运算符见表 4.3。

表 4.3　位运算符

位运算符	作用
&	与，参与 & 运算的两个二进制位都为 1 时，结果为 1，否则为 0
|	或，参与 | 运算的两个二进制位都为 0 时，结果为 0，否则为 1
^	异或，参与 ^ 运算的两个二进制位不同时，结果为 1；相同时，结果为 0
~	取反，将参与运算的数据按对应的补码进行反转，即 1 取反后变 0，0 取反后变 1

例如 2&3，因为 2 的二进制数是 10，3 是 11，所以 10&11 的结果是 10，十进制数字还是 2。2|3 的结果应该是 10|11，最终结果是 11，十进制数字是 3。10^11 的结果是 01，最终结果是 1。~1 的结果 18446744073709551614。1 的位取反怎么会是这么大的数字？在 MySQL 中，

常量数字默认以 8 个字节表示，8 个字节就是 64 位，常量 1 的二进制表示为 63 个 "0" 加 1 个 "1"，位取反后就是 63 个 "1" 加一个 "0"，转换为二进制后就是 18446744073709551614。

（3）比较运算符。比较运算符用来比较两个表达式的值，可用于字符、数字或日期数据。MySQL 中的比较运算符有大于（>）、小于（<）、大于或等于（>=）、小于或等于（<=）、不等于（!= 或 <>）和等于（=）等，比较运算返回布尔值，通常出现在条件表达式中。比较运算符见表 4.4。

表 4.4　比较运算符

运算符	作用
>	大于，如果左边操作数大于右边操作数，结果为 TRUE
<	小于，如果左边操作数小于右边操作数，结果为 TRUE
>=	大于或等于，如果左边操作数大于或等于右边操作数，结果为 TRUE
<=	小于或等于，如果左边操作数小于或等于右边操作数，结果为 TRUE
<>或！=	不等于，如果左边操作数不等于右边操作数，结果为 TRUE
=	等于，如果左边操作数等于右边操作数，结果为 TRUE
IS NULL	判断一个值是否为空
IS NOT NULL	判断一个值是否不为空
IN	如果操作数等于表达式列表中的一个，那么值为 TRUE
LIKE	如果操作数与一种模式匹配，那么值为 TRUE
BETWEEN AND	判断一个值是否在两个值之间

比较运算符的结果为布尔数据类型，或比较结果为真，则返回 1；若为假，则返回 0；若比较结果不确定，则返回 NULL。如表达式 2=3 的运算结果为 0，表达式 NULL=NULL 的运算结果为 NULL。

（4）逻辑运算符。逻辑运算符有与（AND）、或（OR）、非（NOT）和异或（XOR）等，用于对某个条件进行测试，以获得真实情况。逻辑运算符与比较运算符相同，返回 TRUE 或 FALSE 的布尔数据值。逻辑运算符见表 4.5。

表 4.5　逻辑运算符

运算符	作用
AND 或 &&	如果两个布尔表达式都为 TRUE，那么结果为 TRUE
OR 或 ||	如果两个布尔表达式中的一个为 TRUE，那么结果为 TRUE
NOT 或 ！	对任何布尔表达式的值取反
XOR	如果两个布尔表达式不同，那么结果为 TRUE

例如，NOT TRUE 为假；TRUE AND FALSE 为假；TRUE OR FALSE 为真；TRUE XOR FALSE 为真。

逻辑运算符通常和比较运算符一起构成更复杂的表达式。与比较运算符不同的是，逻辑运算符的操作数只能是布尔型数据。

（5）运算符的优先级别。不同运算符具有不同的运算优先级，在一个表达式中，运算符的优先级决定了运算的顺序。运算符的优先级见表 4.6。

表 4.6　运算符的优先级

优先级顺序	运算符
1	（ ）（不是运算符）
2	~（按位取反）
3	^（按位异或）
4	*，/，DIV，%，MOD
5	+，-
6	&（按位与）
7	|（按位或）
8	比较运算符
9	NOT
10	&&，AND
11	XOR
12	||，OR
13	=（赋值运算）

排在前面的运算符的优先级高于其后的运算符。在一个表达式中，先计算优先级高的运算，再计算优先级低的运算，相同优先级的运算按自左向右的顺序进行。

4.1.3　语句块和注释

在程序设计中，往往需要根据实际情况将需要执行的操作设计为一个逻辑单元，用一组 MySQL 语句实现，这就需要使用 BEGIN...END 语句将各语句组合起来。此外，对于程序中的源代码，为了方便阅读或调试，可加入注释。

1. BEGIN...END 语句

BEGIN...END 用来设定一个语句块，将 BEGIN...END 语句中的所有语句视为一个逻辑单元执行。语法格式如下：

```
BEGIN
    { mysql_statement \ mysql_statement_block }
END
```

其中，{ mysql_statement \ statement_block }是任何有效的 MySQL 语句或以语句块定义的语句分组。

说明：可在 BEGIN...END 中嵌套其他 BEGIN...END 来定义另一个语句块；在 MySQL 中，单独使用 BEGIN...END 语句没有任何意义，只有将其封装到存储过程、函数、触发器等程序内部才有意义。

2. 注释

在 MySQL 源代码中加入注释便于用户更好地理解程序，声明注释有两种方法：单行注释和多行注释。

（1）单行注释。在 MySQL 语句中，使用"#"符号作为单行的注释符，其在需要注释的行或语句的后面。注释的部分不会被 MySQL 执行。

【例 4.4】单行注释示例。

```
#求两个变量的的
SET @a=1, @b=2, @sum=0;            #定义三个变量并赋值
SET @sum=@a+@b;
SELECT @sum;
```

（2）多行注释。多行注释可以注释大块跨越多行的代码，它用一对符号"/* */"将多行注释语句括起来。

【例 4.5】多行注释示例。

```
/* 本例题求两个变量的和，首先使用 SET 语句定义了三个变量 a、b、c 并分别赋值为 1、2、0；然后以
分号结束该条语句；接着使用 SET 语句计算变量 a、b 的和并赋值给变量 sum，以分号结束该条语句，最后使
用 SELECT 语句输出变量 sum 的值 */
SET @a=1, @b=2, @sum=0;
SET @sum=@a+@b;
SELECT @sum;
```

3．重置命令结束符

在 MySQL 中，服务器处理 SQL 语句默认以分号作为语句结束标记。但创建函数或存储过程时，在函数或存储过程体内可能包含多条 SQL 语句，每条 SQL 语句都是以分号作为结束符的，而 MySQL 服务器在处理程序时遇到第一条语句结尾处的分号就结束程序的执行。为解决这个问题，需要使用 DELIMITER 语句将 MySQL 语句的结束标记修改为其他字符。DELIMITER 语句的语法格式如下：

```
DELIMITER 符号
```

说明：符号可以是一些特殊符号，如两个"#"、两个"@"、两个"$"、两个"%"等，但是尽量不要用"/"字符，因为它是 MySQL 的转义字符。恢复使用分号作为结束标记，再执行"DELIMITER；"即可。

【例 4.6】重置命令结束标记示例。

```
DELIMITER @@
SET @a=1;
SET @a=@a+1;
SELECT @a;
@@
DELIMITER ;
```

4.1.4　流程控制语句

MySQL 提供了可以用于改变语句执行顺序的命令，称为流程控制语句。流程控制语句允许用户更好地组织存储过程中的语句，方便地实现程序的功能。流程控制语句与常见的程序设计语言类似，主要包含选择控制和循环控制。

1．选择控制

根据条件改变程序流程的控制叫作选择控制。MySQL 中的 IF…ELSE 语句是常用的流程控制语句，CASE 语句可以判断多个条件值。

（1）IF…ELSE 条件执行语句。通常按顺序执行程序中的语句，但在许多情况下，语句执行的顺序和是否执行取决于程序运行的中间结果。在这种情况下，必须根据条件表达式的值

决定执行的语句，利用 IF...ELSE 结构可以实现这种控制。

IF...ELSE 的语法格式如下：

```
IF Boolean_expression THEN
        { sql_statement1 \ statement_block1; }          #条件表达式为真时执行
[ ELSE
        { sql_statement2 \ statement_block2; } ]        #条件表达式为假时执行
END IF;
```

其中，Boolean_expression 是值为 TRUE 或 FALSE 的布尔表达式；{sql_statement \ statement_block}没有 MySQL 语句或语句块。IF 或 ELSE 条件只能影响一个 MySQL 语句。若要执行多个语句，则必须使用 BEGIN 和 END 将其定义成语句块。

IF...ELSE 语句可以嵌套，两个嵌套的 IF...ELSE 语句可以实现三个条件分支，语法格式如下：

```
IF Boolean_expression1 THEN
        { sql_statement1\ statement_block1; }
ELSEIF Boolean_expression2 THEN
        { sql_statement2\ statement_block2; }
…
ELSE
        { sql_statementn \ statement_blockn; }
END IF;
```

【例 4.7】创建函数 max_ab( )，计算变量 a、b 的最大值。

```
DROP FUNCTION IF EXISTS max_ab;
DELIMITER @@
CREATE FUNCTION max_ab(a int, b int)
RETURNS int
DETERMINISTIC
BEGIN
    IF a>b THEN
        RETURN a;
    ELSE
        RETURN b;
    END IF;
END
@@
DELIMITER ;
SELECT CONCAT('最大值:',convert(max_ab(5,6),char(3)));
```

（2）CASE 语句。如果要判断多个条件，可以使用多个嵌套的 IF...ELSE 语句，但会造成程序的可读性差，此时使用 CASE 语句取代多个嵌套的 IF...ELSE 语句。

可以使用 CASE 语句计算多个条件并为每个条件返回单个值。CASE 语句具有以下两种格式。

格式 1：简单 CASE 语句，将某个表达式与一组简单表达式进行比较以确定结果。

```
CASE input_expression
    WHEN when_expression1 THEN result_expression1
    [ ...n ]
    [ELSE else_result_expression ]
END
```

格式 2：CASE 搜索语句，计算一组逻辑表达式以确定结果。

```
CASE
    WHEN boolean_expression1 THEN result_expression1
    [ ... n ]
    [ ELSE else_result_expression]
END
```

CASE 语句的参数说明见表 4.7。

表 4.7　CASE 语句的参数说明

参数	说明
input_expression	使用简单 CASE 格式时所计算的表达式
WHEN when_expression	使用简单 CASE 格式时与 input_expression 比较的简单表达式。input_expression 和每个 when_expression 的数据类型都必须相同或者是隐性转换
n	表明可以使用多个 WHEN 子句
THEN result_expression	当 input_expression=when_expression 或 boolean_expression 取值为 TRUE 时返回的表达式
ELSE else_result_expression	当比较运算取值不为 TRUE 时返回的表达式。如果省略此参数且比较运算取值不为 TRUE，CASE 就返回 NULL 值。else_result_expression 和所有 result_expression 的数据类型都必须相同或者是隐性转换
WHEN boolean_expression	使用 CASE 搜索格式时计算的布尔表达式。boolean_expression 是任意有效的布尔表达式

说明：input_expression、when_expression、result_expression、else_result_expression 是任意有效的 MySQL 表达式。

【例 4.8】应用简单 CASE 语句查询教师的职称。

```
SELECT tname AS 姓名,
    CASE prof
        WHEN '教授' THEN '正高'
        WHEN '副教授' THEN '副高'
        WHEN '高级工程师' THEN '副高'
        WHEN '高级经济师' THEN '副高'
        ELSE '中级'
    END AS 职称,age AS 年龄
FROM teacher
```

【例 4.9】应用搜索 CASE 语句输出成绩表 score 中的成绩等级。

```
SELECT sno AS 学号, cno AS 课程号,
    CASE
        WHEN grade<60 then '不及格'
        WHEN grade <80 then '一般'
        WHEN grade <90 then '良好'
        ELSE '优秀'
    END AS 成绩
FROM score
```

【例 4.10】给教师涨工资。要求：任两门以上课程的涨幅按工资分成三个级别，即 4000 元以上涨 300 元，3000 元以上涨 200 元，3000 元以下涨 100 元；只任一门课程的涨 50 元；其他情况不涨。

教师表 teacher 和授课表 score 的结构如下：

```
教师表 teacher(tno 教师号, tname 教师名, salary 工资)
授课表 score(tno 教师号, cno 课程号)
UPDATE teacher
SET salary=salary+
    CASE
        WHEN tno IN
          (SELECT t.tno FROM teacher t, course c
              WHERE t.tno=c.tno AND salary>=4000
              GROUP BY t.tno
              HAVING COUNT(*)>=2) THEN 300
        WHEN tno IN
          (SELECT t.tno FROM teacher t, course c
          WHERE t.tno=c.tno AND salary>=3000 AND salary<4000
              GROUP BY t.tno
              HAVING COUNT(*)>=2) THEN 200
      WHEN tno IN
          (SELECT t.tno FROM teacher t, course c
              WHERE t.tno=c.tno AND salary<3000
              GROUP BY t.tno
              HAVING COUNT(*)>=2)then 100
        WHEN tno IN
          (SELECT t.tno FROM teacher t, course c
              WHERE t.tno=c.tno
              GROUP BY t.tno
              HAVING COUNT(*)=1)then 50
      ELSE 0
    END
```

2. 循环控制

循环语句与条件语句相同，都可以控制程序的执行流程，是重复执行的一条语句或一组语句。MySQL 中常用的循环语句有 LOOP 语句、REPEAT 语句和 WHILE 语句。

（1）LOOP 语句。LOOP 语句可以使某些特定的语句重复执行，实现简单的循环。LOOP 语句为无条件控制的循环语句，如果没有指定 LEAVE 语句，循环将一直运行，即为死循环。因此，要结合 LEAVE 语句或 ITERATE 语句与条件语句，当条件表达式为真时，结束循环。LOOP 语句的语句格式如下：

```
[begin_label:] LOOP
    statement_block;
    IF <condition_express> THEN
        LEAVE begin_label;
    END IF;
```

```
END LOOP;
[end_label]
```

【例 4.11】应用 LOOP 循环语句输出 10 以内的偶数字符串。

```
DELIMITER @@
CREATE FUNCTION test_mysql_loop()
RETURNS VARCHAR(255)
DETERMINISTIC
  BEGIN
    DECLARE x INT;
    DECLARE str VARCHAR(255);
    SET x = 1;
    SET str = ' ';
  Loop_label: LOOP
    IF x > 10 THEN
      LEAVE loop_label;
    END IF;
    SET x = x + 1;
    IF (x mod 2) THEN
      ITERATE loop_label;
    ELSE
      SET str = CONCAT(str,x,',');
    END IF;
  END LOOP;
  RETURN str;
  END
  @@

DELIMITER ;
SELECT test_mysql_loop();
```

说明：LEAVE 语句用于立即退出循环，无须等待检查条件，其作用类似于 C、Java 等语言中的 break 语句。ITERATE 语句用于跳出本次循环，然后进入下一轮循环，其作用类似于 C、Java 等语言中的 continue 语句。

（2）REPEAT 语句。REPEAT 语句是有条件控制的循环语句。当满足特定条件时，跳出循环语句。使用 REPEAT 循环语句时，首先执行其内部的循环语句块，然后在语句块执行一次结束时判断条件表达式是否为真，如果为真，则结束循环，否则重复执行其内部语句块。REPEAT 语句的语法格式如下：

```
REPEAT
  statement_block;
  UNTIL <condition_express>
END REPEAT;
```

说明：

（1）condition_express：表示条件判断语句。

（2）statement_block：表示执行语句块。

【例 4.12】应用 REPEAT 循环语句计算 5 的阶乘。

```
DELIMITER @@
CREATE FUNCTION test_mysql_repeat(n int)
RETURNS INT
DETERMINISTIC
  BEGIN
    DECLARE s,i INT;
    SET s = 1,i=1;
    REPEAT
    SET s = s*i;
    SET i = i+1;
    UNTIL i>n
    END REPEAT;
    RETURN s;
  END
  @@

DELIMITER ;
SELECT test_mysql_repeat(5);
```

（3）WHILE 语句。WHILE 语句根据条件表达式控制 SQL 语句或语句块重复执行的次数。当条件为真（TRUE）时，WHILE 循环体内的 SQL 语句一直重复执行，直到条件为假（FALSE）。

WHILE 语句的语法格式如下：

```
WHILE < condition_express > DO
    { sql_statement \ statement_block } ;
END WHILE;
```

在 WHILE 循环中，只要 condition_express 的条件为 TRUE，就重复执行循环体内的语句或语句块。

【例 4.13】应用 WHILE 语句计算 5 的阶乘。

```
DELIMITER @@
CREATE FUNCTION test_mysql_while(n int)
RETURNS INT
DETERMINISTIC
  BEGIN
    DECLARE s,i INT;
    SET s = 1,i=1;
    WHILE i<=n DO
    SET s = s*i;
    SET i = i+1;
    END WHILE;
    RETURN s;
  END
  @@

  DELIMITER ;
  SELECT test_mysql_while(5);
```

课堂练习

1．使用循环语句求 1～100 的和。

2．求 1～100 中的所有素数。

3．使用 CASE 语句查询学生表 student，以部门名称输出 depart 属性值。

4．如果选修课程的总人数超过学生总人数的一半，就显示出各门课程的选修人数，否则输出"选修人数低于学生总人数一半"。

4.2　函　数

函数是一组编译好的 SQL 语句，其可以带一个或多个参数，也可以不带参数。它返回一个数值或执行一些操作。函数能够重复执行一些操作，从而避免不断重写代码。

MySQL 提供了丰富的内置函数，方便用户对数据进行相应的处理，同时用户可以自定义函数。

（1）内置函数。内置函数是一组预定义的函数，是 MySQL 的一部分，按 MySQL 中定义的方式运行且不能修改。在 MySQL 中，内置函数主要用来获得系统的有关信息、执行数学计算和统计、实现数据类型的转换等。MySQL 中的常用内置函数包括数学函数、字符串函数、日期和时间函数、系统函数、转换函数、流程控制函数等。

（2）用户定义函数。在 MySQL 中，由用户定义的 MySQL 函数为用户定义函数。它将频繁执行的功能语句块封装入一个命名实体，该实体可以由 MySQL 语句调用。

4.2.1　内置函数

1．数学函数

数学函数主要用来处理数值数据，包括绝对值函数、三角函数（如正弦函数、余弦函数、正切函数、余切函数）、对数函数、随机函数等。产生错误时，数学函数返回 NULL。常用的数学函数见表 4.8。

表 4.8　常用的数学函数

函数	说明
ABS (numeric_expression)	返回给定数字表达式的绝对值
SIN、COS、TAN、COT(float_expression)	返回正弦、余弦、正切、余切
SQRT(expression)	返回参数的二次方根
MOD(expression1, expression2)	返回两个参数的余数
EXP (float_expression)	返回给定 float 表达式的指数值
POWER(numeric_expression, int_expression)	返回 numeric_expression 的 int_expression 次方的结果值
LOG (float_expression)	返回给定 float 表达式的自然对数
SQRT(float_expression)	返回给定 float 表达式的平方根
CEILING(numeric_expression)	返回大于或等于给定数字表达式的最小整数
FLOOR(numeric_expression)	返回小于或等于给定数字表达式的最大整数

续表

函数	说明
ROUND(numeric_expression,length)	将给定的数据四舍五入到给定的长度
PI()	返回常量 3.141593
RAND([seed])	返回 0～1 之间的随机 float 值
SIGN(numeric_expression)	返回参数的符号，当 numeric_expression 的值为负、零或正时，返回结果依次为-1、0 或 1

【例 4.14】返回 CEILING、FLOOR 函数的值。

SELECT CEILING(-3.35), CEILING(3.35), FLOOR(-3.35), FLOOR(3.35)

2. 字符串函数

可以在 SELECT 语句的 SELECT 子句和 WHERE 子句及表达式中使用字符串函数。常用的字符串函数见表 4.9。

表 4.9　常用的字符串函数

函数	说明
CONCAT(char_expr1,char_expr2, char_expr3)	返回 char_expr1、char_expr2、char_expr3 拼接的结果
LENGTH(char_expr)	返回字符串字节长度，1 个汉字是 3 个字节，一个字母是 1 个字节
LTRIM(char_expr)	删字符串前面的空格
RTRIM(char_expr))	删字符串后面的空格
LOWER(char_expr)、　UPPER(char_expr)	大小写转换
LEFT (char_expr,integer_expr)	返回字符串中从左边开始指定个数的字符
RIGHT(char_expr,integer_expr)	返回字符串中从右边开始指定个数的字符
REVERSE(char_expr)	返回反转字符串
CHAR_LENGTH(char_expr)	返回字符串的字符数
INSERT(char_expr1,start,length,char_expr2)	在 char_expr1 中，把从位置 start 开始长度为 length 的字符串用 char_expr2 代替
SUBSTRING(expr,start,length)	返回指定表达式中从 start 位置开始长度为 length 的部分
INSTR (expression1, expression2)	返回 expression2 在 expression1 中第一次出现的索引位置
REPLACE (string_expression, string_pattern, string_replacement)	在 string_expression 字符串表达式中把 string_pattern 替换为 string_replacement

【例 4.15】使用 RTRIM 和 LTRIM 函数分别删除两个字符串的空格，然后将两个字符串连接成新的字符串。

SET @s1='湛江　　';
SET @s2='　岭南师范学院';
SELECT concat(@s1,@s2) as '字符串简单连接', concat(RTRIM(@s1),LTRIM(@s2)) as '去掉空格后的连接';

3. 日期与时间函数

日期与时间函数主要用来处理日期和时间值。一般的日期函数除使用 date 类型的参数外，还使用 datetime 类型的参数，但会忽略这些值的时间部分。同理，以 time 类型值为参数的函数，可以接受 datetime 类型的参数，但会忽略日期部分。常用的日期与时间函数见表 4.10。

表 4.10　常用的日期与时间函数

函数	说明
CURRENT_DATE()	返回系统当前日期
CURDATE()	返回系统当前日期
NOW()和 SYSDATE()	返回系统当前的日期和时间
DAY(date)	返回指定日期的日值
MONTH(date)	返回指定日期的月值
YEAR(date)	返回指定日期的年值
HOUR(datetime)	返回指定时间的小时值
MINUTE(datetime)	返回指定时间的分值
SECOND(datetime)	返回指定时间的秒值
DATE_ADD(date,INTERVALnumber datepart)	以 datepart 指定的方式返回 date 与 number 之和
DATEDIFF(date1,date2)	返回两个指定日期之间的天数
DATE_FORMAT(date,format)	格式化指定的日期，根据参数返回指定格式的值

Datepart 参数缩写见表 4.11。

表 4.11　Datepart 参数缩写

Datepart	缩写	Datepart	缩写
year	yy，yyyy	hour	hh
quarter	qq，q	minute	mi，n
month	mm，m	second	ss，s
day	dd，d	microsecond	mcs
week	wk，ww		

【例 4.16】从当前日期中提取年、月和天数。
```
SELECT YEAR(NOW()) as '年',MONTH(NOW()) as '月',DAY(NOW()) as '日';
```
【例 4.17】DATE_ADD 和 datepart 的用法。
```
SELECT DATE_ADD('1980-3-4',INTERVAL 3 year);
```
【例 4.18】DATE_FORMAT 的用法。
```
SELECT DATE_FORMAT('2023-02-24 01:01:01','%Y-%m-%d') AS date1;
SELECT DATE_FORMAT('2023-02-24 01:01:01','%e/%c/%Y') AS date2;
SELECT DATE_FORMAT('2023-02-24 01:01:01','%c/%e/%Y %H:%i') AS datetime1;
SELECT DATE_FORMAT('2023-02-24 01:01:01','%d/%m/%Y %H:%i') AS datetime2;
SELECT DATE_FORMAT('2023-02-24 01:01:01','%d/%m/%Y %T') AS datetime3;
SELECT DATE_FORMAT('2023-02-24 01:01:01','%W %D %M %Y %T') AS datetime4;
```

4. 系统函数

系统信息包括当前使用的数据库版本、数据库名以及用户名称等。使用 MySQL 中的系统函数可以获取这些信息。系统函数见表 4.12。

表 4.12　系统函数

函数	描述
SYSTEM_USER( )	返回服务器用户的登录名
USER( )	返回数据库的用户名
VERSION( )	返回 MySQL 版本

5. 转换函数

在一般情况下，MySQL 自动完成数据类型的转换，例如当表达式中使用 INTEGER、SMALLINT 或 TINYINT 时，MySQL 可将 INTEGER 数据类型或表达式转换为 SMALLINT 数据类型或表达式，称为隐式转换。如果不能确定 MySQL 能否完成隐式转换或者使用了不能隐式转换的其他数据类型，就需要使用数据类型转换函数进行显式转换。此类转换函数有两个，这两个函数的功能相同，但语法略有不同，具体说明见表 4.13。

表 4.13　转换函数

函数	说明
CAST(expression AS data_type)	可以将某个数据类型强制转换为另一个数据类型
CONVERT(expression,data_type)	可以将某个数据类型强制转换为另一个数据类型

【例 4.19】使用函数 CONVERT( )将系统当前日期转换为字符类型。

```
SELECT NOW() AS UnconvertedDateTime,CONVERT(NOW(), char) AS date1;
```

6. 流程控制函数

MySQL 提供了三个流程控制函数来控制程序的执行流程。流程控制函数见表 4.14。

表 4.14　流程控制函数

函数	描述
IF( )	判断流程控制
IFNULL( )	判断是否为空
CASE( )	搜索函数

（1）IF( )函数。语法格式如下：

```
IF(condition_expression,value1,value2);
```

如果 condition_expression 为真，则函数返回 value1 的值，否则返回 value2 的值。

【例 4.20】查询学生表 student，显示 sno 和 sex 的值，当 sex 值为 1 时显示"男"，否则显示"女"。

```
SELECT sno, IF(sex = 1, '男', '女') AS 性别 FROM student;
```

（2）IFNULL( )函数。语法格式如下：

```
IFNULL(expression,value);
```

如果 expression 为 NULL，则函数返回 value 的值，否则返回 expression 的值。

【例 4.21】IFNULL( )函数使用示例。

```
SELECT IFNULL(NULL, 'Hello!');
SELECT IFNULL('welcome', 'Hello!');
```

（3）CASE( )函数。语法格式如下：

```
CASE expression
    WHEN ex1 THEN v1
    WHEN ex2 THEN v2
    …
    [ELSE vn]
END
```

如果 expression 的值等于某个 ex 的值，则函数返回对应位置 THEN 后面的值。如果与所有值都不相等，则返回 ELSE 后面的值。

【例 4.22】CASE( )函数使用示例。

```
SELECT CASE WEEKDAY(NOW())
WHEN 0 THEN '星期一'
WHEN 1 THEN '星期二'
WHEN 2 THEN '星期三'
WHEN 3 THEN '星期四'
WHEN 4 THEN '星期五'
WHEN 5 THEN '星期六'
ELSE '星期日'
    END AS '星期几',NOW(),DAYNAME(NOW());
```

4.2.2　用户定义函数

除使用 MySQL 提供的内置函数外，用户还可以根据需要自定义函数。与编程语言中的函数类似，MySQL 用户定义函数接受参数、执行操作（如复杂计算）并将操作结果以值的形式返回。用户定义函数不可用于执行一系列改变数据库状态的操作，但可像系统函数一样在查询或存储过程等的程序段中使用。

1. 函数的创建

创建函数需要使用 CREATE FUNCTION 语句，在 RETURNS 子句中定义返回值的数据类型，函数体语句定义在 BEGIN…END 语句内，并且函数体的最后一条语句必须为 RETURN 语句，返回函数值。创建函数的语法格式如下：

```
CREATE FUNCTION function_name
    ([{parameter_name    parameter_date_type [=DEFAULT]}[,…n]])
    RETURNS return_data_type
    BEGIN
        function_body
        RETURN return_value;
    END
```

CREATE FUNCTION 的参数说明见表 4.15。

表 4.15 CREATE FUNCTION 的参数说明

参数	说明
function_name	用户定义函数名，函数名必须符合标识符规范，对其所有者来说，该用户名在数据库中必须是唯一的
parameter_name	用户定义函数的形参名，CREATE FUNCTION 语句中可以声明一个或多个参数，每个函数的参数都局部作用于该函数
parameter_data_type	参数的数据类型，可以是系统支持的基本类型
DEFAULT	指定默认值
return_data_type	用户定义函数的返回类型，可以是 MySQL Server 支持的基本类型
BEGIN 和 END	定义了函数体，该函数体中必须包括一条 RETURN 语句，用于返回一个值

【例 4.23】给定学生的学号，返回学生姓名。

```
DROP FUNCTION IF EXISTS getSname;
DELIMITER @@
CREATE FUNCTION getSname(sn CHAR(12))
RETURNS varchar(20)
DETERMINISTIC
BEGIN
DECLARE xm varchar(20);
   select sname into xm from student where sno=sn ;
   RETURN xm;
END
@@
```

2. 函数的调用

自定义函数可以在 MySQL 语句中允许使用表达式的任何位置调用返回值（与标量表达式的数据类型相同）的任何函数。调用函数的语法格式如下：

```
SELECT function_name([parameter_value[,…n]]);
```

【例 4.24】调用 getSname()函数，查找学号为"202001018601"的学生的姓名。

```
DELIMITER ;
SELECT getSname ('202001018601') AS student_name;
```

【例 4.25】定义 getpjf ()函数，计算某学生所选课程的平均分。

```
DROP FUNCTION IF EXISTS getpjf;
DELIMITER @@
CREATE FUNCTION getpjf(sn CHAR(12))
RETURNS decimal(5,2)
DETERMINISTIC
BEGIN
   DECLARE pjf decimal(5,2);
   SELECT AVG(score.grade) into pjf
   FROM score
   WHERE sno=sn;
   RETURN pjf;
END
@@
```

```
DELIMITER ;
SELECT getpjf ('202001018601') AS 平均分;
```

3. 函数的删除

可以删除不需要的函数。删除函数的语法格式如下：

```
DROP FUNCTION function_name;
```

说明：删除函数时函数名后面不加括号。

【**例 4.26**】删除 getSname()函数。

```
DROP FUNCTION getSname;
```

4. 查看函数的状态

使用 show status 命令查看函数的相关信息。

```
show function status;
```

5. 查看函数的定义

使用 show create 命令查看函数的定义内容。

```
show create function functionName;
```

课堂练习

1. 创建一个函数（f_Factorial），用来计算任意数的阶乘。

2. 创建一个函数（f_AvgGrade），用来计算一门课程的平均分，参数为课程名称。

3. 创建一个函数（f_GradePoint），计算某学生选修某课程的绩点。参数为学生姓名、课程名称。假定绩点的计算方法如下：60 分以下绩点为 0，60～100 分的绩点为 1.0～5.0。

4.3　存　储　过　程

存储过程

存储过程（Stored Procedure）是一条或多条为了完成特定功能的 SQL 语句集，经编译后存储在数据库中，经过第一次编译后再次调用时，不需要再次编译。用户通过指定存储过程的名称并给出参数（如果该存储过程带有参数）来调用执行它。存储过程是数据库中的一个重要对象。

4.3.1　存储过程的特点和类型

1. 存储过程的特点

（1）减小了服务器/客户端网络流量。针对同一个数据库对象的操作（如查询、修改），如果其涉及的 MySQL 语句被组织为存储过程，那么当在客户计算机上调用该存储过程时，网络中传送的只是该调用语句，从而增大了网络流量并降低了网络负载。

（2）可作为一种安全机制。系统管理员通过执行某存储过程的权限进行限制，能够实现对相应的数据的访问权限的限制，避免了非授权用户对数据的访问，保证了数据的安全性。

（3）代码的重复使用。任何重复的数据库操作的代码都非常适合在存储过程中封装，消除了不必要的重复编写相同的代码、降低了代码的不一致性，并且允许拥有所需权限的任意用户或应用程序访问和执行代码。

（4）增强了 SQL 语言的功能和灵活性。可以用流控制语句编写存储过程，具有很强的灵活性，可以完成复杂的判断和较复杂的运算。

（5）实现较快的执行速度。在默认情况下，首次执行过程时将编译过程，并且创建一个执行计划供以后的执行重复使用。因为查询处理器不必创建新计划，所以它通常用更少的时间处理存储过程。

2. 存储过程与函数的区别

（1）存储函数有且只有一个返回值；而存储过程可以有多个返回值，也可以没有返回值。

（2）存储函数只能有输入参数，而且不能带 IN；而存储过程可以有多个 IN、OUT、INOUT 参数。

（3）存储过程中的语句功能更强大，存储过程可以实现很复杂的业务逻辑；而函数有很多限制，如不能在函数中使用 INSERT、UPDATE、DELETE、CREATE 等语句。

（4）存储函数只完成查询工作，可接收输入参数并返回一个结果，也就是函数实现的功能针对性比较强。

（5）存储过程可以调用存储函数，但函数不能调用存储过程。

（6）存储过程一般作为一个独立的部分执行（CALL 命令调用）；而函数可以作为查询语句的一个部分调用。

4.3.2 存储过程的创建和执行

1. 存储过程的创建

通过 MySQL 的 CREATE PROCEDURE 语句创建存储过程，语法格式如下：

```
CREATE PROCEDURE procedure_name ([[ IN | OUT |INOUT ] {parameter_name} { parameter_type}
[,…]] )
    BEGIN
        sql_statement [;] [ ...n ];
    END
```

CREATE PROCEDURE 的参数说明见表 4.16。

表 4.16　CREATE PROCEDURE 的参数说明

参数	说明
procedure_name	存储过程的名称。过程名称必须遵循有关标识符的规则，默认在当前数据库中创建。若需要在特定的数据库中创建存储过程，则要在名称前面加上数据库的名称，即数据库名称.存储过程名称。存储过程名称应尽量避免与 MySQL 的系统函数重名，否则会出错
parameter_name	参数名称。存储过程可以没有参数，也可有一个或多个参数，当有多个参数时，各参数之间用逗号隔开
parameter _type	参数的数据类型，可以是任何有效的 MySQL 数据类型
IN	OUT |INOUT	MySQL 存储过程支持三种参数，即输入参数、输出参数和输入/输出参数，分别用 IN、OUT 和 INOUT 三个关键字标识。其中输入参数传递给存储过程，输出参数用于存储过程需要返回操作结果的情形，而输入/输出参数既可以充当输入参数又可以充当输出参数。参数的取名尽量避免与数据表的列名重名，否则会出错
BEGIN ... END	存储过程的主体部分。表示在调用存储过程时执行的语句，若存储过程体中只有一条 SQL 语句，则可以省略 BEGIN ... END 标志

说明：

（1）如果 MySQL 存储过程参数不显式指定 IN、OUT、INOUT，则默认为 IN。习惯上，对于是 IN 的参数，不会显式指定。

（2）MySQL 存储过程名字后面的"( )"是必需的，即使没有一个参数，也需要"( )"。

（3）MySQL 存储过程参数，不能在参数名称前加"@"，如"@a int"。这个创建存储过程语法在 MySQL 中是错误的（在 SQL Server 中是正确的）。MySQL 存储过程中的变量不需要在变量名字前加"@"，虽然 MySQL 客户端用户变量要加"@"。

（4）MySQL 存储过程的参数不能指定默认值。

（5）MySQL 存储过程不需要在 procedure body 前面加 as 关键字。而 SQL Server 存储过程必须加 as 关键字。

（6）如果 MySQL 存储过程中包含多条 MySQL 语句，则需要 BEGIN…END 关键字。

（7）MySQL 存储过程中的每条语句的末尾都要加上分号";"。

（8）不能在 MySQL 存储过程中使用"return"关键字；

（9）调用 MySQL 存储过程时，需要在过程名字后面加"( )"，即使没有一个参数，也需要"( )"。

（10）因为 MySQL 存储过程参数没有默认值，所以调用 MySQL 存储过程时不能省略参数，可以用 NULL 替代。

【例 4.27】创建一个不带参数的存储过程 P0，从学生表、选课表中返回每名学生选修课程的平均分。

使用 CREATE PROCEDURE 语句的语法格式如下：

```
DROP PROCEDURE IF EXISTS P0;
DELIMITER @@
CREATE PROCEDURE P0( )
BEGIN
SELECT sno, AVG(score.grade) AS AvgGrade
FROM score
GROUP BY sno;
END
@@
```

2. 存储过程的执行

创建存储过程后，可以使用 CALL 命令直接调用存储过程名称执行；同时，执行存储过程必须具有执行该过程的权限许可。执行存储过程的语法格式如下：

```
CALL procedure_name ([parameter_value|@variable ][,...n])
```

【例 4.28】执行前面创建的存储过程 P0。

```
DELIMITER ;
CALL P0( );
```

4.3.3 存储过程的参数

存储过程的优势不仅在于存储在服务器端、运行快，而且可以实现存储过程与调用者之间的数据传递。本节将学习在存储过程中使用参数的方法，包括输入参数、输出参数和输入/输出参数，存储过程可以接收和返回零到多个参数。

1. 存储过程的参数

MySQL 存储过程的参数类型有输入参数、输出参数和输入/输出参数。

（1）输入参数允许用户将数据值传递到存储过程。

（2）输出参数允许存储过程将数据值或游标变量传递给用户。

（3）输入/输出参数同时具有输入参数和输出参数的特性，在存储过程中可以读取和写入该类型参数。

创建存储过程的参数时，应在 CREATE PROCEDURE 存储过程名后面的括号中指定，每个参数都要指定参数名和数据类型，参数名前面指定参数类型。如果是输入参数，则应用年 IN 关键字描述；如果是输出参数，则应用 OUT 关键字描述，也可以应用 INOUT 关键字。各个参数定义之间用逗号隔开。

2. 输入参数

输入参数指在存储过程中有一个条件，即执行存储过程时为这个条件指定值，通过存储过程返回相应的信息。使用输入参数可以向同一存储过程多次查找数据库。

【例 4.29】创建带有两个输入参数的存储过程 P1，输入班级名称和课程名称，检索该班级没有参加该课程考试的学生。

```
DROP PROCEDURE IF EXISTS P1;
DELIMITER @@
CREATE PROCEDURE P1(IN bjmc VARCHAR(20), IN kcmc VARCHAR(20))
BEGIN
SELECT * FROM student WHERE class_no=
(SELECT class_no FROM class WHERE class_name=bjmc)
     AND
sno NOT IN
    (SELECT sno FROM score WHERE cno IN
              (SELECT cno FROM course WHERE cname=kcmc));
END
@@
```

P1 存储过程以 bjmc 和 kcmc 变量为过程的输入参数，在 SELECT 查询语句中分别对应课程表 course 中的 cname 和班级表 class 中的 class_name，变量的数据类型与表中的字段类型保持一致。

执行带输入参数的存储过程时，MySQL 需要直接给出参数的值。当有多个参数时，给出的参数顺序与创建存储过程的语句中的参数顺序一致，即参数传递的顺序就是参数定义的顺序（除非在定义过程时参数指定了默认值）。

例如，查询"2020 计科 1 班"没有选修"数据库原理及应用"课程的学生：

```
DELIMITER ;
CALL P1('2020 计科 1 班','数据库原理及应用' ) ;
```

3. 输出参数

如果要在存储过程中传回值给调用者，则可在参数名称前面使用 OUT 关键字。OUT 类型的参数适用于存储过程向调用者返回一个或多个数据。

【例 4.30】创建带有一个输入参数和一个输出参数的存储过程 P2，输入学生的学号，返回学生的姓名。

```
DROP PROCEDURE IF EXISTS P2;
```

```
DELIMITER @@
CREATE PROCEDURE P2(IN xh CHAR(12), OUT xm CHAR(20) )
BEGIN
    SELECT sname into xm
    FROM student
    WHERE sno = xh ;
END
@@
```

以上创建的存储过程中，输入参数为 xh 变量，执行时将"学号"值传递给存储过程。输出参数为 xm 变量，是执行存储过程后，将 xh 表示的学生姓名返回给调用者的变量。调用者使用该存储过程前需声明一个变量，用于接收该输出变量返回的值。执行该存储过程的语句如下：

```
DELIMITER ;
SET @xsxm=null ;
CALL P2 ('202001018601', @xsxm);
SELECT @xsxm;
```

在上面的程序代码中，首先声明@xsxm 变量，并将其类型设为与存储过程参数对应的数据类型；然后按参数传递方式执行此存储过程；最后输出由@xsxm 变量从存储过程返到的值。

【例 4.31】创建带有多个输入参数和多个输出参数的存储过程 P3，输入学生的学号和课程编号，返回学生的姓名和成绩。

```
DROP PROCEDURE IF EXISTS P3;
DELIMITER @@
CREATE PROCEDURE P3 (IN xh CHAR (12), IN kch CHAR (10), OUT xm CHAR (20) , OUT cj INT)
BEGIN
    SELECT sname into xm FROM student WHERE sno = xh;
    SELECT grade into cj FROM score WHERE sno=xh AND cno=kch;
END
@@
```

执行该存储过程的语句如下：

```
DELIMITER ;
SET @xm=null,@cj=0;
CALL P3('202001018601', '08102', @xm , @cj);
SELECT @xm, @cj;
```

4. 输入/输出参数

输入参数可以接收一个值，但是不能在存储过程中修改这个值；输出参数在调用存储过程时为空，执行存储过程时为这个参数指定一个值，并在执行结束后返回；输入/输出参数同时具有输入参数和输出参数的特性，在存储过程中可以读取和写入数据。

【例 4.32】创建带有两个输入/输出参数的存储过程 P4，实现两个参数的交换。

```
DROP PROCEDURE IF EXISTS P4;
CREATE PROCEDURE P4 (INOUT num1 int, INOUT num2 int)
BEGIN
    DECLARE var_temp int;
    SET var_temp = num1;
    SET num1 = num2;
```

```
    SET num2 = var_temp;
END
@@
```

执行该存储过程的语句如下：

```
DELIMITER ;
SET @v_num1=5;
SET @v_num2=6;
CALL p4(@v_num1,@v_num2);
SELECT @v_num1,@v_num2;
```

4.3.4　存储过程的管理

1．存储过程的查看

使用 show　status 命令查看数据库中所有存储的存储过程基本信息，包括所属数据库、存储过程名称、创建时间等。

```
show procedure status;
```

可以使用下面的命令查看某个数据库中存储过程的基本信息：

```
show procedure status where db='数据库名';
```

可以使用下面的命令查看某个存储过程的创建信息：

```
show create procedure  存储过程名;
```

2．存储过程的修改

使用 ALTER PROCEDURE 语句可以修改存储过程或函数，但只能修改特性。如果想修改过程体，则只能删除存储过程后重新创建。

修改存储过程的语法格式如下：

```
ALTER PROCEDURE procedure_name [characteristic ...];
characteristic:
{ CONTAINS SQL | NO SQL | READS SQL DATA | MODIFIES SQL DATA }
| SQL SECURITY { DEFINER | INVOKER }
| COMMENT 'string'
```

说明：

（1）procedure_name：表示存储过程的名称。

（2）characteristic：指定存储过程的特性。

（3）CONTAINS SQL：表示子程序包含 SQL 语句，但不包含读或写数据的语句。

（4）NO SQL：表示子程序中不包含 SQL 语句。

（5）READS SQL DATA：表示子程序中包含读数据的语句。

（6）MODIFIES SQL DATA：表示子程序中包含写数据的语句。

（7）SQL SECURITY { DEFINER | INVOKER }：指明谁有权限来执行。

（8）DEFINER：表示只有定义者才能够执行。

（9）INVOKER：表示调用者可以执行。

（10）COMMENT 'string'：注释信息。

3．存储过程的删除

当不再使用一个存储过程时，需从数据库中删除它。使用 DROP PROCEDURE 语句可永久删除存储过程。在此之前，必须确定该存储过程没有任何依赖关系，否则会导致其他与之关联的存储过程无法运行。其语法格式如下：

```
DROP PROCEDURE [IF EXISTS] procedure_name ;
```

说明：procedure_name 表示要删除的存储过程的名称。

存储过程名称后面没有参数列表，也没有括号。DROP PROCEDURE 语句可以一次从当前数据库中删除一个或多个存储过程。

【例 4.33】删除存储过程 P1 和 P2。

```
DROP PROCEDURE P1;
DROP PROCEDURE P2;
```

课堂练习

1．创建存储过程（P_EX_1），删除退学学生的所有信息。

2．创建存储过程（P_EX_2），将某课程分数清零。

3．创建存储过程（P_EX_3），给定教师姓名，删除关于该教师的选课记录。存储过程的参数为教师姓名，返回删除记录数。

4．创建存储过程（P_EX_4），给定教师姓名，把成绩表 score 中该老师授课成绩低于60 分的成绩改为 0 分，返回修改记录数。

5．创建存储过程（P_EX_5），给定学号、课程编号和成绩，如果在成绩表 score 中有该选课记录，则更新该选课的成绩；如果没有，则在成绩表 score 中插入一条新记录。

4.4　触　发　器

触发器

4.4.1　触发器简介

触发器（Trigger）是数据库中一种特殊的存储过程。创建触发器后，将被保存在数据库服务器中，它的执行不是由程序调用，也不是手动开启，而是通过事件触发而自动执行，其中包括 INSERT、UPDATE 和 DELETE 等操作。当对某个表进行操作时，自动激活触发器并执行触发器。可以通过创建触发器来强制实现不同表中的逻辑相关数据的引用完整性或者一致性。用户可以用它来强制实施复杂的业务规则，以此确保数据的完整性。

触发器具有如下特点：

（1）自动执行。触发器在操作表数据时立即被激活。

（2）级联更新。触发器可以通过数据库中的相关表进行层叠更改。

（3）强化约束。触发器可以引用其他表中的列，能够实现比 CHECK 约束复杂的约束。

（4）跟踪变化。触发器可以阻止数据库中未经许可的指定更新和变化。

（5）强制业务逻辑。触发器可用于执行管理任务，并强制影响数据库的复杂业务规则。

4.4.2　触发器分类

触发器按被激活的时间可以分为以下两种类型：

（1）AFTER 触发器。AFTER 触发器又称后触发器，它是在触发事件操作（如 INSERT、

UPDATE 和 DELETE）后触发，在引起触发器执行的操作语句成功完成后执行的。如果触发的操作语句因错误（如违反约束或语法错误）而失败，则此触发器将不会执行。

（2）BEFORE 触发器。BEFORE 触发器又称前触发器，它在触发它的事件操作（如 INSERT、UPDATE 和 DELETE）之前触发，再执行触发操作。触发器先于触发的操作执行，用于对触发的操作数据进行前期判断，按情况修改数据。

只有创建表的用户才可以在表上创建触发器，并且一个表上只能创建一定数量的触发器。触发器的具体数量由具体的数据库管理系统在设计时确定。触发器只能定义在表上，不能创建在视图上。当基本表的数据发生变化时，激活定义在该表上相应触发事件的触发器。此外，由于不能同时在一个表上建立两个不同触发事件类型的触发器，因此，按照触发事件，在一个表上最多可以建立六种触发器，即 BEFORE INSERT、BEFORE UPDATE、BEFORE DELETE、AFTER INSERT、AFTER UPDATE 和 AFTER DELETE。

MySQL 除定义了对 INSERT、UPDATE、DELETE 的基本操作外，还定义了 LOAD DATA 和 REPLACE 语句，这两种语句也能引起上述六种触发器的触发。LOAD DATA 语句用于将一个文件装入一个数据表，相当于一系列 INSERT 操作。REPLACE 语句与 INSERT 语句类似，只是当在表中有 PRIMARY KEY 或 UNIQUE 索引时，若插入的数据和原来 PRIMARY KEY 或 UNIQUE 索引一致，则先删除原来的数据，再增加一条新数据，可以理解为一条 REPLACE 语句有时候等价于一条 INSERT 语句，有时等价于一条 DELETE 语句加上一条 INSERT 语句。各种触发器的激活和触发时机具体如下：

1）INSERT 型触发器。插入某行时激活触发器，可能通过 INSERT、LOAD DATA 或 REPLACE 语句触发。

2）UPDATE 型触发器。更改某行时激活触发器，可能通过 UPDATE 语句触发。

3）DELETE 型触发器。删除某行时激活触发器，可能通过 DELETE 和 REPLACE 语句触发。

在 MySQL 中使用 NEW 和 OLD 两个关键字表示触发器所在表中触发了触发器的哪行数据。NEW 和 OLD 的具体用法为：在 INSERT 型触发器中，NEW 表示将要（BEFORE）或已经（AFTER）插入的新数据；在 UPDATE 型触发器中，OLD 表示将要或已经被修改的原数据，NEW 表示将要或已经修改的新数据；在 DELETE 型触发器中，OLD 表示将要或已经被删除的原数据。

NEW 关键字的语法格式如下：

```
NEW.columnName
```

其中，columnName 表示相应数据表的某个列名。

OLD 关键字的使用方法类似，但 OLD 是只读的，而 NEW 可以在触发器中使用 SET 赋值，不会再次触发触发器，造成循环调用。

4.4.3　创建触发器

创建触发器需要使用 CREATE TRIGGER 语句，语法格式如下：

```
CREATE TRIGGER [ schema_name. ]trigger_name
    { BEFORE | AFTER }
{ INSERT | UPDATE | DELETE }
```

```
ON { table }
FOR EACH ROW
{ sql_statement [ ; ] [ ,...n ] }
```

CREATE TRIGGER 的参数说明见表 4.17。

表 4.17　CREATE TRIGGER 的参数说明

参数	说明
schema_name	模式名。触发器名可以包含模式名，也可以不包含模式名。在同一模式下，触发器名必须是唯一的，并且触发器名和表名必须在同一模式下
trigger_name	触发器的名称
BEFORE | AFTER	根据触发器触发时机，取 BEFORE 或 AFTER 类型
INSERT | UPDATE | DELETE	触发事件。可以是 INSERT、UPDATE 或 DELETE
table	表名。建立触发器的表名
ROW	触发器按照触发动作的间隔尺寸可以分为行级触发器（FOR EACH ROW）和语句级触发器（FOR EACH STATEMENT），但 MySQL 只支持行级触发器
sql_statement[;] [,...n]	触发器程序体。可以是一条 SQL 语句，也可以是 BEGIN 和 END 包含的多条语 SQL 句

　　触发器是基于行触发的，删除、增加或者修改操作可能都会激活触发器，从而对数据的插入、修改或者删除带来比较严重的影响，同时带来可移植性差的后果。因此，设计触发器时，尽量不要编写过于复杂的触发器，也不要增加过多的触发器。触发器比数据库本身标准的功能有更精细、更复杂的数据控制能力。触发器主要有如下六个作用：

　　（1）安全性。可以基于数据库使用用户具有操作数据库的某种权利，或可以基于时间限制用户的操作，例如不允许下班后和节假日修改数据库数据；还可以基于数据库中的数据限制用户的操作，例如不允许某个用户做修改操作。

　　（2）审计。可以跟踪用户对数据库的操作、审计用户操作数据库的语句、把用户对数据库的更新写入审计表。

　　（3）实现复杂的数据完整性规则，实现非标准的数据完整性检查和约束。触发器可产生比规则复杂的限制。与规则不同，触发器可以引用列或数据库对象，还可以提供可变的默认值。

　　（4）实现复杂的非标准的数据库相关完整性规则。触发器可以连环更新数据库中的相关表。

　　（5）同步复制表中的数据。

　　（6）自动计算数据值，如果数据的值达到一定的要求，则进行特定的处理。

　　【例 4.34】创建两张数据表（test1 和 test2），创建触发器 t_afterinsert_ontest1 用于向表 test1 添加记录后自动将记录备份到表 test2。

```
CREATE TABLE test1(
    id int,
    name varchar(20)
);
CREATE TABLE test2(
```

```
    id int,
    name varchar(20)
);

DELIMITER @@
CREATE TRIGGER t_afterinsert_ontest1
AFTER INSERT
ON test1
FOR EACH ROW
BEGIN
   INSERT INTO test2(id,name) values(NEW.id,NEW.name);
END
@@
```

接下来测试触发器的使用，首先向表 test1 中插入一条数据。

```
DELIMITER;
    INSERT INTO test1(id,name) values(1,'zhangsan');
```

以上执行结果证明数据插入完成。使用 SELECT 语句查看表 test1 中的数据。

```
select * from test1;
```

以上执行结果可以看出数据插入完成。然后查看 test2 表中的数据。

```
select * from test2;
```

从以上执行结果可以看出，表 test2 自动备份了向表 test1 插入的数据。这是因为进行 INSERT 操作时激活了触发器 t_after_ontest1，触发器自动向表 test2 插入相同数据。

【例 4.35】创建触发器 t_afterdelete_ontest1，用于删除表 test1 记录后自动将表 test2 中的对应记录删除。

```
DELIMITER @@
CREATE TRIGGER t_afterdelete_ontest1
AFTER DELETE
ON test1
FOR EACH ROW
BEGIN
   DELETE FROM test2 WHERE id=OLD.id;
END
@@
```

创建触发器后，测试触发器的使用。首先删除测试表 test1 中 id 为 1 的数据。

```
DELIMITER ;
DELETE FROM test1 WHERE id=1;
```

查看表 test1 中的数据。

```
select * from test1;
```

从以上执行结果可以看出数据删除完成。然后查看表 test2 中的数据。

```
select * from test2;
```

从以上执行结果可以看出，表 test2 中的记录同样被删除。这是因为进行 DELETE 操作时激活了 t_afterdelete_ontest1 触发器，触发器自动删除了表 test2 中对应的记录。

这里是否创建一个 BEFORE 类型的触发器，用于删除表 test1 记录后自动删除表 test2 中的对应记录？动手试一试。

【例 4.36】在学生表 student 上建立一个名为 tr_InsertCourse 的触发器，当在学生表 student 中插入一条学生信息时，假定该学生选修所有课程，同时在成绩表 score 中插入该学生的选修信息。

```
DROP TRIGGER IF EXISTS tr_InsertCourse;
DELIMITER @@
CREATE TRIGGER tr_InsertCourse
AFTER INSERT
ON student
FOR EACH ROW
BEGIN
    INSERT INTO score(sno,cno) SELECT NEW.sno,cno FROM course;
END
@@
DELIMITER ;
insert into student(sno,sname) values('202301010122','aa');
```

【例 4.37】在学生表 student 上创建一个触发器，向学生表 student 中插入或删除数据时，输出插入或删除行的学生学号（sno）和姓名（sname）。

```
DROP TRIGGER IF EXISTS tr_student_1 ;
DELIMITER @@
CREATE TRIGGER tr_student_1
AFTER INSERT
ON student
FOR EACH ROW
BEGIN
    SELECT NEW.sno,NEW.sname into @sno,@sname ;
END
@@

DELIMITER ;
INSERT INTO student VALUES('202001010101', 'lisi');
SELECT @sno,@sname;
```

或

```
DROP TRIGGER IF EXISTS tr_student_2 ;
DELIMITER @@
CREATE TRIGGER tr_student_2
AFTER DELETE
ON student
FOR EACH ROW
BEGIN
    SELECT OLD.sno,OLD.sname into @sno,@sname ;
END
@@

DELIMITER ;
```

```
DELETE FROM student WHERE sno='202001010101';
SELECT @sno,@sname;
```

因为 MySQL 触发器不支持多种触发事件的组合，所以要分别定义触发器。

【例 4.38】为成绩表 score 建立一个名为 tr_CheckGrade 的触发器，以便修改课程成绩时，检查输入的成绩是否在有效范围 0～100 内。

```
DROP TRIGGER if EXISTS tr_CheckGrade;
DELIMITER @@
CREATE TRIGGER tr_CheckGrade
AFTER UPDATE
ON score
FOR EACH ROW
BEGIN
   DECLARE cj int;
   SELECT NEW.grade into cj;
     IF (cj<0 OR cj>100)
     THEN
        SIGNAL SQLSTATE 'HYOOO' SET message_text = '成绩应在 0～100 分之间';
     END IF;
END
@@
#调用触发器
DELIMITER ;
UPDATE score
SET grade=120
WHERE sno='202001010101';
```

【例 4.39】为课程表 course 建立一个名为 tr_DelCourse 的触发器，以便删除课程表中的记录时，删除成绩表 score 中与该课程编号相关的记录。

```
DROP TRIGGER if EXISTS tr_DelCourse;
DELIMITER @@
CREATE TRIGGER tr_DelCourse
AFTER DELETE
ON course
FOR EACH ROW
BEGIN
   DELETE FROM score where cno=OLD.cno;
END
@@

DELIMITER ;
DELETE FROM course WHERE cno='08101';
```

若课程表 course 与成绩表 score 有外键联系，则不能正常触发 tr_DelCourse。若把 tr_DelCourse 修改为 BEFORE 触发器，能正常触发吗？

4.4.4　管理触发器

1．删除触发器

当不再使用触发器时，可将其删除，删除触发器不会影响其操作的表，但当某个表被删除时，该表上的触发器同时被删除。可用 DROP TRIGGER 语句删除触发器，其语法格式如下：

```
DROP TRIGGER trigger_name;
```

其中，trigger_name 为要删除的触发器名称。

例如要删除例 4.39 中的触发器 tr_DelCourse，可以使用下面的语句：

```
DROP TRIGGER tr_DelCourse;
```

2．查看触发器

使用 SHOW TRIGGERS 语句可以查看数据库中的触发器，其语法格式如下：

```
SHOW TRIGGERS;
```

可以使用 SHOW CREATE TRIGGER 语句查看触发器的定义语句，其语法格式如下：

```
SHOW CREATE TRIGGER trigger_name;
```

【例 4.40】查看 tr_DelCourse 触发器的定义信息。

```
SHOW CREATE TRIGGER tr_DelCourse;
```

课堂练习

1．在学生表 student 上建立触发器：当删除某学生时，同时删除该学生的选课信息。

2．在教师表 teacher 上建立触发器：当删除某教师时，如果该教师有上课信息，则置为 NULL；如果该教师是某个学院的院长，则置为 NULL。

4.5　游　　标

游标

4.5.1　游标简介

在数据库开发过程中，当检索的数据只是一条记录时，编写的事务语句代码往往使用 SELECT INTO 语句。但是当 SELECT 查询返回的结果是一个由多行记录组成的集合时，要从这个结果集中逐一地读取一条记录，或者像指针一样，向前定位一条记录、向后定位一条记录及随意定位到一条记录，并对记录的数据进行处理，应该如何解决呢？游标（Cursor）提供了一种极为优秀的解决方案。

在数据库中，游标是一个十分重要的概念，它提供了一种对从表中检索出的数据进行操作的灵活手段，能够对结果集中的每条记录进行定位，并对指向的记录中的数据进行操作的数据结构。游标让 SQL 等面向集合的语言具有面向过程开发的能力。

游标实际上是一种能从包括多条数据记录的结果集中每次提取一条记录的机制。游标由结果集（可以是零条、一条或由相关的选择语句检索出的多条记录）和结果集中指向特定记录的游标位置组成。当决定对结果集进行处理时，必须声明一个指向该结果集的游标。

游标是一个存储在 MySQL 服务器上的数据库查询，它不是一条 SELECT 语句，而是被该语句检索出来的结果集。存储游标后，可以像指针一样，应用程序可以根据需要操作游标滚动或浏览其中的数据。MySQL 游标在存储过程和函数中使用。

游标的作用如下：

（1）游标相当于一个指针，指向 SELECT 的第一行数据，可以通过移动指针遍历后面的数据。

（2）游标对查询出来的结果集作为一个单元进行有效处理。

（3）游标可以定位在该单元中的特定行，从结果集的当前行检索一行或多行。

（4）可以修改结果集当前行。

（5）一般不使用游标，但是需要逐条处理数据时，游标显得十分重要。

4.5.2 游标的使用

使用游标的基本步骤是声明游标、打开游标、推进游标、关闭游标。

1. 声明游标

必须在声明处理程序之前声明游标，且在声明游标或处理程序之前声明游标中使用的变量和条件。游标主要包括游标结果集和游标位置两个部分，其中结果集是由定义游标的 SELECT 语句返回的数据行集合，而位置是指向结果集中某行的指针。

在存储程序中，声明游标与声明变量相同，都需要使用 DECLARE 语句。声明游标的语法格式如下：

```
DECLARE cursor_name CURSOR
    FOR select_statement;
```

DECLARE CURSOR 的参数说明见表 4.18。

表 4.18 DECLARE CURSOR 的参数说明

参数	说明
cursor_name	MySQL 游标的名称
select_statement	定义游标结果集的标准 SELECT 语句，返回一行或多行数据。在游标声明的 select_statement 中可以带 WHERE 条件、ORDER BY 子句或 GROUP BY 等子句，但不能使用 INTO 子句

【例 4.41】定义一个游标 cur_RetriveGrade，查询 score 表中不及格学生的姓名、课程名和成绩。

```
DECLARE cur_RetriveGrade CURSOR                          #创建游标
FOR
    SELECT sname,cname,grade FROM student,course,score
    WHERE student.sno=score.sno AND
            course.cno=score.cno AND grade<60;
```

2. 打开游标

定义游标后、使用游标前，必须打开游标。打开游标时，SELECT 语句的查询结果集会被送到游标工作区，为后面游标的逐条读取结果集中的记录做准备。打开游标的语法格式如下：

```
OPEN { cursor_name };
```

【例 4.42】打开 cur_RetriveGrade 游标。

```
OPEN cur_RetriveGrade;
```

3．推进游标

打开游标后，可以使用 FETCH 语句将游标工作区中的数据读取到变量中，FETCH 语句的语法格式如下：

```
FETCH { cursor_name } INTO variable_name [ ,...n ]
```

其中，cursor_name 为游标名，INTO 子句允许将提取操作的列数据放到局部变量中，各个变量从左到右与游标结果集中的相应列关联。各变量的数据类型必须与相应的结果集列的数据类型匹配或是结果集列数据类型支持的隐式转换。INTO 子句中的变量数目必须与声明游标时 SELECT 子句中的列数一致。

FETCH 语句是游标使用的核心，可以取出当前行的结果，将结果放在对应的变量中，并将游标指针指向下一行的数据。一条 FETCH 语句一次可以将一条记录数据放入指定的变量。当调用 FETCH 语句读取当前行数据时，如果当前行无数据，则会引发 MySQL 内部的 NOT FOUND 错误。

【例 4.43】提取 cur_RetriveGrade 游标的数据。

```
FETCH cur_RetriveGrade INTO xm, kcmc, cj;
```

一般情况下，用户希望在数据库中从第一条记录开始提取，一直到结束。所以，一般要将游标提取数据的语句放在一个循环体内，直至提取结果集中的全部数据后，结束循环。

读取游标结果集中全部记录 MySQL 的代码如下：

```
DECLARE flag boolean DEFAULT true;
DECLARE CONTINUE HANDLER FOR NOT FOUND SET flag=0;
FETCH cur_RetriveGrade INTO xm, kcmc, cj;
WHILE flag DO
    SELECT xm,kcmc,cj;
    FETCH cur_RetriveGrade INTO xm, kcmc, cj ;
END WHILE;
```

在代码中定义一个 CONTINUE HANDLER 异常，当 NOT FOUND 条件出现时，为 flag 赋值 0。用这个语句可以实现条件的变更，其实质是利用 MySQL 的异常处理，这也常在游标上使用，来辅助判断游标数据是否遍历完。

4．关闭游标

打开游标后，MySQL 服务器将为游标分配一定的内存空间来存放游标的结果集，如果不及时关闭，游标就会一直保持到存储过程结束，影响系统的运行效率。因此，不使用游标的时候，应该将其关闭，以释放游标占用的资源。关闭游标的语法格式如下：

```
CLOSE { cursor_name }
```

【例 4.44】关闭 cur_RetriveGrade 游标。

```
CLOSE cur_RetriveGrade;
```

【例 4.45】定义一个游标 cur_RetriveGrade，查询成绩表 score 中不及格学生的姓名、课程名和成绩。读取并显示游标中的所有记录。

```
DROP PROCEDURE if EXISTS proc1;
DELIMITER @@
CREATE PROCEDURE proc1()
BEGIN
DECLARE xm,kcmc varchar(20);
```

```
DECLARE cj int;
DECLARE flag boolean DEFAULT true;
DECLARE cur_RetriveGrade CURSOR
FOR
    SELECT sname,cname,grade FROM student,course,score
    WHERE student.sno=score.sno AND
            course.cno=score.cno AND grade<60;
DECLARE CONTINUE HANDLER FOR NOT FOUND SET flag=0;
OPEN cur_RetriveGrade;
FETCH   cur_RetriveGrade INTO xm,kcmc,cj;
WHILE flag DO
  SELECT xm,kcmc,cj;
    FETCH NEXT FROM cur_RetriveGrade INTO xm, kcmc, cj ;
END WHILE;
CLOSE cur_RetriveGrade;
END@@

    DELIMITER ;
    CALL proc1();
```

【例 4.46】创建存储过程 proc2，用游标 stu_cursor 提取学生表 student 中学号为"2020 01010101"的学生的姓名和出生日期。

```
DROP PROCEDURE    if EXISTS proc2;
DELIMITER @@
CREATE PROCEDURE proc2()
BEGIN
DECLARE xm varchar(20);
DECLARE cs date;
DECLARE stu_cursor CURSOR
FOR
    SELECT sname,sbirthday FROM student
    WHERE sno='202001018601';
OPEN stu_cursor;
FETCH   stu_cursor INTO xm,cs;
CLOSE stu_cursor;
SELECT xm,cs;
END@@

DELIMITER ;
CALL proc2();
```

【例 4.47】创建存储过程 proc3，并创建游标 stu_cursor1 查询学生表 student 中的第三条记录。

```
DROP PROCEDURE    if EXISTS proc3;
DELIMITER @@
CREATE PROCEDURE proc3(IN num int,OUT xh1 char(12),OUT xm1 varchar(20))
BEGIN
DECLARE xm varchar(20);
```

```
DECLARE xh char(12);
DECLARE row_num int DEFAULT 0;
DECLARE stu_cursor1 CURSOR
FOR
    SELECT sno,sname FROM student;
OPEN stu_cursor1;
REPEAT
FETCH   stu_cursor1 INTO xh,xm;
SET row_num=row_num+1;
UNTIL row_num=num
END REPEAT;
CLOSE stu_cursor1;
SET xh1=xh,xm1=xm;
END@@

DELIMITER ;
SET @xh2='',@xm2='';
CALL proc3(3,@xh2,@xm2);
SELECT @xh2,@xm2;
```

【例 4.48】创建存储过程 proc4，并创建一个游标 cur_RetriveGrade，查询学生表 score 中不及格学生的姓名、课程名和成绩。

```
DROP PROCEDURE if EXISTS proc4;
DELIMITER @@
CREATE PROCEDURE proc4()
BEGIN
DECLARE xm,kcmc varchar(20);
DECLARE cj int;
DECLARE flag boolean DEFAULT true;
DECLARE cur_RetriveGrade CURSOR
FOR
    SELECT sname,cname,grade FROM student,course,score
    WHERE student.sno=score.sno AND
            course.cno=score.cno AND grade<60;
DECLARE CONTINUE HANDLER FOR NOT FOUND SET flag=0;
CREATE TABLE result1(
sname varchar(20),
cname varchar(20),
grade int);
OPEN cur_RetriveGrade;
FETCH NEXT FROM cur_RetriveGrade INTO xm, kcmc, cj ;
WHILE flag DO
   INSERT INTO result1 VALUES(xm,kcmc,cj);
   FETCH NEXT FROM cur_RetriveGrade INTO xm, kcmc, cj ;
END WHILE;
CLOSE cur_RetriveGrade;
SELECT * FROM result1;
```

```
END@@

DELIMITER ;
CALL proc4();
```

MySQL 支持可修改的游标，可以修改或删除当前游标所在行。

【例 4.49】定义一个游标，把学生所选课程不及格的成绩加 10 分，并保存到学生表 score 中。

```
DROP PROCEDURE if EXISTS proc5;
DELIMITER @@
CREATE PROCEDURE proc5()
BEGIN
DECLARE xh,ch varchar(20);
DECLARE cj int;
DECLARE flag int DEFAULT 1;
DECLARE sc_UpdateGrade CURSOR
FOR
    SELECT sno,cno FROM score
    WHERE grade<60;
DECLARE CONTINUE HANDLER FOR NOT FOUND SET flag=0;
OPEN sc_UpdateGrade;
FETCH sc_UpdateGrade INTO xh,ch;
WHILE flag DO
UPDATE score SET grade=grade+10 WHERE sno=xh and cno=ch;
FETCH sc_UpdateGrade INTO xh,ch;
END WHILE;
CLOSE sc_UpdateGrade;
END @@

DELIMITER ;
CALL proc5();
```

4.5.3 游标操作举例

【例 4.50】定义一个游标，查询并打印学生表 score 中学生的姓名、课程名称、成绩和绩点。绩点的计算调用 4.2 节练习中的函数 f_GradePoint(姓名,课程名称)。

```
DROP PROCEDURE if EXISTS proc6;
DELIMITER @@
CREATE PROCEDURE proc6()
BEGIN
DECLARE xm,kcmc VARCHAR(20);
DECLARE cj INT;
DECLARE jd DECIMAL(5,1);
DECLARE flag boolean DEFAULT true;
#定义游标
DECLARE cur_PrintGrade CURSOR FOR
    SELECT sname, cname, grade FROM student,course,score
WHERE student.sno=score.sno AND course.cno=score.cno
```

```
ORDER BY grade DESC;
 DECLARE CONTINUE HANDLER FOR NOT FOUND SET flag=0;
 create table resulta(
 snamea varchar(20),
 cnamea varchar(20),
 cja int,
 jda decimal(5,1)
 );
#打开游标
 OPEN cur_PrintGrade;
#提取第一行数据
 FETCH cur_PrintGrade INTO xm,kcmc,cj;
 SELECT f_GradePoint(xm,kcmc) into jd;
#提取数据
 while flag DO
     INSERT INTO resulta(snamea,cnamea,cja,jda) values(xm,kcmc,cj,jd);
     FETCH cur_PrintGrade INTO xm,kcmc,cj;
     SELECT   f_GradePoint(xm,kcmc) into jd;
 END WHILE;
#关闭游标
 CLOSE cur_PrintGrade;
 SELECT * FROM resulta;
 END @@

 DELIMITER ;
 CALL proc6();
```

【例 4.51】定义一个游标，把绩点低于 2.0 的课程的成绩加 10 分，并保存到成绩表 score 中。

```
DROP PROCEDURE if EXISTS proc7;
DELIMITER @@
CREATE PROCEDURE proc7()
BEGIN
DECLARE xm,kcmc varchar(20);
DECLARE cj int;
DECLARE jd DECIMAL(5,1) ;
DECLARE flag int DEFAULT 1;
DECLARE cur_UpdateGrade CURSOR FOR
    SELECT sname,cname,grade FROM student,course,score
    WHERE student.sno=score.sno AND course.cno=score.cno;
DECLARE CONTINUE HANDLER FOR NOT FOUND SET flag=0;
OPEN cur_UpdateGrade;
FETCH cur_UpdateGrade INTO xm,kcmc, cj;
SELECT f_GradePoint(xm,kcmc) into jd;
WHILE flag DO
  IF jd < 2.0 THEN
      UPDATE score SET grade=grade+10
```

```
      WHERE sno=(select sno from student where sname=xm) and cno=(select cno from course where
         cname=kcmc);
   END IF;
   FETCH cur_UpdateGrade INTO xm,kcmc, cj;
   SELECT f_GradePoint(xm,kcmc) into jd;
END WHILE;
CLOSE cur_UpdateGrade;
END @@

DELIMITER ;
CALL proc7();
```

【例 4.52】定义游标，删除成绩表 score 中绩点为 0 的数据。

```
DROP PROCEDURE if EXISTS proc8;
DELIMITER @@
CREATE PROCEDURE proc8()
BEGIN
DECLARE xm,kcmc varchar(20);
DECLARE cj int;
DECLARE jd DECIMAL(5,1) ;
DECLARE flag int DEFAULT 1;
DECLARE cur_DeleteGrade CURSOR FOR
      SELECT sname,cname,grade FROM student,course,score
      WHERE student.sno=score.sno AND course.cno=score.cno;
DECLARE CONTINUE HANDLER FOR NOT FOUND SET flag=0;
OPEN cur_DeleteGrade;
FETCH cur_DeleteGrade INTO xm,kcmc, cj;
SELECT f_GradePoint(xm,kcmc) into jd;
WHILE flag DO
  IF jd = 0.0 THEN
DELETE FROM score
WHERE sno = (select sno from student where sname=xm) and cno=(select cno from course where
cname=kcmc);
   END IF;
   FETCH cur_DeleteGrade INTO xm,kcmc, cj;
   SELECT f_GradePoint(xm,kcmc) into jd;
END WHILE;
CLOSE cur_DeleteGrade;
END @@

DELIMITER ;
CALL proc8();
```

课堂练习

1. 声明一个游标，查询并给定学生的选课信息，计算其平均绩点。绩点的计算调用 4.2 节练习中的函数 f_GradePoint (姓名,课程名称)。

2．声明一个游标，将成绩表 score 中高于 75（包含 75）分的成绩全部加 5 分，低于 75 分的成绩全部删除。

4.6　异 常 处 理

在高级编程语言中，为了提高语言的安全性，提供了异常处理机制。MySQL 也提供了一种机制来提高安全性。异常的定义和处理主要用于定义在 MySQL 程序处理过程中遇到问题时，相应的处理机制与步骤。

4.6.1　异常的定义

异常定义使用 DECLARE 语句，其语法格式如下：

```
DECLARE condition_name CONDITION FOR [condition_type];
```

其中，参数 condition_name 表示异常的名称；condition_type 表示条件的类型，condition_type 由 SQLSTATE[VALUE] sqlstate_value|mysql_error_code 组成，sqlstate_value 和 mysql_error_code 都可以表示 MySQL 的错误；sqlstate_value 为长度为 5 的字符串类型的错误代码；mysql_error_code 为数值类型错误代码。

例如：定义"ERROR 1148(42000)"错误，名称为 command_not_allowed，语句如下：

```
DECLARE command_not_allowed CONDITION FOR SQLSTATE '42000'
```

或

```
DECLARE command_not_allowed CONDITION FOR 1148
```

4.6.2　异常处理程序的定义

在 MySQL 中，可以使用 DECLARE 关键字定义处理程序，其语法格式如下：

```
DECLARE handler_type HANDLER FOR condition_value[,...] sp_statement;
```

其中，handler_type 为错误处理类型，取 CONTINUE 或 EXIT，CONTINUE 表示遇到错误后 MySQL 立即执行自定义错误处理程序，然后忽略该错误继续执行其他 MySQL 语句；EXIT 表示遇到错误后 MySQL 立即执行自定义错误处理程序，然后立刻停止执行其他 MySQL 语句。condition_value 表示错误类型，包括 SQLSTATE[VALUE] sqlstate_value|condition_name|和 SQLWARNING|NOT FOUND|SQLEXCEPTION|mysql_error_code。SQLSTATE[VALUE] sqlstate_value 为包含 5 个字符的字符串错误值；condition_name 表示 DECLARE CONDITION 定义的异常名称。SQLWARNING 匹配所有以 01 开头的 SQLSTATE 错误代码；NOT FOUND 匹配所有以 02 开头的 SQLSTATE 错误代码；SQLEXCEPTION 匹配所有没有被 SQLWARNING 或 NOT FOUND 捕获的 SQLSTATE 错误代码；mysql_error_code 匹配数值类型错误代码。sp_statement 表示自定义错误处理程序，错误发生后，MySQL 立即执行自定义错误处理程序中的 MySQL 语句。

例如异常处理定义，语句如下：

```
DECLARE EXIT HANDLER FOR SQLWARNING SET info='ERROR'
```

【例 4.53】创建函数 student_ins_fun( )，向学生表 student 中插入一条记录，sno 和 sname 字段的值分别为'202001010101'和'李丽'，已知学生表 student 中存在学生'202001010101'，违反

主键约束。

```
DELIMITER @@
CREATE FUNCTION student_ins_fun(num    char(12), xm varchar(20))
  RETURNS VARCHAR(20)
  DETERMINISTIC
  BEGIN
      INSERT INTO student(sno,sname) VALUES(num,xm);
RETURN '插入成功';
  END @@

  DELIMITER ;
  SELECT student_ins_fun('202001010101','李丽');
```

执行后的出错信息如下：

下面在创建函数的过程中加入异常处理机制，解决 MySQL 自动终止函数执行的问题。

```
DELIMITER @@
CREATE FUNCTION student_ins_fun(num    char(12), xm varchar(20))
  RETURNS VARCHAR(20)
  DETERMINISTIC
  BEGIN
    DECLARE EXIT HANDLER FOR SQLSTATE '23000'
    RETURN '违反主键约束！';
    INSERT INTO student(sno,sname) VALUES(num,xm);
    RETURN '插入成功';
  END @@

DELIMITER ;
SELECT student_ins_fun('202001010101','李丽');
```

执行结果如下：

```
DELIMITER ;
SELECT student_ins_fun('202001010111','张红');
```

执行结果如下：

在此例中，错误处理语句 DECLARE EXIT HANDLER FOR SQLSTATE '23000'可以替换成 DECLARE EXIT HANDLER FOR 1062，因为 SQLSTATE '23000'错误值对应 MySQL 错误代码 1062。

注意：

（1）一般情况下，只有将异常处理语句置于存储过程或函数中才有意义。

（2）异常处理语句必须放在所有变量及游标定义之后，所有 MySQL 表达式之前。

习　题　4

（1）名词解释：函数、标量函数、内联表值函数、多语句表值函数、存储过程、扩展存储过程、触发器、前触发器、替代触发器、游标、服务器游标、客户端游标、只进游标、键集游标、静态游标、动态游标。

（2）简述存储过程的特点。

（3）简述存储过程的分类。

（4）简述触发器的特点。

（5）简述触发器的分类。

（6）简述存储过程和触发器的区别。

（7）简述游标使用的步骤。

（8）创建一个存储过程，查询某学生的最高分和最低分。

（9）创建一个带默认值的存储过程，查询选修某门课程的学生的学号、姓名和成绩。如果执行时不给出参数，则查询所有选修课程的学生的学号、姓名和成绩。

（10）向课程表 course 中插入一列 status(char(1))且默认值为 0。在成绩表 score 上建立一个 insert 触发器，当向成绩表 score 中插入一行时，检查课程表 course 表中的课程是否正在准备中（查看对应课程表 course 中的状态是否为 1）。如果在准备中，则不能进行选修。

（11）在成绩表 score 中创建一个触发器，当插入多行数据时，将课程号不在课程表 course 中的行删除，仅插入存在的课程的选修记录。

（12）使用游标循环输出学生表中的所有学生记录。

（13）声明一个可更新游标，只更新年龄属性。年龄大于 20 岁的全部改为 20 岁。

第 5 章   关系数据库的规范化理论

- 了解：函数依赖的公理系统、多值依赖、无损分解的概念。
- 理解：函数依赖、关系模式的规范化、关系模式分解的概念。
- 掌握：函数依赖、关系模式的规范化、关系模式分解的基本方法。

5.1   关系模式的设计问题

5.1.1   关系模式可能存在的异常

从前面有关章节可知，关系是一张二维表，它是涉及属性的笛卡儿积的一个子集。从笛卡儿积中选取哪些元组构成该关系，通常是由现实世界赋予该关系的元组语义决定的。元组语义实际上是一个 n 目谓词（n 是属性集中的属性数）。使该 n 目谓词为真的笛卡儿积中的元素（或者说凡符合元组语义的元素）的全体就构成了该关系。

但由上述关系组成的数据库还存在某些问题。为了方便说明，先看一个实例。

【例 5.1】设有一个关于教学管理的关系模式 R(U)，其中 U 是由属性 sno、sname、gender、depart、cname、tname、grade 组成的属性集合（sno 为学生学号，sname 为学生姓名，gender 为学生性别，depart 为学生所在学院，cname 为学生所选的课程名称，tname 为任课教师姓名，grade 为学生选修该门课程的成绩）。若将这些信息设计成一个关系，则关系模式如下：

教学(sno, sname, gender, depart, cname, tname, grade)

选定此关系的主键为(sno, cname)。

由该关系的部分数据（表 5.1）不难看出，该关系存在如下问题。

（1）数据冗余（Data Redundancy）。

1）每个学院名对该学院的学生人数乘以每个学生选修的课程门数重复存储。

2）每个课程名均对选修该门课程的学生重复存储。

3）每个教师都对其所教的学生重复存储。

（2）更新异常（Update Anomalies）。

由于存在数据冗余，因此可能导致数据更新异常，主要表现在以下三个方面：

1）插入异常（Insert Anomalies）：由于主键中元素的属性值不能取空值，因此，如果新分配来一位教师或新成立一个学院，这位教师及新学院名就无法插入；如果一位教师所开的课程无人选修或一门课程列入计划但目前不开课，就无法插入。

2）修改异常（Modification Anomalies）：如果更改一门课程的任课教师，则需要修改多个元组。如果部分修改，部分不修改，就会造成数据不一致。同理，如果一名学生转学院，则对应此学生的所有元组都必须修改，否则也会出现数据不一致现象。

3）删除异常（Deletion Anomalies）：如果某学院的所有学生全部毕业，且没有在读及新生，当从表中删除毕业学生的选课信息时，则连同此学院的信息全部丢失。同理，如果所有学生都退选一门课程，则该课程的相关信息也丢失。

由此可知，尽管上述教学管理关系看起来能满足一定的需求，但存在太多问题，并不是一个合理的关系模式。表 5.1 列出了教学关系部分数据。

表 5.1　教学关系部分数据

sno	sname	gender	depart	cname	tname	grade
2015874144	王日滔	男	计算机学院	数据库原理	卓不凡	83
2015874144	王日滔	男	计算机学院	数据结构	端木元	71
2015874144	王日滔	男	计算机学院	高级语言程序设计	左子穆	92
2015874144	王日滔	男	计算机学院	大型数据库设计	萧远森	86
2015874107	黄嘉欣	女	商学院	算法分析与设计	左子穆	79
2015874107	黄嘉欣	女	商学院	软件测试设计	萧远森	94
2015874107	黄嘉欣	女	商学院	C#程序设计	辛双清	74
2015874107	黄嘉欣	女	商学院	数据库课程设计	司空玄	68
……	……	……	……	……	……	……
2015874109	谭海龙	男	计算机学院	数据结构	辛双清	97
2015874109	谭海龙	男	计算机学院	高级语言程序设计	司空玄	79
2015874109	谭海龙	男	计算机学院	大型数据库设计	龚小茗	93
2015874109	谭海龙	男	计算机学院	算法分析与设计	褚万里	88

5.1.2　关系模式中存在异常的原因

通过上例，可以看到在一个关系模式中对数据进行操作时可能存在的异常问题，那么这些问题是由什么因素导致的呢？

当人们将所有需要的内容都放在一张表里时，称为泛模式，其优点是对数据的各类操作都可以从一张表里查询到，不用进行任何连接，查询速度较快；其缺点是属性间存在各种复杂关系——相互制约、相互依赖，致使各种数据混合在一起。因此，设计关系模式时，必须从语义上厘清所有属性间的关联，将相互依赖的属性构成单独模式，将依赖关系不紧密的属性尽量分开，从而使得每个模式概念单一，有效防止数据混乱。

在例 5.1 中，将教学关系分解为三个关系模式来表达：学生信息（sno、sname、gender、depart）、课程信息（cno、cname、tname）及学生成绩（sno、cno、grade）。分解后的部分数据见表 5.2 至表 5.4。

表 5.2　学生信息

sno	sname	gender	depart
2015874144	王日滔	男	计算机学院
2015874107	黄嘉欣	女	商学院
2015874109	谭海龙	男	计算机学院
……	……	……	……

表 5.3　课程信息

cno	cname	tname
08181192	数据库原理	卓不凡
08181170	数据结构	端木元
08181060	高级语言程序设计	左子穆
……	……	……

表 5.4　学生成绩

sno	cno	grade	sno	cno	grade
2015874144	08181192	83	2015874109	08181170	97
2015874144	08181170	71	2015874109	08181060	79
2015874144	08181060	92	2015874109	08191311	93
2015874144	08191311	86	2015874109	08196281	88
……	……	……	……	……	……

对教学关系进行分解后，再来考察一下：

（1）数据存储量减少。设有 n 名学生，每名学生平均选修 m 门课程，则表 5.1 中的学生信息就有 4nm。经过改进后，学生信息及成绩表中的学生信息仅为 3n+mn。学生信息的存储量减少了 3(m-1)n。由于，学生选课数绝不会是 1，因而分解后的数据减少许多。

（2）更新方便。

1）插入问题部分解决。可方便地在课程信息表中插入一位教师所开的无人选修的课程，但是新分配来的教师、新成立的学院或列入计划且目前不开课的课程还是无法插入。要解决无法插入的问题，还可继续将系名与课程进行分解。

2）修改方便。原关系中对数据修改造成的数据不一致性，在分解后得到了很好的解决，改进后，只需要修改一处。

3）解决部分删除问题。当所有学生都退选一门课程时，删除退选的课程不会丢失该门课程的信息。但学院的信息丢失问题依然存在，还应继续分解。

虽然改进后的模式部分解决了不合理的关系模式所带来的问题，但带来了新的问题，如查询某个系的学生成绩时，需要连接两个关系后再进行查询，增加了查询时关系的连接开销，而关系的连接代价是很大的。

此外，不是任何分解都是有效的。若将表 5.1 分解为（sno、sname、gender、depart）、（sno、cno、cname、tname）及（sname、cno、grade），则不但解决不了实际问题，反而会带来更多的问题。

那么，什么关系模式需要分解？分解关系模式的理论依据是什么？分解后能完全消除上述问题吗？回答这些问题需要理论的指导，下面进行讨论。

5.1.3　关系模式规范化

由上面的讨论可知，在关系数据库的设计中，不是随便一种关系模式设计方案都"合适"

的，更不是任何一种关系模式都可以投入应用的。由于数据库中每个关系模式的属性之间需要满足某种内在的必然联系，因此设计一个好的数据库的根本方法是先分析和掌握属性间的语义关联，再依据这些关联得到相应的设计方案。在理论研究和实际应用中，人们发现，属性间的关联表现为一个属性子集对另一个属性子集的"依赖"关系。按照属性间的对应情况，可以将这种依赖关系分为两类：一类是"多对一"的依赖，另一类是"一对多"的依赖。"多对一"的依赖最常见，研究结果也最齐整，这就是本章着重讨论的"函数依赖"。"一对多"的依赖相当复杂，就目前而言，人们认识到属性之间存在两种有用的"一对多"情形：一种是多值依赖关系，另一种是连接依赖关系。基于对这三种依赖关系在不同层面上的具体要求，人们又将属性之间的这些关联分为若干等级，从而形成了所谓的关系的规范化（Relation Normalization）。由此看来，解决关系数据库冗余问题的基本方案是分析研究属性之间的联系，按照每个关系中属性间满足某种内在语义条件，以及相应运算当中表现出来的某些特定要求，也就是按照属性间联系所处的规范等级来构造关系。由此产生的一整套有关理论称为关系数据库的规范化理论。

5.2 函 数 依 赖

函数依赖是数据依赖的一种，它反映了同一关系中属性间一一对应的约束。函数依赖是关系规范化的理论基础。

5.2.1 关系模式的简化表示

关系模式的完整表示是一个五元组：

R(U,D,Dom,F)

其中，R 为关系名；U 为关系的属性集合；D 为属性集 U 中属性的数据域；Dom 为属性到域的映射；F 为属性集 U 的数据依赖集。

由于 D 和 Dom 对设计关系模式的作用不大，因此讨论关系规范化理论时，可以把它们简化，从而可以用三元组表示关系模式：

R(U,F)

可以看出，数据依赖是关系模式的重要要素，是同一关系中属性间的相互依赖和相互制约。数据依赖包括函数依赖（Functional Dependency，FD）、多值依赖（Multivalued Dependency，MVD）和连接依赖（Join Dependency，JD）。

5.2.2 函数依赖的基本概念

1. 函数依赖

定义 5.1 设 R(U)是一个关系模式，U 是 R 的属性集合，X 和 Y 是 U 的子集。对于 R(U)的任一个可能的关系 r，如果 r 中不存在两个元组，它们在 X 上的属性值相同，而在 Y 上的属性值不同，则称"X 函数确定 Y"或"Y 函数依赖于 X"，记作 X→Y。

函数依赖与其他数据依赖相同，是语义范畴的概念，只能根据数据的语义确定函数依赖。例如，知道了学生的学号，可以唯一查询到其对应的姓名、性别等，因而，可以说"学号函数确定了姓名或性别"，记作"学号→姓名""学号→性别"等。这里的唯一性并非只有一个元组，而是指任何元组只要在 X（学号）上相同，在 Y（姓名或性别）上的值也相同。如果满足不了这个条件，就不能说它们是函数依赖。例如，学生姓名与年龄的关系，只有在没有同名人的情况下，可以说函数依赖"姓名→年龄"成立，如果允许有相同的名字，"年龄"就不再依赖于"姓名"了。

当 X→Y 成立时，称 X 为决定因素（Determinant），Y 为依赖因素（Dependent）。当 Y 不函数依赖于 X 时，记为 X$\nrightarrow$Y。

如果 X→Y 且 Y→X，则记为 X←→Y。

函数依赖不是指关系模式 R 中某个或某些关系满足的约束条件，而是指 R 的一切关系均要满足的约束条件。

函数依赖概念实际是候选键概念的推广，事实上，每个关系模式 R 都存在候选键，每个候选键 K 都是一个属性子集，由候选键定义，对于 R 的任一个属性子集 Y，在 R 上都有函数依赖 K→Y 成立。一般而言，给定 R 的一个属性子集 X，在 R 上另取一个属性子集 Y，X→Y 不一定成立；但是对于 R 中的候选键 K，R 的任一个属性子集都与 K 有函数依赖关系，K 是 R 中任一属性子集的决定因素。

2. 函数依赖的三种基本情形

函数依赖可以分为以下三种基本情形：

（1）平凡函数依赖与非平凡函数依赖。

定义 5.2　在关系模式 R(U)中，对于 U 的子集 X 和 Y，如果 X→Y，且 Y 不是 X 的子集，则称 X→Y 是非平凡函数依赖（Nontrivial Function Dependency）；若 Y 是 X 的子集，则称 X→Y 是平凡函数依赖（Trivial Function Dependency）。

由于对于任一关系模式，平凡函数依赖都是必然成立的，它不反映新的语义。因此，若不特别声明，本书总是讨论非平凡函数依赖。

（2）完全函数依赖与部分函数依赖。

定义 5.3　在关系模式 R(U)中，如果 X→Y，且对于 X 的任一个真子集 X′都有 X′$\nrightarrow$Y，则称 Y 完全函数依赖（Full Functional Dependency）于 X，记作 X$\xrightarrow{F}$Y；若 X→Y，且 Y 不完全函数依赖于 X，则称 Y 部分函数依赖（Partial Functional Dependency）于 X，记作 X$\xrightarrow{P}$Y。

如果 Y 对 X 部分函数依赖，X 中的"部分"就可以确定对 Y 的关联，从数据依赖的观点来看，X 中存在"冗余"属性。

（3）传递函数依赖。

定义 5.4　在关系模式 R(U)中，如果 X→Y，Y→Z，且 Y$\nrightarrow$X，则称 Z 传递函数依赖（Transitive Functional Dependency）于 X，记作 X$\xrightarrow{T}$Z。

之所以在传递函数依赖定义中加上条件 Y$\nrightarrow$X，是因为如果 Y→X，则 X←→Y，这实际上是 Z 直接依赖于 X，而不是传递函数依赖。

按照函数依赖的定义可以知道，如果 Z 传递依赖于 X，则 Z 必然函数依赖于 X，如果 Z 传递依赖于 X，则说明 Z"间接"依赖于 X，从而表明 X 与 Z 之间的关联较弱，表现出间接的弱数据依赖，因而是产生数据冗余的原因之一。

5.2.3 码的函数依赖表示

前面章节给出了关系模式的码的非形式化定义，下面使用函数依赖的概念来严格定义关系模式的码。

定义 5.5 设 K 为关系模式 R(U,F)中的属性或属性集合。若 K→U，则 K 称为 R 的一个超码（Super Key）。

定义 5.6 设 K 为关系模式 R(U,F)中的属性或属性集合。若 $K \xrightarrow{F} U$，则 K 称为 R 的一个候选码（Candidate Key）。候选码一定是超码，而且是"最小"的超码，即 K 的任一个真子集都不再是 R 的超码。有时候选码也称"候选键"或"码"。

若关系模式 R 有多个候选码，则选定其中一个作为主码（Primary Key）。

组成候选码的属性称为主属性（Prime Attribute），不参加任何候选码的属性称为非主属性（Non-key Attribute）。

在关系模式中，最简单的情况是单个属性是码，称为单码（Single Key）；最极端的情况是整个属性组都是码，称为全码（All Key）。

定义 5.7 关系模式 R 中的属性或属性组 X 并非 R 的码，且 X 是另一个关系模式的码，则称 X 是 R 的外部码（Foreign Key），也称外码。

码是关系模式中的一个重要概念。一方面，候选码能够唯一地标识关系的元组，是关系模式中一组最重要的属性；另一方面，主码与外部码共同提供了一个表示关系间联系的方法。

5.2.4 函数依赖和码的唯一性

码是由一个或多个属性组成的可唯一标识元组的最小属性组。码在关系中总是唯一的，即码函数决定关系中的其他属性。因此，一个关系的码值总是唯一的（如果码的值重复，则整个元组都会重复）；否则违反实体完整性规则。

与码的唯一性不同，在关系中，一个函数依赖的决定因素可能是唯一的，也可能不是唯一的。如果知道 A 决定 B，且 A 和 B 在同一关系中，则因为仍无法知道 A 是否能决定除 B 以外的其他所有属性，所以无法知道 A 在关系中是否是唯一的。

【例 5.2】有学生成绩（学生号，课程号，成绩，教师，教师办公室）关系模式。此关系中包含的四种函数依赖如下：

（学生号，课程号）→成绩

课程号→教师

课程号→教师办公室

教师→教师办公室

其中，课程号是决定因素，但不是唯一的，因为它能决定教师和教师办公室，但不能决定属性成绩。决定因素（学生号，课程号）除决定成绩外，还决定教师和教师办公室，所以它是唯一的，因此关系的码应取（学生号，课程号）。

函数依赖性是一个与数据有关的事务规则的概念。如果属性 B 函数依赖于属性 A，那么，若知道 A 的值，则完全可以找到 B 的值。这并不是说可以导算出 B 的值，而是逻辑上只能存在一个 B 的值。

例如，在"人"实体中，如果知道某人的唯一标识符，则可以得到此人的性别、身高、职业等信息，这些信息都依赖于确认此人的唯一标识符。通过非主属性（如年龄）无法确定此人的身高，从关系数据库的角度来看，身高不依赖于年龄。事实上，这也就意味着码是实体实例的唯一标识符。因此，在以人为实体来讨论依赖性时，如果已经知道是哪个人，就都知道了身高、体重等。码指示了实体中的某个具体实例。

5.3 函数依赖的公理系统

可以从一些已知的函数依赖推导出另外一些函数依赖，这就需要一系列推理规则。函数依赖的推理规则最早出现在 1974 年 W.W.Armstrong 的论文里，这些规则常称为 Armstrong 公理。

设 U 是关系模式 R 的属性集，F 是 R 上成立的只涉及 U 中属性的函数依赖集。函数依赖的推理规则有以下三条。

（1）自反律：若属性集 Y 包含于属性集 X，属性集 X 包含于 U，则 X→Y 在 R 上成立。

（2）增广律：若 X→Y 在 R 上成立，且属性集 Z 包含于属性集 U，则 XZ→YZ 在 R 上成立。

（3）传递律：若 X→Y 和 Y→Z 在 R 上成立，则 X→Z 在 R 上成立。

其他函数依赖的推理规则可以使用这三条规则推导。

F 的闭包 F^+ 见表 5.5。

表 5.5 F 的闭包 F^+

A→ϕ	AB→ϕ	AC→ϕ	ABC→ϕ	B→ϕ	C→ϕ
A→A	AB→A	AC→A	ABC→A	B→B	C→C
A→B	AB→B	AC→B	ABC→B	B→C	ϕ→ϕ
A→C	AB→C	AC→C	ABC→C	B→BC	
A→AB	AB→AB	AC→AB	ABC→AB	BC→∅	
A→AC	AB→AC	AC→AC	ABC→AC	BC→B	
A→BC	AB→BC	AC→BC	ABC→BC	BC→C	
A→ABC	AB→ABC	AC→ABC	ABC→ABC	BC→BC	

由表 5.5 可知，一个小的具有两个元素函数依赖集 F 常会有一个大的具有 43 个元素的闭包 F^+，当然 F^+ 中会有许多平凡函数依赖，如 A→ϕ、AB→B 等，这些并不都是实际中需要的。

5.3.1 属性的闭包与 F 逻辑蕴含的充要条件

从理论上讲，对于给定的函数依赖集合 F，只要反复使用 Armstrong 公理系统给出的推理规则，直到不能产生新的函数依赖为止，就可以算出 F 的闭包 F^+。但在实际应用中，这种方法不仅效率较低，还会产生大量"无意义"或者意义不大的函数依赖。由于人们感兴趣的可能只是 F^+ 的某个子集，因此在许多实际过程中几乎没有必要计算 F 的闭包 F^+ 自身。为了解决这种问题，引入了"属性集闭包"概念。

1. 属性集闭包

设 F 是属性集合 U 上的一个函数依赖集，$X \subseteq U$，称 $X_F^+ = \{A \mid A \in U，X \rightarrow A$ 能由 F 按照 Armstrong 公理系统导出$\}$为属性集 X 关于 F 的闭包。

如果只涉及一个函数依赖集 F，则无须区分函数依赖集，属性集 X 关于 F 的闭包就可简记为 X^+。当上述定义中的 A 是 U 中的单属性子集时，总有 $X \subseteq X^+ \subseteq U$。

【例 5.3】设有关系模式 R(U,F)，其中 U=ABC，$F = \{A \rightarrow B，B \rightarrow C\}$，按照属性集闭包的概念有 $A^+ = ABC$，$B^+ = BC$，$C^+ = C$。

2. 求属性集闭包算法

设属性集 X 的闭包为 closure，其计算算法如下：

```
closure = x;
    do {if F 中存在函数依赖 UV 满足  U closure
            then closure = closure V;
        } while (closure  有所改变);
```

3. F 逻辑蕴含的充要条件

一般而言，给定一个关系模式 R(U,F)，其中函数依赖集 F 的闭包 F^+ 只是 U 上所有函数依赖集的一个子集，对于 U 上的一个函数依赖 $X \rightarrow Y$，如何判定它是否属于 F^+，即如何判定是否 F 逻辑蕴含 $X \rightarrow Y$ 呢？一个自然的思路就是计算出 F^+，然后看 $X \rightarrow Y$ 是否在集合 F^+ 中。前面已经说过，人们一般不直接计算 F^+。由于计算一个属性集的闭包通常比计算一个函数依赖集的闭包简便，因此有必要讨论能否将"$X \rightarrow Y$ 属于 F^+"的判断问题归结为决定因素 X 的闭包 X^+ 的计算问题。下面的例题对此作出了回答。

设 F 是属性集 U 上的函数依赖集，X 和 Y 是 U 的子集，则 $X \rightarrow Y$ 能由 F 按照 Armstrong 公理推出，即 $X \rightarrow Y \in F^+$ 的充分必要条件是 $Y \subseteq X^+$。

事实上，如果 $Y = A_1,A_2,\ldots,A_n$ 且 $Y \subseteq X^+$，则由 X 关于 F 闭包 F^+ 的定义，对于每个 $A_i \in Y$（$i=1,2,\ldots,n$）能够关于 F 按照 Armstrong 公理推出，再由全并规则 A4 知道 $X \rightarrow Y$ 能由 F 按照 Armstrong 公理得到，充分性得证。

如果 $X \rightarrow Y$ 能由 F 按照 Armstrong 公理导出，且 $Y = A_1,A_2,\ldots,A_n$，按照分解规则 A5 得知 $X \rightarrow A_i$（$i=1,2,\ldots,n$），这样由 X+的定义就得到 $A_i \in X^+$（$i=1,2,\ldots,n$），所以 $Y \subseteq X^+$，必要性得证。

5.3.2　最小函数依赖集 F_{min}

设有函数依赖集 F，F 中可能有些函数依赖是平凡的，有些是"多余的"。如果有两个函数依赖集，它们在某种意义上"等价"，而其中一个"较大"，另一个"较小"，人们自然会选用"较小"的。这个问题的确切提法是给定一个函数依赖集 F，如何求得一个与 F"等价"的"最小"的函数依赖集 F_{min}。

1. 函数依赖集的覆盖与等价

设 F 和 G 是关系模式 R 上的两个函数依赖集，如果所有为 F 所蕴含的函数依赖都被 G 蕴含，即 F^+ 是 G^+ 的子集 $F^+ \subseteq G^+$，则称 G 是 F 的覆盖。

当 G 是 F 的覆盖时，只要实现了 G 中的函数依赖，就自动实现了 F 中的函数依赖。

如果 G 是 F 的函数覆盖，同时 F 是 G 的函数覆盖，即 $F^+ = G^+$，则称 F 和 G 是等价的函数依赖集。

当 F 和 G 等价时，只要实现了其中的一个函数依赖，就自动实现了另一个函数依赖。

2. 最小函数依赖集

对于一个函数依赖集 F，称函数依赖集 F_{min} 为 F 的最小函数依赖集，是指 F_{min} 满足下述条件：

（1）F_{min} 与 F 等价，$F^+_{min}=F^+$。

（2）F_{min} 中每个函数依赖 X→Y 的依赖因素 Y 为单元素集，即 Y 只含有一个属性。

（3）F_{min} 中每个函数依赖 X→Y 的决定因素 X 没有冗余，即只要删除 X 中的任一个属性，就会改变 F_{min} 的闭包 F^+_{min}。注意，一个具有该性质的函数依赖称为左边不可约。

（4）F_{min} 中每个函数依赖都不是冗余的，即删除 F_{min} 中的任一个函数依赖，F_{min} 将变为另一个不等价于 F_{min} 的集合。

最小函数依赖集 F_{min} 实际上是函数依赖集 F 的一种没有"冗余"的标准或规范形式，定义 1 表明 F 和 F_{min} 具有相同的"功能"；定义 2 表明 F_{min} 中的每个函数依赖都是"标准"的，即其中依赖因素都是单属性子集；定义 3 表明 F_{min} 中每个函数依赖的决定因素都没有冗余的属性；定义 4 表明 F_{min} 中没有可以从 F 的剩余函数依赖导出的冗余的函数依赖。

3. 最小函数依赖集的算法

任一个函数依赖集 F 都存在最小函数依赖集 F_{min}。

事实上，对于函数依赖集 F 来说，由 Armstrong 公理中的分解规则 A5，如果其中的函数依赖中的依赖因素不是单属性集，就可以将其分解为单属性集，不失一般性，可以假定 F 中任一个函数依赖的依赖因素 Y 都是单属性集合。对于任意函数依赖 X→Y 决定因素 X 中的每个属性 A，如果去掉 A 且不改变 F 的闭包，就从 X 中删除 A，否则保留 A；按照相同方法逐一考察 F 中的其余函数依赖。最后，对所有如此处理过的函数依赖，再逐一讨论如果将其删除，函数依赖集是否改变，如果不改变就真正删除，否则保留，由此得到函数依赖集 F 的最小函数依赖集 F_{min}。

虽然任一个函数依赖集的最小依赖集都存在，但并不唯一。

下面给出上述思路的实现算法。

（1）由分解规则 A5 得到一个与 F 等价的函数依赖集 G，G 中任意函数依赖的依赖因素都是单属性集合。

（2）在 G 的每个函数依赖中消除决定因素中的冗余属性。

（3）在 G 中消除冗余的函数依赖。

【例 5.4】设有关系模式 R(U,F)，其中 U=ABC，F={A→{B,C},B→C, A→B, {A, B}→C}，按照上述算法求出 F_{min}。

（1）将 F 中所有函数依赖的依赖因素写成单属性集形式：

G={A→B, A→C,B→C, A→B, {A, B}→C}

这里多出一个 A→B，可以删除，得到：

G={A→B, A→C,B→C, {A, B}→C}

（2）G 中的 A→C 可以从 A→B 和 B→C 推导出来，A→C 是冗余的，删除 A→C，得到：

G={A→B, B→C, {A, B}→C}

（3）G 中的 {A, B}→C 可以从 B→C 推导出来，是冗余的，删除 {A, B}→C，得到：

G={A→B, B→C}。

所以 F 的最小函数依赖集 $F_{min}=\{A \rightarrow B, B \rightarrow C\}$。

5.4 关系模式的规范化

关系数据库中的关系必须满足一定的规范化要求，对于不同的规范化程度，可用范式来衡量。范式（Normal Form，NF）是符合某种级别的关系模式的集合，是衡量关系模式规范化程度的标准。目前主要有六种范式：第一范式（1NF）、第二范式（2NF）、第三范式（3NF）、BC 范式、第四范式（4NF）和第五范式（5NF）。满足最低要求的为第一范式，在第一范式的基础上进一步满足一些要求的为第二范式，依此类推。显然各种范式之间存在联系：1NF$\supset$2NF$\supset$3NF$\supset$BCNF$\supset$4NF$\supset$5NF。通常把某关系模式 R 为第 n 范式简记为 R$\in$nNF。

范式的概念最早是由 E.F.Codd 提出的。1971—1972 年，他先后提出了 1NF、2NF、3NF 的概念。1974 年，他与 Boyee 共同提出了 BCNF 的概念。1976 年，Fagin 提出了 4NF 的概念，后来又有人提出了 5NF 的概念。在这些范式中，重要的是 3NF 和 BCNF，它们是进行规范化的主要目标。一个低一级范式的关系模式，通过模式分解可以转换为若干高一级范式的关系模式的集合，这个过程称为规范化。

5.4.1 规范化的含义

关系模式的规范化主要解决关系中数据冗余及由此产生的操作异常问题，而从函数依赖的观点来看，即消除关系模式中产生数据冗余的函数依赖。

定义 5.8 当一个关系中的所有分量都是不可分的数据项时，称该关系是规范化的。

由于下述例子（表 5.6 和表 5.7）具有组合数据项或多值数据项，因而说它们都不是规范化的关系。

表 5.6 具有组合数据项的非规范化关系

职工号	姓名	工资		
		基本工资	职务工资	工龄工资

表 5.7 具有多值数据项的非规范化关系

职工号	姓名	职称	系名	学历	毕业年份
05103	周斌	教授	计算机	大学	1983 年
				研究生	1992 年
05306	陈长树	讲师	计算机	大学	1995 年

5.4.2 第一范式

定义 5.9 如果关系模式 R 中的每个属性值都是一个不可分解的数据项，则称该关系模式满足第一范式，记为 R$\in$1NF。

第一范式

第一范式规定了一个关系中的属性值必须是"原子"的，它排斥了属性值为元组、数组或某种复合数据的可能性，使得关系数据库中所有关系的属性值都是"最简形式"，其意义在于可能做到起始结构简单，为以后复杂情形的讨论提供方便。一般而言，每个关系模式都必须满足 1NF，1NF 是对关系模式的起码要求。

将非规范化关系转换为 1NF 的方法很简单，对表 5.5 和表 5.6 分别进行横向展开和纵向展开，即可转换为表 5.8 和表 5.9 所示的符合 1NF 的关系。

表 5.8　符合 1NF 的关系 1

职工号	姓名	基本工资	职务工资	工龄工资

表 5.9　符合 1NF 的关系 2

职工号	姓名	职称	系名	学历	毕业年份
01103	周向前	教授	计算机	大学	1971 年
01103	周向前	教授	计算机	研究生	1971 年
03307	陈长根	讲师	计算机	大学	1993 年

但是满足 1NF 的关系模式不一定是一个好的关系模式，例如关系模式：

SLC(SNO,DEPT,SLOC,CNO,GRADE)

其中 SLOC 为学生住处，假设每个学生住在同一个地方，SLC 的码为(SNO,CNO)，函数依赖包括：

$$(SNO,CNO) \xrightarrow{F} GRADE$$

$$SNO \rightarrow DEPT$$

$$(SNO,CNO) \xrightarrow{P} DEPT$$

$$SNO \rightarrow SLOC$$

$$(SNO,CNO) \xrightarrow{P} SLOC$$

$$DEPT \rightarrow SLOC（因为每个系只住一个地方）$$

显然，SLC 满足 1NF。(SNO,CNO)两个属性一起函数决定 GRADE。(SNO,CNO)也函数决定 DEPT 和 SLOC。但实际上仅 SNO 就函数决定 DEPT 和 SLOC。因此，非主属性 DEPT 和 SLOC 部分函数依赖于码(SNO,CNO)。

SLC 关系存在以下三个问题。

（1）插入异常。若插入一个 SNO='95102'，DEPT='IS'，SLOC='N'，且学生还未选课，即这个学生无 CNO，则不能将该元组插入 SLC，因为插入时必须给定码值，而此时部分码值为空，因而无法插入该学生的信息。

（2）删除异常。假定某学生只选修了一门课程，如 99022 号学生只选修了 3 号课程，现在连 3 号课程他也选修不了，那么要删除 3 号课程这个数据项。课程 3 是主属性，删除了课程号 3，整个元组就不存在了，也必须删除，从而删除了 99022 号学生的其他信息，产生了删除异常，即删除了不应删除的信息。

（3）数据冗余度大。如果一名学生选修了 10 门课程，那么他的 DEPT 和 SLOC 值要重复存储 10 次。当某学生从数学系转到信息系时，这本来只是一件事，只需修改此学生元组中的 DEPT 值，但因为关系模式 SLC 还含有系的住处 SLOC 属性，学生转系将同时改变住处，所以还必须修改元组中的 SLOC 值。另外，如果该学生选修了 10 门课，由于 DEPT、SLOC 重复存储了 10 次，因此数据更新时，必须无遗漏地修改 10 个元组中的全部 DEPT、SLOC 信息，造成修改的复杂化，存在破坏数据一致性的隐患。

因此，SLC 不是一个好的关系模式。

5.4.3　第二范式

第二范式

定义 5.10　如果一个关系模式 R∈1NF，且它的所有非主属性都完全函数依赖于 R 的任一候选码，则 R∈2NF。

关系模式 SLC 出现上述问题的原因是 DEPT 和 SLOC 对码的部分函数依赖。为了消除这些部分函数依赖，可以采用投影分解法把 SLC 分解为两个关系模式：SC(SNO,CNO,GRADE) 和 SL(SNO,DEPT,SLOC)。其中 SC 的码为(SNO,CNO)，SL 的码为 SNO。

显然，在分解后的关系模式中，非主属性都完全函数依赖于码，从而使前述三个问题在一定程度上得到了部分解决。

（1）在 SL 关系中可以插入尚未选课的学生。

（2）删除学生选课情况涉及 SC 关系，如果一名学生的所有选课记录全部删除，则只是 SC 关系中没有关于该学生的记录了，不会牵涉及 SL 关系中关于该学生的记录。

（3）由于学生选修课程的情况与学生的基本情况是分开存储在两个关系中的，因此无论该学生选修多少门课程，他的 DEPT 和 SLOC 值都只存储了一次，大大降低了数据冗余程度。

（4）由于学生从数学系转到信息系，因此只需修改 SL 关系中该学生元组的 DEPT 值和 SLOC 值。由于 DEPT 和 DLOC 并未重复存储，因此简化了修改操作。

2NF 就是不允许关系模式的属性之间有依赖 X→Y，其中 X 是码的真子集，Y 是非主属性。显然，码只包含一个属性的关系模式，如果属于 1NF，那么一定属于 2NF，因为它不可能存在非主属性对码的部分函数依赖。

上例中的 SC 关系和 SL 关系都属于 2NF。可见，采用投影分解法将一个 1NF 的关系分解为多个 2NF 的关系，可以在一定程度上解决原 1NF 关系中存在的插入异常、删除异常、数据冗余度大等问题。

但是将一个 1NF 关系分解为多个 2NF 关系不能完全消除关系模式中的各种异常情况和数据冗余。也就是说，属于 2NF 的关系模式不一定是好的关系模式。

例如，2NF 关系模式 SL(SNO,DEPT,SLOC)中有下列函数依赖：

SNO→DEPT

DEPT→SLOC

SNO→SLOC

可知，SLOC 传递函数依赖于 SNO，即 SL 中存在非主属性对码的传递函数依赖，SL 关系中仍然存在插入异常、删除异常和数据冗余度大问题。

（1）删除异常。如果某个系的学生全部毕业，则在删除该系学生信息的同时，丢失了这个系的信息。

（2）数据冗余度大。每个系的学生都住在同一个地方，关于系的住处的信息却重复出现，重复次数与该系学生人数相同。

（3）修改复杂。当学校调整学生住处时，比如信息系的学生全部迁到另一个地方住，由于关于每个系的住处信息是重复存储的。因此，修改时必须同时更新该系所有学生的 SLOC 值。

SL 仍然存在操作异常问题，不是一个好的关系模式。

5.4.4　第三范式

第三范式

定义 5.11　如果一个关系模式 R∈2NF，且所有非主属性都不传递函数依赖于任何候选码，则 R∈3NF。

关系模式 SL 出现上述问题的原因是 SLOC 传递函数依赖于 SNO。为了消除该传递函数依赖，可以采用投影分解法把 SL 分解为两个关系模式：SD(SNO,DEPT)和 DL(DEPT,SLOC)。

其中 SD 的码为 SNO，DL 的码为 DEPT。

显然，在关系模式中既没有非主属性对码的部分函数依赖，又没有非主属性对码的传递函数依赖，基本解决了上述问题。

（1）在 DL 关系中可以插入无在校学生的信息。

（2）某个系的学生全部毕业，只是删除 SD 关系中的相应元组，DL 关系中关于该系的信息仍然存在。

（3）关于系的住处的信息只在 DL 关系中存储一次。

（4）当学校调整某个系的学生住处时，只需修改 DL 关系中一个相应元组的 SLOC 属性值。

3NF 就是不允许关系模式的属性之间有非平凡函数依赖 X→Y，其中 X 不包含码，Y 是非主属性。X 不包含码的有两种情况：X 是码的真子集，这也是 2NF 不允许的；X 含有非主属性，这是 3NF 进一步限制的。

上例中的 SD 关系和 DL 关系都属于 3NF。可见，采用投影分解法将一个 2NF 的关系分解为多个 3NF 的关系，可以在一定程度上解决原 2NF 关系中存在的插入异常、删除异常、数据冗余度大、修改复杂等问题。

但是将一个 2NF 关系分解为多个 3NF 的关系不能完全消除关系模式中的各种异常情况和数据冗余。也就是说，虽然属于 3NF 的关系模式消除了大部分异常问题，但解决得不彻底，仍然存在不足。

例如，模型 SC(SNO,SNAME,CNO,GRADE)。

如果姓名是唯一的，模型存在两个候选码：(SNO,CNO)和(SNAME,CNO)。

模型 SC 只有一个非主属性 GRADE，对两个候选码(SNO,CNO)和(SNAME,CNO)都是完全函数依赖，并且不存在对两个候选码的传递函数依赖，因此 SC∈3NF。

如果学生退选了课程，元组被删除，失去学生学号与姓名的对应关系，这样仍然存在删除异常的问题；由于学生选课很多，姓名也将重复存储，造成数据冗余。因此，虽然 3NF 已经是比较好的模型，但仍然存在改进的余地。

5.4.5　BCNF 范式

BCNF 范式

定义 5.12　关系模式 R∈1NF，对任何非平凡的函数依赖 X→Y（Y⊈X），X 均包含码，则 R∈BCNF。

BCNF 是从 1NF 直接定义的，可以证明，如果 R∈BCNF，则 R∈3NF。

由 BCNF 的定义可以看到，每个 BCNF 的关系模式都具有如下三个性质：

（1）所有非主属性都完全函数依赖于每个候选码。

（2）所有主属性都完全函数依赖于每个不包含它的候选码。

（3）没有任何属性完全函数依赖于非码的任一组属性。

如果关系模式 R∈BCNF，由定义可知，R 中不存在任何属性传递函数依赖于或部分依赖于任何候选码，所以必定有 R∈3NF。但是，如果 R∈3NF，R 却未必属于 BCNF。

3NF 和 BCNF 是以函数依赖为基础的关系模式规范化程度的测度。

如果一个关系数据库中的所有关系模式都属于 BCNF，那么在函数依赖范畴内，它已实现模式的彻底分解，达到了最高的规范化程度，消除了插入异常和删除异常问题。

BCNF 是对 3NF 的改进，但是具体实现时还是有问题的。例如，在下面的模型 SJT(U,F) 中：

U=STJ，F={SJ→T,ST→J,T→J}

码是 ST 和 SJ，没有非主属性，所以 STJ∈3NF。

但是在非平凡的函数依赖 T→J 中，T 不是码，因此 SJT 不属于 BCNF。

当用分解法提高规范化程度时，将破坏原来模式的函数依赖关系，对系统设计来说是有问题的。这个问题涉及模式分解的一系列理论问题，在这里不再进一步探讨。

在信息系统的设计中，普遍采用"基于 3NF 的系统设计"方法，因为 3NF 是无条件可以达到的，并且基本解决了"异常"问题。

如果仅考虑函数依赖，属于 BCNF 的关系模式就已经很完美了。但如果考虑其他数据依赖，如多值依赖，则属于 BCNF 的关系模式仍然存在问题，不能算是一个完美的关系模式。

5.5　多值依赖与第四范式

在关系模式中，数据之间是存在一定联系的，而处理这种联系处理直接关系到模式中数据冗余的情况。函数依赖是一种基本的数据依赖，通过对数据函数依赖的讨论和分解，可以有效地消除模式中的冗余现象。函数依赖实际上反映的是"多对一"联系，在实际应用中，还会有"一对多"形式的数据联系，这种不同于函数依赖的数据联系也会产生数据冗余，从而引发各种数据异常问题。下面讨论数据依赖中"多对一"现象及其产生的问题。

5.5.1　问题的引入

【例 5.5】设有一个课程安排关系，见表 5.10。

表 5.10　课程安排关系

课程名称	任课教师	选用教材名称
高等数学	T11 T12 T13	B11 B12
数据结构	T21 T22 T23	B21 B22 B23

课程安排具有如下语义：

（1）"高等数学"课程可以由三位教师担任，同时有两本教材可以选用。

（2）"数据结构"课程可以由三位教师担任，同时有三本教材可以选用。

如果分别用 Cn、Tn 和 Bn 表示"课程名称""任课教师"和"教材名称"，上述情形可以表示为表 5.11 中的关系 CTB。

表 5.11　关系 CTB

Cn	Tn	Bn
高等数学	T11	B11
高等数学	T11	B12
高等数学	T12	B11
高等数学	T12	B12
高等数学	T13	B11
高等数学	T13	B12
数据结构	T21	B21
数据结构	T21	B22
数据结构	T21	B23
数据结构	T22	B21
数据结构	T22	B22
数据结构	T22	B23
数据结构	T23	B21
数据结构	T23	B22
数据结构	T23	B23

很明显，这个关系表是数据高度冗余的。

仔细分析关系 CTB，可以发现它具有如下特点：

（1）属性集{Cn}与{Tn}之间存在着数据依赖关系，属性集{Cn}与{Bn}之间也存在着数据依赖关系，而这两个数据依赖都不是"函数依赖"。属性集{Cn}的一个值确定之后，另一属性集{Tn}就有一组值与之对应。例如课程名称 Cn 的一个值"高等数学"确定之后，就有一组任课教师 Tn 的值"T11、T12 和 T13"与之对应。对于 Cn 与 Bn 的数据依赖也是如此，显然，这是一种"一对多"的情况。

（2）属性集{Tn}和{Bn}也有关系，这种关系是通过{Cn}建立起来的间接关系，而且{Cn}的一个值确定之后，其所对应的一组{Tn}值与 U-{Cn}-{Tn}值无关，取{Cn}的一个值为"高等数学"，则对应{Tn}的一组值"T11、T12 和 T13"与此"高等数学"课程选用的教材（U-{Cn}-{Tn}值）无关。显然，这是"一对多"关系中的一种特殊情况。

如果属性 X 与 Y 之间的依赖关系具有上述特征，就不为函数依赖关系所包容，需要引入新的概念予以刻画与描述，这就是多值依赖（Multivalued Dependency）的概念。

5.5.2 多值依赖的基本概念

1. 多值依赖的概念

定义 5.13 设有关系模式 R(U)，X、Y 是属性集 U 中的两个子集，而 r 是 R(U)中任意给定的一个关系。如果下述条件成立，则称 Y 多值依赖于 X，记作 X→→Y。

（1）对于关系 r 在 X 上的一个确定的值（元组），都有 r 在 Y 中的一组值与之对应。

（2）Y 的这组对应值与 r 在 Z=U–X–Y 中的属性值无关。

此时，如果 X→→Y，且 Z=U–X–Y≠ϕ，则称为非平凡多值依赖，否则称为平凡多值依赖。平凡多值依赖的一个常见情形是 U=X∪Y，此时 Z=ϕ，多值依赖定义中关于 X→→Y 的要求总是满足的。

2. 多值依赖概念分析

属性集 Y 多值依赖于属性值 X，即 X→→Y 的定义说明下面两个基本点：

（1）说明 X 与 Y 之间的对应关系是相当宽泛的，即没有强制规定 X 一个值对应的 Y 值数，Y 值数可以是从零到任意多个自然数，这是"一对多"的情况。

（2）说明这种"宽泛性"应当受必要的限制，即 X 对应的 Y 的取值与 U–X–Y 无关，这是一种特定的"一对多"情况。确切地说，如果用形式化语言描述，则有在 R(U)中如果存在 X→→Y，则对 R 中任一个关系 r，当元组 s 和 t 属于 r，且在 X 上的投影相等 s[X]=t[X] 时，应有：

s=s[X]+s[Y]+s[U–X–Y]和 t=t[X]+t[Y]+t[U–X–Y]

相应的两个新的元组：

u=s[X]+t[Y]+s[U–X–Y]和 v=t[X]+s[Y]+t[U–X–Y]

则 u 和 v 还应属于 r。

上述情形可以用表 5.12 解释。

表 5.12 多值依赖的示意

元组	X	Z=U–X–Y	Y
s	X	Z1	Y1
t	X	Z2	Y2
u	X	Z1	Y2
v	X	Z2	Y1

在例 5.5 的关系 CTB 中，按照上述分析，可以验证 Cn→→Tn，Cn→→Bn。

上述两个基本点说明考察关系模式 R(U)上多值依赖 X→→Y 是与另一个属性子集 Z=U–X–Y 密切相关的，而 X、Y 和 Z 构成了 U 的一个分割，即 U=X∪Y∪Z，该观点对多值依赖概念的推广十分重要。

3. 多值依赖的性质

由定义可以得到多值依赖具有下述基本性质。

（1）在 R(U)中，X→→Y 成立的充分必要条件是 X→→U–X–Y 成立。

必要性可以从上述分析中得到证明。事实上，交换 s 和 t 的 Y 值所得到的元组与交换 s 和 t

中的 Z=U–X–Y 值得到的两个元组相同。充分性类似可证。

（2）在 R(U)中，如果 X→Y 成立，则必有 X→→Y。

事实上，此时如果 s 和 t 在 X 上的投影相等，则在 Y 上的投影也必然相等，该投影自然与 s 和 t 在 Z=U–X–Y 上的投影有关。

第一个基本点表明多值依赖具有某种"对称性质"：只要知道了 R 上的一个多值依赖 X→→Y，就可以得到另一个多值依赖 X→→Z，而且 X、Y 和 Z 是 U 的分割；第二个基本点说明多值依赖是函数依赖的推广，函数依赖是多值依赖的特例。

5.5.3　第四范式

定义 5.14　有关系模式 R∈1NF，对于 R(U)中的任意两个属性子集 X 和 Y，如果非平凡的多值依赖 X→→Y（Y⊄X），则 X 含有码，称 R(U)满足第四范式，记作 R(U)∈4NF。

关系模式 R(U)上的函数依赖 X→Y 可以看作多值依赖 X→→Y，如果 R(U)属于第四范式，X 就是超键，所以 X→Y 满足 BCNF。因此，由 4NF 的定义可以得到下面两个基本点：

（1）4NF 中可能的多值依赖都是非平凡的多值依赖。

（2）4NF 中的所有函数依赖都满足 BCNF。

因此，可以粗略地说，如果 R(U)满足 4NF，则必满足 BCNF，反之不成立。所以 BCNF 不一定是第四范式。

在例 5.5 中，关系模式 CTB(Cn,Tn,Bn)唯一的候选键是{Cn,Tn,Bn}，并且没有非主属性，当然就没有非主属性对候选键的部分函数依赖和传递函数依赖，所以 CTB 满足 BCNF。因为多值依赖 Cn→→Tn 和 Cn→→Bn 中的"Cn"不是键，所以 CTB 不属于 4NF。对 CTB 进行分解，得到关系 CTB1 和 CTB2，分别见表 5.13 和表 5.14。

<table>
<tr><td colspan="2">表 5.13　关系 CTB1</td><td colspan="2">表 5.14　关系 CTB2</td></tr>
<tr><td>Cn</td><td>Tn</td><td>Cn</td><td>Bn</td></tr>
<tr><td>高等数学</td><td>T11</td><td>高等数学</td><td>B11</td></tr>
<tr><td>高等数学</td><td>T12</td><td>高等数学</td><td>B12</td></tr>
<tr><td>高等数学</td><td>T13</td><td>数据结构</td><td>B21</td></tr>
<tr><td>数据结构</td><td>T21</td><td>数据结构</td><td>B22</td></tr>
<tr><td>数据结构</td><td>T22</td><td>数据结构</td><td>B23</td></tr>
<tr><td>数据结构</td><td>T23</td><td></td><td></td></tr>
</table>

在 CTB1 中有 Cn→→Tn，不存在非平凡多值依赖，所以 CTB1 属于 4NF；同理，CTB2 属于 4NF。

5.6　关系模式分解

设有关系模式 R(U)，取 U 的一个子集的集合{U₁,U₂,…,Uₙ}，使得 $U=U_1 \cup U_2 \cup \ldots \cup U_n$，如果用一个关系模式的集合 ρ={R₁(U₁),R₂(U₂), …,Rₙ(Uₙ)}代替 R(U)，就称 ρ 是关系模式 R(U)的一个分解。

在 R(U)分解为 ρ 的过程中，需要考虑以下两个问题。

（1）分解前的模式 R 和分解后的 ρ 是否表示相同数据，即 R 和 ρ 是否等价的问题。

（2）分解前的模式 R 和分解后的 ρ 是否保持相同函数依赖，即在模式 R 上有函数依赖集 F，在其上的每个模式 R_i 上有一个函数依赖集 F_i，则 $\{F_1,F_2,...,F_n\}$ 是否与 F 等价。

如果这两个问题不解决，分解前后的模式不一致，就会失去模式分解的意义。

上述第一个问题考虑了分解后关系中的信息是否保持的问题，由此引入了"保持依赖"概念。

5.6.1　无损分解

1. 无损分解的概念

设 R 是一个关系模式，F 是 R 上的一个依赖集，R 分解为关系模式的集合 $\rho=\{R_1(U_1),R_2(U_2),...,R_n(U_n)\}$。如果对于 R 中满足 F 的每个关系 r 都有

$$r=\prod R_1(r) \bowtie \prod R_2(r) \bowtie ... \bowtie \prod R_n(r)$$

则称分解相对于 F 是无损连接分解（简称"无损分解"，Lossingless Join Decomposition），否则称为有损分解（Lossy Decomposition）。

【例 5.6】设有关系模式 R(U)，其中 U={A,B,C}，将其分解为关系模式集合 $\rho=\{R_1\{A,B\}, R_2\{A,C\}\}$，如图 5.1 所示。

A	B	C
1	1	1
1	2	1

（a）关系 r

A	B
1	1
1	2

（b）投影 r1

A	C
1	1

（c）投影 r2

图 5.1　无损分解

在图 5.1 中，图 5.1（a）是 R 上的一个关系 r，图 5.1（b）和图 5.1（c）分别是 r 在模式 R_1({A,B}) 和 R_2({A,C})上的投影 r1 和 r2。此时不难得到 r1 ⋈ r2=r，也就是说，在 r 投影和连接之后仍然能够恢复为 r，即没有丢失任何信息，这种模式分解就是无损分解。

图 5.2 所示是 R(U)的有损分解。

A	B	C
1	1	4
1	2	3

（a）关系 r

A	B
1	1
1	2

（b）投影 r1

A	C
1	4
1	3

（c）投影 r2

A	B	C
1	1	4
1	1	3
1	2	4
1	2	3

（d）r1 ⋈ r2

图 5.2　有损分解

在图 5.2 中，图 5.2（a）是 R 上的一个关系 r，图 5.2（b）和图 5.2（c）是 r 在关系模式 R_1({A,B}) 和 R_2({A,C}) 上的投影，图 5.2（d）是 r1 ⋈ r2。此时，r 在投影和连接之后比原来 r 的元组还要多（增加了噪声），同时丢失了原有的信息。此时的分解就是有损分解。

2. 无损分解测试算法

如果一个关系模式的分解不是无损分解，则分解后的关系通过自然连接运算无法恢复到分解前的关系。如何保证关系模式分解具有无损分解性呢？需要在对关系模式分解时利用属性间的依赖性质，并且通过适当的方法判定其分解是否为无损分解。为达到此目的，人们提出了一种"追踪"过程。

输入：

（1）关系模式 R(U)，其中 U={$A_1,A_2,...,A_n$}。

（2）R(U) 上成立的函数依赖集 F。

（3）R(U) 的一个分解 ρ={$R_1(U_1),R_2(U_2),...,R_n(U_k)$}，且 U=$U_1 \cup U_2 \cup ... \cup U_k$。

输出：ρ 相对于 F 的具有或不具有无损分解性的判断。

计算步骤如下：

（1）构造一个 k 行 n 列的表格，每列对应一个属性 A_j（j=1,2,...,n），每行对应一个模式 $R_i(U_i)$（i=1,2,...,k）的属性集合。如果 A_j 在 U_i 中，那么在表格的第 i 行第 j 列处添上记号 aj，否则添上记号 bij。

（2）重复检查 F 的每个函数依赖，并且修改表格中的元素，直到不能修改表格为止。

取 F 中的函数依赖 X→Y，如果表格总有两行在 X 上分量相等，在 Y 分量上不相等，则修改 Y 分量的值，使这两行在 Y 分量上相等，实际修改分为如下两种情况：

1）如果 Y 分量中有一个是 aj，则另一个也修改成 aj。

2）如果 Y 分量中没有 aj，则用标号较小的那个 bij 替换另一个符号。

（3）修改后的表格中有一行全是 a，即 $a_1,a_2,...,a_n$，则 ρ 相对于 F 是无损分解，否则不是无损分解。

【例 5.7】设有关系模式 R(U,F)，其中 U={A,B,C,D,E}，F={A→C,B→C,C→D,{D,E}→C,{C,E}→A}。R(U,F) 的一个模式分解 ρ={R_1(A,D),R_2(A,B),R_3(B,E),R_4(C,D,E),R_5(A,E)}。下面使用"追踪"法判断其分解是否为无损分解。

（1）构造初始表格，见表 5.15。

表 5.15　初始表格

	A	B	C	D	E
{A,D}	a1	b12	b13	a4	b15
{A,B}	a1	a2	b23	b24	b25
{B,E}	b31	a2	b33	b34	a5
{C,D,E}	b41	b42	a3	a4	a5
{A,E}	a1	b52	b53	b54	a5

（2）重复检查 F 中的函数依赖，修改表格元素。

1）根据 A→C 对表 5.15 进行处理，由于第 1、第 2 和第 5 行在 A 分量（列）上的值为 a1（相同），在 C 分量上的值不相同，因此属性 C 列的第 1、第 2 和第 5 行上的值 b13、b23 和 b53 必为同一符号 b13。第①次修改结果见表 5.16。

表 5.16　第①次修改结果

	A	B	C	D	E
{A,D}	a1	b12	b13	a4	b15
{A,B}	a1	a2	b13	b24	b25
{B,E}	b31	a2	b33	b34	a5
{C,D,E}	b41	b42	a3	a4	a5
{A,E}	a1	b52	b13	b54	a5

2）根据 B→C 考察表 5.16，由于第 2 行和第 3 行在 B 列上相等，在 C 列上不相等，因此将属性 C 列的第 2 行和第 3 行中的 b13 和 b33 改为同一符号 b13。第②次修改结果见表 5.17。

表 5.17　第②次修改结果

	A	B	C	D	E
{A,D}	a1	b12	b13	a4	b15
{A,B}	a1	a2	b13	b24	b25
{B,E}	b31	a2	b13	b34	a5
{C,D,E}	b41	b42	a3	a4	a5
{A,E}	a1	b52	b13	b54	a5

3）根据 C→D 考察表 5.17，由于第 1、第 2、第 3 和第 5 行在 C 列上的值为 b13（相等），在 D 列上的值不相等，因此将 D 列的第 1、第 2、第 3 和第 5 行上的元素 a4、b24、b34、b54 都改为 a4。第③次修改结果见表 5.18。

表 5.18　第③次修改结果

	A	B	C	D	E
{A,D}	a1	b12	b13	a4	b15
{A,B}	a1	a2	b13	a4	b25
{B,E}	b31	a2	B13	a4	a5
{C,D,E}	b41	b42	a3	a4	a5
{A,E}	a1	b52	B13	a4	a5

4）根据 {D,E}→C 考察表 5.18，由于第 3、第 4 和第 5 行在 D 和 E 列上的值为 a4 和 a5，即相等，在 C 列上的值不相等，因此将 C 列的第 3、第 4 和第 5 行上的元素都改为 a3。第④次修改结果见表 5.19。

表 5.19　第④次修改结果

	A	B	C	D	E
{A,D}	a1	b12	b13	a4	b15
{A,B}	a1	a2	b13	a4	b25
{B,E}	b31	a2	a3	a4	a5
{C,D,E}	b41	b42	a3	a4	a5
{A,E}	a1	b52	a3	a4	a5

5）根据{C,E}→A 考察表 5.19，将 A 列的第 3、第 4 和第 5 行的元素都改成 a1。第⑤次修改结果见表 5.20。

表 5.20　第⑤次修改结果

	A	B	C	D	E
{A,D}	a1	b12	b13	a4	b15
{A,B}	a1	a2	b13	a4	b25
{B,E}	a1	a2	a3	a4	a5
{C,D,E}	a1	b42	a3	a4	a5
{A,E}	a1	b52	a3	a4	a5

由于 F 中的所有函数依赖已经检查完毕，因此表 5.20 是全 a 行，关系模式 R(U)的分解 ρ 是无损分解。

5.6.2　保持函数依赖

1．保持函数依赖的概念

设 F 是属性集 U 上的函数依赖集，Z 是 U 的一个子集，F 在 Z 上的一个投影用 $\prod_z(F)$ 表示，定义为 $\prod_z(F)=\{X\rightarrow Y|(X\rightarrow Y)\in F^+,\ XY\subseteq Z\}$。

设有关系模式 R(U)的一个分解 $\rho=\{R_1(U_1),R_2(U_2),\ldots,R_n(U_n)\}$，F 是 R(U)上的函数依赖集，如果 $F^+=\left(\cup\prod_{Ui}(F)\right)^+$，则称分解保持函数依赖集 F，简称 ρ 保持函数依赖。

【例 5.8】设有关系模式 R(U,F)，其中 U={C#,Cn,TEXTn}，C#表示课程号，Cn 表示课程名称，TEXTn 表示教材名称，而 F={C#→Cn,Cn→TEXTn}。规定每个 C#表示一门课程，但一门课程可以有多个课程号（表示开设了多个班级），每门课程只允许采用一种教材。

将 R 分解为 $\rho=\{R_1(U_1,F_1),R_2(U_2,F_2)\}$，$U_1$={C#,Cn}，$F_1$={C#→Cn}，$U_2$={C#,TEXTn}，$F_2$={C#→TEXTn}，不难证明，模式分解 ρ 是无损分解。但是，由 R1 上的函数依赖 C#→Cn 和 R2 上的函数依赖 C#→TEXTn 得不到在 R 上成立的函数依赖 Cn→TEXTn，因此，分解 ρ 丢失了 Cn→TEXTn，即 ρ 不保持函数依赖 F。分解结果如图 5.3 所示。

图 5.3（a）和图 5.3（b）分别表示满足 F_1 和 F_2 的关系 r1 和 r2，图 5.3（c）表示 r1⋈r2，但 r1⋈r2 违反了 Cn →TEXTn。

C#	Cn
C2	数据库
C4	数据库
C6	数据结构

（a）关系 r_1

C#	TEXTn
C2	数据库原理
C4	高级数据库
C6	数据结构教程

（b）关系 r_2

C#	Cn	TEXTn
C2	数据库	数据库原理
C4	数据库	高级数据库
C6	数据结构	数据结构教程

（c）r1 ⋈ r2

图 5.3 不保持函数依赖的分解

2. 保持函数依赖测试算法

由保持函数依赖的概念可知，检验一个分解是否保持函数依赖就是检验函数依赖集 $G=\cup \prod_{Ui}(F)$ 与 F^+ 是否相等，也就是检验一个函数依赖 $X\to Y\in F^+$ 是否可以由 G 根据 Armstrong 公理导出，即是否有 $Y\subseteq X_G{}^+$。

按照上述分析，可以得到保持函数依赖的测试方法。

输入：

（1）关系模式 R(U)。

（2）关系模式集合 $\rho=\{R_1(U_1),R_2(U_2),\ldots,R_n(U_n)\}$。

输出：ρ 是否保持函数依赖。

计算步骤如下：

（1）令 $G=\cup \prod_{Ui}(F)$，F=F–G，Result=TRUE。

（2）对于 F 中的第一个函数依赖 $X\to Y$，计算 $X_G{}^+$，并令 $F=F-\{X\to Y\}$。

（3）若 $Y\not\subset X_G{}^+$，则令 Result=False，转向（4）；若 $F\neq\phi$，转向（2），否则转向（4）。

（4）若 Result=TRUE，则 ρ 保持函数依赖，否则 ρ 不保持函数依赖。

【例 5.9】设有关系模式 R(U,F)，其中 U=ABCD，$F=\{A\to B,B\to C,C\to D,D\to A\}$。R(U,F)的一个模式分解 $\rho=\{R_1(U_1,F_1),R_2(U_2,F_2),R_3(U_3,F_3)\}$，其中 $U_1=\{A,B\}$，$U_2=\{B,C\}$，$U_3=\{C,D\}$，$F_1=\prod U_1=\{A\to B\}$，$F_2=\prod U_2=\{B\to C\}$，$F_3=\prod U_3=\{C\to D\}$。按照上述算法：

（1）$G=\{A\to B, B\to A,B\to C,C\to B,C\to D,D\to C\}$，$F=F-G=\{D\to A\}$，Result=TRUE。

（2）对于函数依赖 $D\to A$，令 $X=\{D\}$，有 $X\to Y$，$F=\{X\to Y\}=F-\{D\to A\}=\phi$。经过计算可以得到 $X_G{}^+=\{A,B,C,D\}$。

（3）由于 $Y=\{A\}\subseteq X_G{}^+=\{A,B,C,D\}$，因此转向步骤（4）。

（4）由于 Result=TRUE，因此模式分解 ρ 保持函数依赖。

5.7 连接依赖与第五范式

前面的模式分解问题都是将原来的模型无损分解为两个模型来代替它，以提高规范化程度，并且可以达到 4NF。然而，有些关系不能无损分解为两个投影却能无损分解为三个（或更多个）投影，由此产生了连接依赖的问题。

5.7.1　连接依赖

【例 5.10】设关系模式 SPJ(SNO,PNO,JNO)，显然它达到了 4NF。

图 5.4 是 SPJ 实例。

SNO	PNO	JNO
S1	P1	J1
S1	P1	J2
S1	P2	J1
S2	P1	J1

图 5.4　SPJ 实例

图 5.5 是 SPJ 分别在 SP、PJ、SJ 上的投影。

SNO	PNO
S1	P1
S1	P2
S2	P1

（a）SP 上投影

PNO	JNO
P1	J1
P1	J2
P2	J1

（b）PJ 上投影

SNO	JNO
S1	J1
S1	J2
S2	J1

（c）SJ 上投影

图 5.5　SPJ 在每两个属性上的投影

图 5.6（a）是 SP 与 PJ 自然连接的结果，图 5.6（b）所示是 PJ 与 SJ 自然连接的结果，图 5.6（c）是 SP 与 SJ 自然连接的结果。

SNO	PNO	JNO
S1	P1	J1
S1	P1	J2
S1	P2	J1
S2	P1	J1
S2	P1	J2

（a）SP 与 PJ 连接

SNO	PNO	JNO
S1	P1	J1
S1	P1	J2
S1	P2	J1
S2	P1	J1
S2	P2	J1

（b）PJ 与 SJ 连接

SNO	PNO	JNO
S1	P1	J1
S1	P1	J2
S1	P2	J1
S1	P2	J2
S2	P2	J1

（c）SP 与 SJ 连接

图 5.6　图 5.5 两两自然连接的结果

从这个实例可以看出，图 5.4 中的关系 SPJ 分解为其中两个属性的关系后如图 5.5 所示。从图 5.6 中可以看到，无论哪两个投影自然连接后都不是原来的关系，因此不是无损连接。但是对于图 5.6 中的关系，如果再与第三个关系连接（如图 5.6（a）与 SJ 连接），就能够得到原来的 SPJ，从而达到无损连接。

在这个问题中，SPJ 依赖于三个投影 SP、PJ、SJ 的连接，这种依赖称为连接依赖。

定义 5.15　关系模式 R(U)中，U 是全体属性集，X,Y,...,Z 是 U 的子集，当且仅当 R 是由其在 X,Y,…,Z 上投影的自然连接组成时，称 R 满足对 X,Y,…,Z 的连接依赖，记作 JD(X,Y,…,Z)。

连接依赖是为实现关系模式无损连接的一种语义约束。

例如，图 5.7 是 SPJ 实例。图 5.8 是插入一个新元组<S2,P1,J1>。

SPJ

SNO	PNO	JNO
S1	P1	J2
S1	P2	J1

图 5.7　SPJ 实例

SPJ

SNO	PNO	JNO
S1	P1	J2
S1	P2	J1
S2	P1	J1

图 5.8　插入一个新元组

图 5.9 是分别在 SP、PJ、SJ 上的投影。

SNO	PNO
S1	P1
S1	P2
S2	P1

（a）SP 上投影

PNO	JNO
P1	J1
P1	J2
P2	J1

（b）PJ 上投影

SNO	JNO
S1	J1
S1	J2
S2	J1

（c）SJ 上投影

图 5.9　插入新元组后的投影

要保持无损连接，必须插入元组<S1,P1,J1>，以得到图 5.10 所示的合理的关系。

同理，如果删除元组<S1,P1,J1>，为达到无损连接，则必须同时删除元组<S1,P1,J2>和<S1,P2,J1>。因此模型中存在插入、删除操作中的"异常"问题，虽然模型已经达到了 4NF，但是还需要进一步分解，这就是 5NF 的问题。

SPJ

SNO	PNO	JNO
S1	P1	J1
S1	P1	J2
S1	P2	J1
S2	P1	J1

图 5.10　合理的关系

从连接依赖的概念考虑，多值依赖是连接依赖的特例，连接依赖是多值依赖的推广。

5.7.2　第五范式

首先确定一个概念：对于关系 R，连接时其连接属性都是 R 的候选码，称 R 中的每个连接依赖均为 R 的候选码蕴含。从这个概念出发，有下面关于 5NF 的定义。

定义 5.16　关于模式 R，当且仅当 R 中的每个连接依赖均为 R 的候选码所蕴含时，称 R 属于 5NF。

上面例子 SPJ 的候选码是(SNO,PNO,JNO)，显然不是它的投影 SP、PJ、SJ 自然连接的公共属性，因此 SPJ 不属于 5NF，而 SP、PJ、SJ 均属于 5NF。

因为多值依赖是连接依赖的特例，所以属于 5NF 的模式一定属于 4NF。

判断一个关系模式是否属于 5NF，若能够确定它的候选码和所有的连接依赖，则可以判断其是否属于 5NF。然而找出所有连接依赖是比较困难的，因此确定一个关系模式是否属于 5NF 的问题比判断其是否属于 4NF 的难度大得多。

在关系模式的规范化理论研究中涉及多值依赖、连接依赖的问题也有一系列的理论（如公理系统、推导规则、最小依赖集等），因为将涉及更多的基础知识，所以这里不再深入探讨。

5.8 关系模式规范化的步骤

规范化程度过低的关系不一定能够很好地描述现实世界，可能会存在插入异常、删除异常、修改复杂、数据冗余等问题，解决方法是对其进行规范化，转换成高级范式。

规范化的基本思想是逐步消除数据依赖中不合适的部分，使模式中的各关系模式达到某种程度的"分离"，即采用"一事一地"的模式设计原则，让一个关系描述一个概念、一个实体或实体间的一种联系。若多于一个概念，则把它"分离"出去。因此，规范化实际上是概念的单一化。

关系模式规范化的基本步骤如图 5.11 所示。

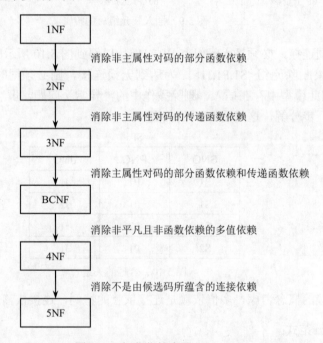

图 5.11 规范化的步骤

（1）对 1NF 关系进行投影，消除原关系中非主属性对码的部分函数依赖，将 1NF 关系转换为若干 2NF 关系。

（2）对 2NF 关系进行投影，消除原关系中非主属性对码的传递函数依赖，从而产生一组 3NF。

（3）对 3NF 关系进行投影，消除原关系中非主属性对码的部分函数依赖和传递函数依赖（使决定属性都成为投影的候选码），得到一组 BCNF 关系。

以上三步也可以合并为一步：对原关系进行投影，消除决定属性不是候选码的任何函数依赖。

（4）对 BCNF 关系进行投影，消除原关系中非平凡且非函数依赖的多值依赖，从而产生一组 4NF 关系。

（5）对 4NF 关系进行投影，消除原关系中不是由候选码所蕴含的连接依赖，即可得到一组 5NF 关系。

5NF 是最终范式。

规范化程度过低的关系可能会存在插入异常、删除异常、修改复杂、数据冗余等问题，需要对其进行规范化，转换成高级范式，但并不意味着规范化程度越高的关系模式就越好。设计数据库模式结构时，必须以现实世界的实际情况和用户应用需求进行进一步分析，确定一个合适的、能够反映现实世界的模式，即上面的规范化步骤可以在其中任何一步终止。

习 题 5

（1）名词解释：函数依赖、部分函数依赖、完全函数依赖、传递函数依赖、候选关键字、主关键字、全关键字、1NF、2NF、3NF、BCNF、多值依赖、4NF、连接依赖、5NF、最小函数依赖集、无损分解。

（2）现要建立关于系、学生、班级、学会等信息的一个关系数据库。语义如下：一个系有若干专业，每个专业每年只招一个班，每个班有若干学生，一个系的学生住在同一个宿舍区，每个学生可参加若干学会，每个学会有若干学生。

描述学生的属性有学号、姓名、出生日期、系名、班号、宿舍区；

描述班级的属性有班号、专业名、系名、人数、入校年份；

描述系的属性有系名、系号、系办公室地点、人数；

描述学会的属性有学会名、成立年份、地点、人数、学生参加某会有一个入会年份。

1）请写出关系模式。

2）写出每个关系模式的最小函数依赖集，指出是否存在传递依赖，在函数依赖左部是多属性的情况下，讨论函数依赖是完全依赖还是部分依赖。

3）指出各关系模式的候选关键字、外部关键字，有没有全关键字。

（3）设有一个记录各个球队队员每场比赛进球数的关系模式：R（队员编号，比赛场次，进球数，球队名，队长名），如果规定，每个队员只能属于一个球队，每个球队只有一个队长，请回答如下问题。

1）试写出关系模式 R 的基本函数依赖F 和主键。

2）说明 R 不是 2NF 模式的理由，并把 R 分解成 2NF。

3）将 R 分解成 3NF，并说明理由。

（4）设有关系模式 R(A,B,C,D,E)，其函数依赖集为 F={A→B,CE→A,E→D}。请回答如下问题。

1）指出 R 的所有候选码，并说明理由。

2）R 最高属于第几范式（在 1NF～3NF 范围内），为什么？

3）将 R 分解到 3NF。

（5）给定关系模式 R(U,F)，其中 U={A_1,A_2,A_3,A_4,A_5,A_6}，给定函数依赖集合 F=$A_1 \rightarrow$ (A_2,A_3); $A_3 \rightarrow A_4$; (A_2,A_3)$\rightarrow$(A_5,A_6);$A_5 \rightarrow A_1$}，有一个分解 r={$R_1(A_1,A_2,A_3,A_4),R_2(A_2,A_3,A_5,A_6)$}，请回答如下问题。

1）该分解是否为无损分解？

2）该分解是否保持函数依赖？

（6）设关系模式 R(A,B,C,D,E)，函数依赖集 F={AB→C,C→D,D→E}。R 的一个分解为 {R1(A,B,C),R2(C,D),R3(D,E)}，判断是否为无损分解。

（7）设有关系模式 R(A,B,C)，函数依赖集 F={AB→C,C→→A}，R 属于第几范式？为什么？

（8）设有关系模式 R(A,B,C,D)，函数依赖集 F={A→B,B→A,AC→D,BC→D,AD→C, BD→C,A→→CD,B→→CD}。

1）求 R 的主码。

2）R 是否为 4NF？为什么？

3）R 是否为 BCNF？为什么？

4）R 是否为 3NF，为什么？

（9）已知关系模式 R (U, F), U=(A,B,C, D, E, G); F = (AB→C,D→EG, C→A, BE→C, BC→D, CG→BD, ACD→B, CE→AG)。试求最小依赖集。

（10）设关系模式 R(U,F)的属性集 U={A,B,C}，函数依赖集 F={A→B,B→C}，试求属性闭包 A+。

（11）设关系模式 R(A,B,C,D,E)，F={A→C,B→D,C→E,DE→C,CE→A}，试问分解 ρ={$R_1(A,D),R_2(A,B),R_3(B,E),R_4(C,D,E),R_5(A,E)$}是否为 R 的一个无损连接分解。

（12）设有关系模式 R(A,B,C)，F={A→B,C→B}，分解 ρ1={$R_1(A,B),R_2(A,C)$}，判断 ρ2={$R_1(A,B),R_2(B,C)$}是否具有依赖保持性。

（13）设有关系模式 R(A,B,C,D,E,G)，其函数依赖集为 F={E→D,C→B,CE→G,B→A}，判断 R 的一个分解 ρ={$R_1(A,B),R_2(B,C),R_3(E,D),R_4(E,A,G)$}是否保持函数依赖。

第6章　数据库的安全性

- **了解**：可能破坏数据库的因素。
- **理解**：数据库管理系统提供的安全措施。
- **掌握**：MySQL 的安全机制及 MySQL 数据库备份和恢复。

6.1　问题的提出

数据库在各种信息系统中得到了广泛应用，数据在信息系统中的价值越来越重要，数据库系统的安全与保护成为越来越值得重要关注的方面。

数据库系统中的数据由 DBMS 统一管理与控制，为了保证数据库中数据的安全性、完整性、正确性和有效性，要求对数据库实施保护，使其免受某些因素破坏其中的数据。

一般说来，对数据库的破坏来自以下四个方面：

（1）非法用户。非法用户是指未经授权而恶意访问、修改甚至破坏数据库的用户，包括超越权限来访问数据库的用户。一般说来，非法用户对数据库的危害是相当严重的。

（2）非法数据。非法数据是指不符合规定或语义要求的数据，一般由用户的误操作引起。

（3）各种故障。各种故障是指硬件故障（如磁盘介质）、系统软件与应用软件的错误、用户的失误等。

（4）多用户的并发访问。数据库是共享资源，允许多个用户并发访问（Concurrent Access），由此会出现多个用户同时存取一个数据的情况。如果不控制并发访问，用户就可能存取到不正确的数据，从而破坏数据库的一致性。

6.2　数据库安全性机制

6.2.1　数据库安全性问题的概述

1. 数据库安全问题的产生

数据库的安全性是指在信息系统的不同层次保护数据库，防止未授权的数据访问，避免数据的泄露、不合法的修改或对数据的破坏。安全性问题不是数据库系统独有的，它来自各个方面，其中既有数据库本身的安全机制如用户认证、存取权限、视图隔离、跟踪与审查、数据加密、数据完整性控制、数据访问的并发控制、数据库的备份和恢复等方面，又涉及计算机硬件系统、计算机网络系统、操作系统、组件、Web 服务、客户端应用程序、网络浏览器等。只是在数据库系统中大量数据集中存放，而且为许多最终用户直接共享，从而使安全性问题更为突出，每个方面产生的安全问题都可能导致数据库数据的泄露、意外修改、丢失等。

例如，操作系统漏洞导致数据库数据泄露。微软公司发布的安全公告声明了一个缓冲区溢出漏洞，Windows NT、Windows 2000、Windows 2003 等操作系统都受到影响。有人针对该漏洞开发出溢出程序，通过计算机网络可以攻击存在该漏洞的计算机，并得到操作系统管理员权限。如果该计算机运行了数据库系统，就可轻易获取数据库系统数据。

又如，没有进行有效的用户权限控制引起的数据泄露。在 Browser/Server 结构的网络环境下数据库或其他两层或三层结构的数据库应用系统中，一些客户端应用程序总是使用数据库管理员权限与数据库服务器连接（如 MySQL 的管理员 root），在客户端功能控制不合理的情况下，可能使操作人员访问到超出访问权限的数据。

在安全问题上，DBMS 应与操作系统达到某种意向，厘清关系，分工协作，以增强 DBMS 的安全性。数据库系统安全保护措施有效是数据库系统的主要指标。

为了保护数据库，防止恶意滥用，可以在从低到高的五个级别上设置安全措施。

（1）环境级。应保护计算机系统的机房和设备，防止有人进行物理破坏。

（2）职员级。工作人员应清正廉洁，正确授予用户访问数据库的权限。

（3）OS 级。应防止未经授权的用户从 OS 处着手访问数据库。

（4）网络级。由于大多数 DBS 都允许用户通过网络进行远程访问，因此网络软件内部的安全性至关重要。

（5）DBS 级。DBS 的职责是检查用户的身份合法性及使用数据库权限的正确性。

2．数据库的安全标准

最早的与数据库安全有关的标准是美国国防部 1985 年颁布的《可信计算机系统评估标准（Trusted Computer System Evaluation Criteria，TCSEC)》。1991 年美国国家计算机安全中心颁布了《可信计算机系统评估标准关于可信数据库系统的解释（Trusted Datebase Interpreation，TDI)》，将 TCSEC 扩展到数据库管理系统。1996 年国际标准化组织又颁布了《信息技术安全技术——信息技术安全性评估准则》，使用数据库管理员权限与数据库服务器连接（如该计算机运行了数据库系统）。1999 年我国颁布了《计算机信息系统评估准则》。目前，国际上广泛采用的是美国标准 TCSEC/TDI，在此标准中将数据库安全划分为四大类，由低到高依次为 D、C、B、A。其中 C 级由低到高分为 C1 和 C2，B 级由低到高分为 B1、B2 和 B3。每级都包括其下级的所有特性，各级指标如下。

（1）D 级标准。无安全保护的系统。

（2）C1 级标准。只提供非常初级的自主安全保护。能分离用户和数据，进行自主存取控制（Discretionary Access Control，DAC），保护或限制用户权限的传播。

（3）C2 级标准。提供受控的存取保护，即将 C1 级的 DAC 进一步细化，以个人身份注册负责，并实施审计和资源隔离。很多商业产品已得到该级别的认证。

（4）B1 级标准。标记安全保护。标记系统的数据，并对标记的主体和客体实施强制存取控制（Mandatory Acess Control，MAC）及审计等安全机制。

符合 B1 级标准的数据库系统称为安全数据库系统或可信数据库系统。

（5）B2 级标准。结构化保护。建立形式化的安全策略模型并对系统内的所有主体和客体实施 DAC 和 MAC。

（6）B3 级标准。安全域，满足访问监控器的要求，审计跟踪能力更强，并提供系统恢复过程。

（7）A 级标准。验证设计，即提供 B3 级保护的同时给出系统的形式化设计说明和验证，以确保各安全保护真正实现。

我国标准的基本结构与 TCSEC 相似，分为 5 级，从第 1 级到第 5 级依次与 TCSEC 标准的 C 级（C1、C2）及 B 级（B1、B2、B3）一致。

6.2.2　数据库的安全性机制

在一般计算机系统中，安全措施是一级一级设置的，安全模型如图 6.1 所示。

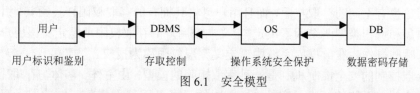

图 6.1　安全模型

在图 6.1 中，用户要进入计算机系统，系统首先根据输入的用户标识进行用户身份鉴定，只有合法的用户才可以进入计算机系统。然后对已经进入系统的用户，DBMS 要进行存取控制，只允许用户执行合法操作。操作系统一级也有自己的保护措施。最后数据还可以以密码形式存储在数据库中。

（1）用户认证。数据库系统不允许一个未经授权的用户对数据库进行操作。用户标识与鉴别（用户认证）是系统提供的最外层安全保护措施。其方法是由系统提供一定的方式让用户标识自己的名字或身份，每次用户要求进入系统时，都由系统进行核对，通过鉴定后提供机器使用权。当获得上机权的用户要使用数据库时，数据库管理系统还要进行用户标识和鉴定。

用户标识和鉴定的方法有很多种，而且在一个系统中往往多种方法并用，以得到更强的安全性。常用的方法是用户名和口令。

通过用户名和口令鉴定用户的方法简单、易行，但其可靠性极差，容易被他人猜出或测得。因此，设置口令法对安全强度要求比较高的系统不适用。近年来，一些更加有效的身份认证技术迅速发展。使用某种计算机过程和函数、智能卡技术，物理特征（指纹、声音、手图等）认证技术等具有高强度的身份认证技术日益成熟，并取得很多应用成果，为将来达到更高的安全强度要求打下了坚实的理论基础。

（2）存取控制。数据库安全性主要关心的是 DBMS 的存取控制机制。数据库安全最重要的一点就是确保只授权给有资格的用户访问数据库的权限，同时令所有未被授权的人员无法接近数据，这主要通过数据库系统的存取控制机制实现。存取控制是数据库系统内部对已经进入系统的用户的访问控制、安全数据保护的前沿屏障、数据库安全系统中的核心技术，也是最有效的安全手段。

在存取控制技术中，DBMS 管理的全体实体分为主体（Subject）和客体（Object）两类。主体是系统中的活动实体，包括 DBMS 管理的实际用户，也包括代表用户的各种进程。客体是存储信息的被动实体，是受主体操作的，包括文件、基本表、索引和视图等。

数据库存取控制机制包括定义用户权限和合法性权限检查两个部分。

1）定义用户权限，并将用户权限登记到数据字典中。用户权限是指不同的用户对不同的数据对象允许执行的操作权限。系统必须提供适当的语言定义用户权限，这些定义经过编译后存放在数据字典中，称为作系统的安全规则或授权规则。

2）合法性权限检查。用户发出存取数据库的操作请求（包括操作类型、操作对象、操作用户等信息）后，数据库管理系统查找数据字典，根据安全规则进行合法权限检查，若用户的操作请求超出了定义权限，则系统将拒绝执行此操作。

存取控制包括自主型存取控制和强制型存取控制两种。

1）自主型存取控制（Discretionary Access Control，DAC）。自主型存取控制是用户访问数据库的一种常用安全控制方法，较适合单机方式下的安全控制，大型数据库管理系统几乎都支持自主存取控制。在自主型存取控制中，用户对于不同的数据对象有不同的存取权限，不同的用户对同一对象也有不同的存取权限，而且用户可将其拥有的存取权限转授给其他用户。用户权限由数据对象和操作类型两个因素决定。定义一个用户的存取权限就是定义该用户在哪些数据对象上进行哪些操作。在数据库系统中，定义存取权限称为授权。

自主型存取控制的安全控制机制是一种存取矩阵的模型，由主体、客体与存/取操作构成，矩阵的列表示主体，矩阵的行表示客体，矩阵中的元素表示存/取操作（如读取、写入、修改和删除等），如图 6.2 所示。

客体	主体 1	主体 2	……	主体 n
客体 1	write	delete	……	update
客体 2	delete	read	……	write/read
……	……	……	……	……
客体 m	update	read	……	update

图 6.2 授权存/取矩阵模型

在自主型存取控制模型中，系统根据对用户的授权构成授权存取矩阵，每个用户对每个信息资源对象都要给定某个级别的存取权限，例如读取、写入等。当用户申请以某种方式存取某个资源时，系统根据用户的请求与系统授权存取矩阵进行匹配和比较，若通过，则允许满足该用户的请求，提供可靠的数据存取方式；否则，拒绝该用户的访问请求。

SQL 标准也对自主型存取控制提供支持，主要通过 SQL 的 GRANT 语句和 REVOKE 语句实现权限的授予和收回。

自主型存取控制能够通过授权机制有效地控制其他用户对敏感数据的存取，但是由于用户对数据的存取权限是"自主"的，用户可以自由地决定将数据的存取权限授予别的用户，而无需系统确认。因此，系统的授权存取矩阵可以被直接或间接地修改，可能导致数据的"无意泄露"，给数据库系统造成不安全因素。要解决该问题，就需要对系统控制下的所有主体、客体实施强制型存取控制策略。

2）强制型存取控制（Mandatory Access Control，MAC）。强制型存取控制是指系统为保证更高程度的安全性，按照 TCSEC/TDI 标准中安全策略的要求采取的强制存取检查手段，较适用于网络环境，对网络中的数据库安全实体进行统一的、强制性的访问管理。

强制型存取控制系统主要通过对主体和客体的已分配的安全属性进行匹配和判断，决定主体是否有权对客体进行进一步的访问操作。对于主体和客体，DBMS 为它们的每个实例都指派一个敏感度标记（Label）。敏感度标记被分成若干级别，如绝密、机密、可信、公开等。主体的敏感度标记称为许可证级别，客体的敏感度标记称为密级。在强制存取控制下，每个数据对象被标以一定的密级，每个用户被授予某个级别的许可证。对于任一个对象，只有具有合法许可证的用户才可以存取。而且，该授权状态一般不能被改变，这是强制型存取控制模型与自主型存取控制模型实质性的区别。一般用户或程序不能修改系统安全授权状态，只有特定的系统权限管理员才能根据系统的实际需要有效地修改系统的授权状态，以保证数据库系统的安全性。

强制型存取控制策略基于以下两个规则：

1）仅当主体的许可证级别大于或等于客体的密级时，主体对客体有读权限。

2）仅当客体的密级大于或等于主体的许可证级别时，主体对客体有写权限。

这两个规则的共同点在于均禁止拥有高许可证级别的主体更新低密级的数据对象，从而防止敏感数据的泄露。

强制型安全存取控制模型的不足之处是可能给用户使用自己的数据时带来诸多不便，其原因是这些限制过于严格，但是对于任一个严肃的安全系统而言，强制型安全存取控制是必要的，可以避免和防止大多数有意无意对数据库的侵害。

由于较高安全性级别提供的安全保护要包含较低安全性级别的所有安全保护，因此实现强制存取控制时，首先实现自主型存取控制，即自主型存取控制与强制型存取控制共同构成DBMS 的安全机制。系统首先进行自主型存取控制检查，对通过检查的允许存取的主体与客体再由系统进行强制型存取控制的检查，只有通过检查的数据对象才可存取。

（3）视图隔离。视图是数据库系统提供给用户以多种角度观察数据库中数据的重要机制，是从一个或多个基表（或视图）导出的表，它与基表不同，是一个虚表。数据库中只存放视图的定义，而不存放视图对应的数据，这些数据仍存放在原来的基本表中。

从某种意义上讲，视图就像一个窗口，透过它可以看到数据库中自己感兴趣的数据及其变化。存取权限控制时，可以为不同的用户定义不同的视图，把访问数据的对象限制在一定的范围内，也就是说，通过视图机制要把保密的数据对无权存取的用户隐藏起来，从而对数据提供一定程度的安全保护。

视图机制的主要功能是提供数据独立性，在实际应用中，常常将视图机制与存取控制机制结合起来使用，先用视图机制屏蔽一部分保密数据，再在视图上进一步定义存取权限。定义不同的视图及有选择地授予视图上的权限可以将用户、组或角色限制在不同的数据子集内。

（4）数据加密。前面介绍的几种数据库安全措施都是防止从数据库系统中窃取保密数据。但数据存储在存盘、磁带等介质上，还常常通过通信线路传输，为了防止数据在这些过程中被窃取，较好的方法是对数据进行加密。对于高度敏感性数据（如财务数据、军事数据、国家机密），除用上述安全措施外，还可以采用数据加密技术。

加密的基本思想是根据一定的算法将原始数据（术语为明文）转换为不可直接识别的格式（术语为密文），从而使得不知道解密算法的人无法获知数据的内容。数据解密是加密的逆过程，即将密文数据转换为可见的明文数据。

一个密码系统包含明文集合、密文集合、密钥集合和算法，其中密钥和算法构成了密码系统的基本单元。算法是一些公式、法则或程序，它规定明文与密文之间的变换方法，密钥可以看作算法中的参数。密码系统如图 6.3 所示。

加密方法可分为对称加密与非对称加密两种。对称加密的加密密钥与解密密钥相同，其典型代表是数据加密标准（Data Encryption Standard，DES）；非对称加密的加密密钥与解密密钥不相同，其中加密密钥可以公开，而解密密钥不可以公开。

图 6.3　密码系统

由于数据加密和解密是相当费时的操作，其运行程序会占用大量系统资源，因此数据加密功能通常是可选特征，允许用户自由选择，一般只对机密数据加密。

（5）审计。审计功能是 DBMS 达到 C2 级以上安全级别必不可少的指标。这是数据库系统的最后一道安全防线。

审计功能把用户对数据库的所有操作自动记录下来，并存放在日志文件中。DBA 可以利用审计跟踪的信息，重现导致数据库现有状况的一系列事件，找出非法访问数据库的人、时间、地点以及所有访问数据库的对象和执行的动作。

审计方式有两种，即用户审计和系统审计。

1）用户审计。DBMS 的审计系统记下所有对表或视图进行访问的企图（包括成功的和不成功的）及每次操作的用户名、时间、操作代码等信息。这些信息一般都被记录在数据字典（系统表）中，用户可以利用这些信息进行审计分析。

2）系统审计。由系统管理员进行，其审计内容主要是系统一级命令以及数据库客体的使用情况。

因为审计通常是很费时间和空间的，所以 DBMS 往往将其作为可选特征，一般主要用于对安全性要求较高的部门。

6.2.3　MySQL 的安全性策略

MySQL 数据库管理系统是一个多用户数据库管理系统，具有功能强大的访问控制系统，可以为不同用户指定不同权限。MySQL 中主要包括两种用户：root 和普通用户。root 是默认用户，也是超级管理员，拥有所有权限，包括创建用户、删除用户和修改用户密码等管理权限，可以控制整个 MySQL 服务器。在实际应用中，为了满足实际项目的需求，可以创建拥有不同权限的普通用户，普通用户只能拥有创建用户时赋予它的权限。

MySQL 的安全性机制主要包括权限机制、用户机制和权限管理。

1. 权限机制

安装 MySQL 时，自动创建一个名为 mysql 的数据库，其中存储的都是用户权限表。主要有 mysql.user 表、mysql.db 表、mysql.host 表、table_priv 表、columns_priv 表、procs_priv 表。用户登录以后，MySQL 数据库管理系统会根据这些权限表的内容为每个用户赋予相应的权限。下面主要介绍下这些表。

（1）mysql.user 表。user 表是 MySQL 中的一个重要权限表，用来记录允许连接到服务器的账号信息。在 user 表里启用的所有权限都是全局级的，适用于所有数据库。user 表中有 43 个字段，大致可以分为四类：用户字段、权限字段、安全字段和资源控制字段。

1）用户字段：mysql.user 表中的用户字段包含 3 个字段，主要用来判断用户能否登录成功。用户字段见表 6.1。

表 6.1 用户字段

字段名	字段类型	是否为空	默认值	说明
Host	char(60)	NO	无	主机名
User	char(32)	NO	无	用户名
authentication_string	text	YES	无	密码

当用户登录时，首先在 mysql.user 表中判断用户字段，如果这 3 个字段能够同时匹配，则允许登录。当创建新用户时，实际上会设置用户字段中包含的 3 个字段。当修改用户密码时，实际上会修改用户字段中的 authentication_string 字段。

2）权限字段：权限字段决定了用户的权限，用来描述在全局范围内允许对数据和数据库进行的操作。权限大致分为两大类：高级管理权限和普通权限。高级管理权限主要对数据库进行管理，如关闭服务的权限、超级权限和加载用户等；普通权限主要操作数据库，如查询权限、修改权限等。

user 表中拥有一系列以"_priv"字符串结尾的字段，这些字段决定了用户权限。权限字段见表 6.2。

表 6.2 权限字段

字段	说明
Select_priv	确定用户是否可以通过 SELECT 命令选择数据
Insert_priv	确定用户是否可以通过 INSERT 命令插入数据
Update_priv	确定用户是否可以通过 UPDATE 命令修改数据
Delete_priv	确定用户是否可以通过 DELETE 命令删除数据
Create_priv	确定用户是否可以创建新的数据库和表
Drop_priv	确定用户是否可以删除现有数据库和表
Reload_priv	确定用户是否可以执行刷新和重新加载 MySQL 所用内部缓存的特定命令，包括日志、权限、主机、查询和表
Shutdown_priv	确定用户是否可以关闭 MySQL 服务器。将此权限提供给 root 账户之外的任何用户时，都应当非常谨慎
Process_priv	确定用户是否可以通过 SHOW PROCESSLIST 命令查看其他用户的进程
File_priv	确定用户是否可以执行 SELECT INTO OUTFILE 和 LOAD DATA INFILE 命令
Grant_priv	确定用户是否可以将已经授予给该用户的权限再授予其他用户
References_priv	只是某些未来功能的占位符，现在没有作用
Index_priv	确定用户是否可以创建和删除表索引
Alter_priv	确定用户是否可以重命名和修改表结构
Show_db_priv	确定用户是否可以查看服务器上所有数据库的名字，包括用户拥有足够访问权限的数据库

字段	说明
Super_priv	确定用户是否可以执行某些强大的管理功能，如使用 KILL 命令删除用户进程、使用 SET GLOBAL 命令修改全局 MySQL 变量、执行关于复制和日志的命令
Create_tmp_table_priv	确定用户是否可以创建临时表
Lock_tables_priv	确定用户是否可以使用 LOCK TABLES 命令阻止对表的访问或修改
Execute_priv	确定用户是否可以执行存储过程
Repl_slave_priv	确定用户是否可以读取用于维护复制数据库环境的二进制日志文件。此用户在主系统中，有利于主机与客户机的通信
Repl_client_priv	确定用户是否可以确定复制从服务器和主服务器的位置
Create_view_priv	确定用户是否可以创建视图
Show_view_priv	确定用户是否可以查看视图或了解视图如何执行
Create_routine_priv	确定用户是否可以更改或放弃存储过程和函数
Alter_routine_priv	确定用户是否可以修改或删除存储函数及函数
Create_user_priv	确定用户是否可以执行 CREATE USER 命令，以创建新的 MySQL 账户
Event_priv	确定用户能否创建、修改和删除事件
Trigger_priv	确定用户能否创建和删除触发器

3）安全字段：安全字段主要用来判断用户是否能够登录成功，主要包括 4 个字段：ssl_type、ssl_cipher、x509_issuer、x509_subject。包含 ssl 的字段主要用来实现加密，包含 x509 的字段主要用来标识用户。普通的发行版都不具有加密功能。可以使用 SHOW VARIABLES LIKE 'have_openssl'语句查看是否具有 ssl 加密功能。如果取值为 DISABLED，那么不具有 ssl 加密功能。

4）资源控制字段：资源控制列的字段用来限制用户使用的资源，主要包括 4 个字段。所有资源控制字段的默认值都为 0，表示没有任何限制。资源控制字段见表 6.3。

表 6.3　资源控制字段

字段名	说明
max_questions	每小时允许执行查询的次数
max_updates	每小时允许执行更新的次数
max_connections	每小时可以建立连接的次数
max_user_connections	单个用户可以同时具有的连接数

（2）mysql.db 表和 mysql.host 表。在系统数据库 mysql 中，权限除 user 表外，还有 db 表和 host 表。这两张表中都存储了某个用户对相关数据库的权限，结构大致相同。查找某个用户的权限时，首先会从系统表 mysql.db 中查找，如果找不到 Host 字段的值，则会到系统表 mysql.user 中查找。

（3）mysql.tables_priv 表。tables_priv 表用来实现单个表的权限设置，包含 8 个字段，其中前 4 个分别表示主机名、数据库名、用户名和表名。Grantor 字段表示权限的设置者。Timestamp

字段表示存储更新的时间。Table_priv 字段表示对表进行操作的权限,其值可以是 Select、Insert、Update、Delete、Create、Drop、Grant、References、Index、Alter、Create View、Show view、Trigger。Column_priv 字段表示对表中字段列进行操作的权限,其值可以是 Select、Insert、Update、References。

(4)columns_priv 表。columns_priv 表用来实现单个字段列的权限设置,包含 7 个字段,与 mysql.tables_priv 表相比,该表中多出了 Column_name 字段,表示可以操作的字段列。

(5)procs_priv 表。procs_priv 表包含 8 个字段,前 3 个字段分别表示主机名、数据库名和用户名。Routine_name 字段表示存储过程或函数的名称。Routine_type 字段表示数据库对象类型,其值只能是 procedure(存储过程)、function(函数)。Grantor 字段表示存储权限的设置者。Proc_priv 字段表示拥有的权限,其值可以是 Execute、Alter Routine、Grant。

2.用户机制

为保证数据库的安全性和完整性,MySQL 提供了一整套用户管理机制。用户管理机制包括登录和退出 MySQL 服务器、创建普通用户账户、修改用户口令、删除用户账户、用户重命名等内容。

(1)登录和退出 MySQL。

1)登录 MySQL。连接 MySQL 服务器的完整 DOS 命令:

```
mysql -h hostname | hostIp -P port -u username -p DataBaseName -e "SQL 语句"
```

参数说明见表 6.4。

表 6.4　参数说明

字段名	说明
-h	指定所连接的 MySQL 服务器的地址,可以用两种方式表示:参数 hostname 表示主机名,参数 hostIp 表示主机 IP 地址
-P	指定连接的 MySQL 服务器的端口号
-u	指定要连接 MySQL 服务器的用户
-p	表示提示输入密码
DataBaseName	指定连接 MySQL 服务器后登录的数据库。如果没有指定,则默认为系统数据库 mysql
-e	指定执行的 SQL 语句

【例 6.1】通过用户账户 root 登录 MySQL 服务器的数据库 cmpany。

```
mysql -h 127.0.0.1-u root -p company
mysql -h 127.0.0.1-u root -p company -e "SELECT * FROM t_dept";
```

如果想在具体连接中直接设置密码,而不是在输入密码提示中设置,可以通过下面的命令来实现,但该密码需要直接加在参数-p 后面,中间不能有空格。

```
mysql -h 127.0.0.1-u root -p123456 company
```

2)退出 MySQL。退出 MySQL 服务器的 DOS 命令如下:

```
EXIT| QUIT
```

(2)创建普通用户账户。对 MySQL 软件中的数据库对象进行具体操作时,应该杜绝使用 root 用户账户登录 MySQL 服务器,仅在绝对需要时使用,而不应该在日常 MySQL 操作中使用该用户账户。创建普通用户有如下三种方法。

方法一：执行 CREATE USER 语句创建用户账户。

CREATE USER username[IDENTIFIED BY [PASSWORD]'password']
[,username[IDENTIFIED BY [PASSWORD]'password']]
…
[,username[IDENTIFIED BY [PASSWORD]'password']]

说明：

（1）Username：指定创建用户账户，格式为'username'@'hostname'。其中 username 是用户名，hostname 是主机名，即用户连接 MySQL 时所用主机的名字。如果一个用户名和主机名中包含特殊符号（如"_"）或通配符（如"%"），则需要加单引号；如果在创建的过程中只给出用户名，而没有指定主机名，那么主机名默认为"%"，表示一组主机，即对所有主机开放权限。Localhost 表示本地主机。

（2）IDENTIFIED BY：指定用户密码。新用户可以没有初始密码。若该用户不设密码，则可省略此子句。

（3）PASSWORD 'password'：PASSWORD 表示使用哈希值设置密码，为可选参数。如果密码是一个普通的字符串，则不需要使用 PASSWORD 关键字。'password' 表示用户登录时使用的密码，需要用单引号引起来。

使用 CREATE USER 语句时应注意以下几点。

（1）CREATE USER 语句可以不指定初始密码。但是从安全的角度来说，不推荐这种做法。

（2）使用 CREATE USER 语句必须拥有 mysql 数据库的 INSERT 权限或全局 CREATE USER 权限。

（3）使用 CREATE USER 语句创建一个用户后，MySQL 会在 mysql 数据库的 user 表中添加一条新记录。

（4）可以使用 CREATE USER 语句同时创建多个用户，多个用户用逗号隔开。

（5）用户名和密码区分大小写。

新创建的用户拥有的权限很少，只能执行不需要权限的操作，如登录 MySQL、使用 SHOW 语句查询所有存储引擎和字符集的列表等。如果两个用户的用户名相同，但主机名不同，则 MySQL 会将它们视为两个用户，并允许为这两个用户分配不同的权限集合。

【例 6.2】创建用户 KING，从本地主机连接 MySQL 服务器。

CREATE USER 'KING'@'localhost';

【例 6.3】创建两个用户，用户名为 PALO，分别从任意主机和本地主机连接 MySQL 服务器，指定用户密码为"123456"。

CREATE USER 'PALO'@'%'　IDENTIFIED BY '123456',
'PALO'@'localhost'　IDENTIFIED BY '123456';

创建的用户信息将保存在 USER 表中，可以使用如下命令查看创建的用户情况：

Select user,host,authentication_string from USER;

方法二：使用 INSERT 语句创建用户。

可以使用 INSERT 语句将用户的信息添加到 mysql.user 表中，但必须拥有对 mysql.user 表的 INSERT 权限。通常 INSERT 语句只添加 Host、User 和 authentication string 三个字段的值。

INSERT INTO user(Host, User, authentication_ string, ssl_cipher, x509_issuer,x509_subject)

```
VALUES('hostname', 'usemame', PASSWORD(password) , '', '', '');
```

注意：具体实现创建用户账号时，由于表 mysql.user 中字段 ssl_cipher，x509_issuer，x509_subject 没有默认值，因此还需要设置这些字段的值。对于字段 Password 的值，一定要使用 PASSWORD()函数进行加密。

【例 6.4】创建用户 MIKE，从本地主机连接 MySQL 服务器，密码为"123456"。

```
INSERT INTO user (Host,User, Password, ssl_cipher, x509_issuer,x509_subject)
VALUES('localhost','MIKE',PASSWORD('123456'), '', '', '');
flush privileges;
```

新建用户成功。但是此时如果通过该账户登录 MySQL 服务器不会登录成功，因为 test2 用户还没有生效，执行 flush privileges 命令可以让账户生效，让 MySQL 刷新系统权限相关表。执行 FLUSH 命令需要 RELOAD 权限。

方法三：使用 GRANT 语句创建用户。

虽然使用 CREATE USER 和 INSERT INTO 语句都可以创建普通用户，但是这两种方式不便授予用户权限。于是 MySQL 提供了 GRANT 语句。使用 GRANT 语句创建用户的语法格式如下：

```
GRANT priv_type ON database.table
TO username[IDENTIFIED BY [PASSWORD]'password']
[,username[IDENTIFIED BY [PASSWORD]'password']]
…
[,username[IDENTIFIED BY [PASSWORD]'password']]]
```

说明：

（1）priv_ type：表示新用户的权限。

（2）database.table：表示新用户的权限范围，即只能在指定的数据库和表上使用自己的权限。

（3）username：指定新用户的账号，由用户名和主机名构成。

（4）IDENTIFIED BY：设置密码。

（5）password：表示新用户的密码。

【例 6.5】使用 GRANT 语句创建名为 test 的用户，主机名为 localhost，密码为 test。该用户对所有数据库的所有表都有 SELECT 权限。

```
GRANT SELECT ON '. 'TO 'test '@ 'localhost ' IDENTIFIED BY 'test ';
```

其中，'. '表示所有数据库下的所有表。test 用户对所有表都有查询（SELECT）权限。GRANT 语句是 MySQL 中一个非常重要的语句，它可以用来创建用户、修改用户密码和设置用户权限。

（3）修改用户口令。只有 root 用户才能设置或修改当前用户或其他特定用户的密码。

方法一：使用 UPDATE 语句更新 mysql 数据库的 user 表。

执行 UPDATE 语句后，还需要执行 FLUSH PRIVILEGES 语句，从 mysql 数据库中的授权表中重新加载权限。

【例 6.6】假设更改从 localhost 主机连接的 test 用户的密码为"123456"。

```
UPDATE user
SET authentication_ string = PASSNORD( ' 123456 ')
WHERE user = ' test' AND host ='localhost' ;
FLUSH PRIVILEGES;
```

方法二：使用 ALTER USER 语句与 IDENTIFIED BY 子句更改用户密码。语法格式如下：

```
ALTER USER username@ hostname IDENTIFIED [withcaching_sha2_password] BY newpassword [replace
oldpassword];
```

其中，caching_sha2_password 表示自 MySQL 8.0 以后，用户表默认的加密规则。之前版本的加密规则是 mysql_native_password。

注意：

（1）MySQL 8.0 支持密码过期策略，需要周期性修改密码。

（2）MySQL 8.0 增加了历史密码校验机制，防止近几次密码相同。

（3）只有当指定用户为当前用户时，才需要使用 REPLACE 验证旧密码，修改其他用户时不需要使用 REPLACE 验证旧密码使用。

（4）MySQL 8.0 支持双密码机制，即可以同时使用新密码和修改前的旧密码，且可以选择采用主密码还是第二个密码。

（5）MySQL 8.0 增加了密码强度约束，避免使用弱密码。

【例 6.7】 使用 ALTER USER 语句将 test 用户的密码更改为"test"。

```
ALTER USER ' test'@ ' localhost ' IDENTIFIED BY 'test' ;
```

【例 6.8】 修改密码时效为永不过期。

```
ALTER USER ' root'@ ' % ' IDENTIFIED BY '123456' PASSWORD EXPIRE NEVER ;
```

（4）删除用户账户。

方法一：通过 DROP USER 语句删除普通用户，语法格式如下：

```
Drop user user1 [,user2]...
```

【例 6.9】 删除 test 账户。

```
DROP USER 'test'@'localhost';
```

方法二：删除系统表 mysql.user 数据记录实现删除普通用户账号。

```
DELETE FROM USER WHERE USER='username' AND HOST='hostname'
```

【例 6.10】 删除 test 账户。

```
DELETE FROM USER WHERE USER='test'    AND HOST='localhost';
flush privileges;
```

（5）用户重命名。可以使用 RENAME USER 语句对原有用户进行重命名，但必须拥有全局 CREATE USER 权限或 MySQL 数据库 UPDATE 权限，语法格式如下：

```
RENAME USER old_username TO new_username[，old_username TO new_username]…
```

其中，old_username 为已经存在的 SQL 用户，new_username 为新的 SQL 用户。

【例 6.11】 修改 KING 用户名为 KIN。

```
RENAME USER 'KING'@'localhost' TO 'KIN'@'localhost'
```

3. 权限管理

权限管理是指登录到 MySQL 数据库服务器的用户需要进行权限验证，只有拥有权限，才能对该权限进行操作。不允许新的 SQL 用户访问属于其他 SQL 用户的表，也不能立即创建自己的表，它必须被授权。

MySQL 的用户及其权限信息存储在 MySQL 自带的 MySQL 数据库中，具体是在 MySQL 数据库的 user、db、host、tables_priv、columns_priv、procs_priv 表中，这些表统称为 MySQL 的授权表。通过权限验证进行权限分配时，按照 user、db、tables_priv 和 columns_priv 的顺

序分配，即先检查全局权限表 user，如果 user 中对应的权限为 Y，则该用户对所有数据库的权限为 Y，不再检查 db、tables_priv 和 columns_priv；如果为 N，则从 db 表中检查该用户对应的具体数据库，并得到 db 中的 Y 的权限；如果 db 中为 N，则检查 tables_priv 中该数据库对应的具体表，取得表中的权限 Y，依此类推。MySQL 的权限可以分为如下层级：

（1）全局层级：使用 ON *.*语法赋予权限。

（2）数据库层级：使用 ON db_name.*语法赋予权限。

（3）表层级：使用 ON db_name.tbl_name 语法赋予权限。

（4）列层级：语法格式采用 SELECT(col1,col2,...)、INSERT(col1,col2,...)和 UPDATE (col1,col2,...)。

权限管理包括授权、查看权限和收回权限。

（1）用 GRANT 语句进行授权。使用 GRANT 语句对普通用户授权，语法格式如下：

```
GRANT priv_type [(colunn_list)][, priv_type [(colunn_list)]]…
ON [object_type]{.tbl_name|*|.dbname.*}
TO username[IDENTIFIED BY [PASSWORD]'password']
[,username[IDENTIFIED BY [PASSWORD]'password']]…
[WITH with-option[with-option]...]
```

说明：

（1）priv_type：表示权限的类型。

（2）column_list：表示权限作用的字段。

（3）object_type：表示对象的类型，可以是特定表、所有表、特定库或所有数据库。

（4）dbname.*：表示特定数据库的所有表。

（5）*.*：表示所有数据库。

（6）username：表示用户，由用户名和主机名构成。

（7）IDENTIFIED BY：用来实现设置密码。

（8）with-option：取值只能是下面 5 个值。

1）GRANT OPTION：被授权的用户可以将权限授予其他用户。

2）MAX_QUERIES_PER_HOUR count：设置每小时可以执行 count 次查询。

3）MAX_UPDATES_PER_HOUR count：设置每小时可以执行 count 次更新。

4）MAX_CONNECTIONS_PER_HOUR count：设置每小时可以建立 count 次连接。

5）MAX_USER_CONNECTIONS count：设置单个用户可以同时具有 count 个连接。

1）授予对字段或表的权限。字段或表的权限与说明见表 6.5。

表 6.5 字段或表的权限与说明

权限	说明
SELECT	给予用户使用 SELECT 语句访问特定表的权限
INSERT	给予用户使用 INSERT 语句向一个特定表中添加行的权限
DELETE	给予用户使用 DELETE 语句从一个特定表中删除行的权限
UPDATE	给予用户使用 UPDATE 语句修改特定表中值的权限
REFERENCES	给予用户创建一个外键来参照特定表的权限

权限	说明
CREATE	给予用户使用特定名字创建一个表的权限
ALTER	给予用户使用 ALTER TABLE 语句修改表的权限
INDEX	给予用户在表上定义索引的权限
DROP	给予用户删除表的权限
ALL 或 ALL PRIVILEGES	给予用户对表所有的权限

【例 6.12】授予用户 MIKE 对 students 表的 sno 和 sname 列的 UPDATE 权限。

```
GRANT UPDATE(sno,sname) ON students TO 'MIKE'@'localhost'
```

【例 6.13】授予用户 test 对所有数据库的查询、创建和删除权限，设置密码为"test"并允许将权限授予其他用户。

```
GRANT SELECT,CREATE,DROP ON *.*
TO 'test'@'localhost'
IDENTIFIED BY 'test'
WITH GRANT OPTION;
```

2）授予对库的权限。数据库的权限与说明见表 6.6。

表 6.6　数据库的权限与说明

权限	说明
SELECT	给予用户使用 SELECT 语句访问所有表的权限
INSERT	给予用户使用 INSERT 语句向所有表中添加行的权限
DELETE	给予用户使用 DELETE 语句从所有表中删除行的权限
UPDATE	给予用户使用 UPDATE 语句修改所有表中值的权限
REFERENCES	给予用户创建一个外键来参照所有表的权限
CREATE	给予用户使用特定名字创建一个表的权限
ALTER	给予用户使用 ALTER TABLE 语句修改表的权限
INDEX	给予用户在所有表上定义索引的权限
DROP	给予用户删除所有表和视图的权限
CREATE TEMPORARY TABLES	给予用户在特定数据库中创建临时表的权限
CREATE VIEW	给予用户在特定数据库中创建视图的权限
SHOW VIEW	给予用户查看特定数据库中已有视图的视图定义的权限
CREATE ROUTINE	给予用户为特定数据库创建存储过程和存储函数的权限
ALTER ROUTINE	给予用户更新和删除数据库中已有存储过程和存储函数的权限
EXECUTE ROUTINE	给予用户调用特定数据库的存储过程和存储函数的权限
LOCK TABLES	给予用户锁定特定数据库的已有表的权限
ALL 或 ALL PRIVILEGES	给予用户所有的权限

【例 6.14】授予用户 MIKE 对 student 数据库中所有表 SELECT、INSERT、UPDATE、DELETE、CREATE 和 DROP 的权限。

```
GRANT SELECT,INSERT,UPDATE,DELETE,CREATE,DROP
ON student.*
TO 'MIKE'@'localhost'
```

【例 6.15】授予用户 test 对 student 数据库中所有表的所有权限。

```
GRANT ALL ON student.* TO 'test'@'localhost'
```

【例 6.16】授予用户 KIN 为 student 数据库创建存储过程和存储函数的权限。

```
GRANT CREATE ROUTINE ON student.* TO 'KIN'@'localhost'
```

【例 6.17】授予用户 PALO 操作所有数据库的权限。

```
GRANT CREATE USER ON *.* TO 'PALO'@'localhost'
```

【例 6.18】授予用户 MIKE 每小时可以发出查询 20 次、每小时可以发出更新 10 次、每小时可以连接数据库 5 次的权限。

```
GRANT ALL ON *.* TO 'MIKE'@'localhost'
IDENTIFIED BY ' frank'
WITH MAX_QUERES_PER_HOUR 20
MAX_UPDATES_PER_HOUR 10
MAX_CONNECTIONS_PER_HOUR 5;
```

（2）查看用户所拥有权限。查看用户所拥有权限的语法格式如下：

```
SHOW GRANTS FOR user;
```

【例 6.19】查看用户 PALO 的权限。

```
SHOW GRANTS FOR 'PALO'@'localhost';
```

根据执行结果可以显示相应用户的授权语句，从而实现查询用户所拥有的权限功能。

（3）收回用户所拥有的权限。使用 REVOKE 语句收回用户的某些特定的权限，语法格式如下：

```
REVOKE priv_type [(colunn_list)][, priv_type [(colunn_list)]]…
ON [object_type]{.tbl_name|*|.|dbname.*}
FROM username[,username]…
```

使用 REVOKE 语句收回某用户的所有权限，语法格式如下：

```
REVOKE ALL PRIVILEGES,GRANT OPTION
FROM username[,username]…
```

【例 6.20】收回用户 MIKE 对 student 数据库的 SELECT 权限。

```
REVOKE SELECT ON student.* FROM 'MIKE'@'localhost';
```

【例 6.21】收回用户 PALO 的所有权限。

```
REVOKE ALL PRIVILEGES,GRANT OPTION FROM 'PALO'@'localhost';
```

4．密码过期管理

如果需要建立自动密码到期策略，就可以使用 default_password_lifetime 变量，默认值为 0，表示禁止自动密码到期。可以在配置文件中通过修改该系统变量的值来启用自动密码到期。设置该变量的值为 N（N>0，N 是一个整数），表示允许密码生存期为 N 天，使用用户必须每 N 天就要修改一次密码。要建立全局策略，密码的使用期限约为 6 个月，可以在服务器 my.cnf 文件中修改，[mysqld]default_password_lifetime=180。

【例 6.22】创建和修改带有密码过期的用户，账户特定的到期时间设置如下。

（1）要求每 60 天更换密码。

```
CREATE USER 'MIKE'@'localhost' PASSWORD EXPIRE INTERVAL 60 DAY;
ALTER USER ' MIKE '@'localhost' PASSWORD EXPIRE INTERVAL 60 DAY;
```

（2）禁用密码到期。

```
CREATE USER ' MIKE '@'localhost' PASSWORD EXPIRE NEVER;
ALTER USER ' MIKE '@'localhost' PASSWORD EXPIRE NEVER;
```

（3）遵循全局到期策略。

```
CREATE USER ' MIKE '@'localhost' PASSWORD EXPIRE DEFAULT;
ALTER USER ' MIKE '@'localhost' PASSWORD EXPIRE DEFAULT;
```

MySQL 允许限制重复使用以前的密码，可以根据密码更改次数、已用时间或两者来建立重用限制。账户的密码历史由过去的密码组成，MySQL 可以限制从此历史记录中选择新密码。

（1）如果根据密码更改次数限制账户，则无法从指定数量的最新密码中选择新密码。例如，如果密码更改的最小数量设置为 3，则新密码不能与任何最近的 3 个密码相同。

（2）如果账户因时间的限制而被限制，则无法从历史记录中的新密码中选择新密码，该新密码的时间限制不会超过指定的天数。例如，如果密码重用间隔设置为 60 天，则新密码不得与最近 60 天内选择的密码相同。

5．角色管理

（1）角色的概念。角色是在 MySQL 8.0 中引入的新功能。在 MySQL 中，角色是权限的集合，可以为角色添加或移除权限。用户可以被赋予角色，也被授予角色包含的权限。对角色进行操作需要较高的权限。并且像用户账户一样，角色可以拥有授予和撤销的权限。

引入角色的目的是方便管理拥有相同权限的用户。恰当的权限设定可以确保数据的安全性，这是至关重要的。以下总结了 MySQL 提供的角色管理功能。

1）CREATE ROLE 和 DROP ROLE：角色创建和删除。

2）GRANT 和 REVOKE：为用户和角色分配和撤销权限。

3）SHOW GRANTS：显示用户和角色的权限和角色分配。

4）SET DEFAULT ROLE：指定哪些账户角色默认处于活动状态。

5）SET ROLE：更改当前会话中的活动角色。

6）CURRENT_ROLE()：显示当前会话中的活动角色。

（2）创建角色并授权。创建角色和给角色授权的语法大致与创建用户及授权类似，角色名称的命名规则和用户名也类似，如果省略 host_name，则默认为"%"；不可省略 role_name，不可为空值。创建角色的语法格式如下：

```
CREATE ROLE 'role_name'[@'host_name'][, 'role_name'[@'host_name']]…;
```

给角色授权的语法格式如下：

```
GRANT PRIVILEGES on table_ name to 'role_ name'[ @ 'host_name'];
```

【例 6.23】创建一个名 CURRENT_ROLE 的角色，并为该角色授权，允许其查询、修改 student 数据库的所有表。

```
CREATE ROLE 'CURRENT_ROLE';
GRANT select,update on student.* to 'CURRENT_ROLE';
```

（3）检查角色权限。语法格式如下：

```
show grants for 'role_ name'[@'host_name'];
```

在默认情况下，只要创建了一个角色，系统就自动给赋予"USAGE"权限，即连接登录数据库的权限。

（4）给用户授予角色。语法格式如下：

GRANT 'role_ name' [@ 'host_ name'] to 'user_ name' [@' host_ name'];

授予权限后需要激活生效：

set default 'role_ name'[@ 'host_ name'] to 'user_ name'[@ ' host_ name'] ;

【例6.24】为用户 MIKE 授予角色 CURRENT_ROLE。

GRANT 'CURRENT_ROLE' @ 'host_ name' to 'MIKE' @' host_ name';

（5）删除角色和撤销权限。删除角色的语法格式如下：

DROP ROLE   'role_name'[@'host_name'][, 'role_name'[@'host_name']]…;

撤销角色权限的语法格式如下：

REVOKE 'role_ name ' [@' host_ name'] from   'user_ name' [@' host_ name'];

【例6.25】撤销授予角色 CURRENT_ROLE 的查询，修改 student 数据库所有表的权限，然后删除该角色。

REVOKE select,update on student.* to 'CURRENT_ROLE';
DROP ROLE   'CURRENT_ROLE';

6.3　数据库的备份与恢复

数据的损失（如意外停电、管理员不小心操作失误）可能造成数据的丢失。保证数据安全的一个重要措施是确保定期对数据进行备份。如果数据库中的数据丢失或者出现错误，就可以使用备份的数据恢复，尽可能降低意外原因导致的损失。数据库系统提供了备份和恢复策略来保证数据库中数据的可靠性和完整性。常见数据库备份的应用场景如下。

（1）数据丢失应用场景。

1）人为操作失误造成某些数据被误操作。

2）软件 BUG 造成部分数据或全部数据丢失。

3）硬件故障造成数据库部分数据或全部数据丢失。

4）安全漏洞被入侵数据恶意破坏。

（2）非数据丢失应用场景。

1）特殊应用场景下基于时间点的数据恢复。

2）开发测试环境数据库搭建。

3）相同数据库的新环境搭建。

4）数据库或者数据迁移。

6.3.1　MySQL 备份类型

根据备份的方法（是否需要数据库离线）可以将备份分为热备份（Hot Backup）、冷备份（Cold Backup）、温备份（Warm Backup）。

（1）热备份。可以在数据库运行时直接备份，对正在运行的数据库操作没有影响，数据库的读写操作可以正常执行。这种方式在 MySQL 官方手册中称为在线备份（Online Backup）。按照备份后文件的内容，热备份又可以分为逻辑备份和裸文件备份。

在 MySQL 数据库中，逻辑备份是指备份的文件内容是可读的，一般是文本内容。内容一般是由一条条 SQL 语句或者由表内实际数据组成。例如 mysqldump 和 SELECT * INTO OUTFILE 方法，优点是可以观察导出文件的内容，一般适用于数据库的升级、迁移等工作；其缺点是恢复时间较长。

裸文件备份是指复制数据库的物理文件，既可以在数据库运行时复制（如 ibbackup、xtrabackup 等工具），又可以在数据库停止运行时直接复制数据文件。这类备份的恢复时间往往比逻辑备份短很多。

（2）冷备份。必须在数据库停止的情况下备份，数据库的读写操作不能执行。这种备份最简单，一般只需复制相关的数据库物理文件即可，在 MySQL 官方手册中称为离线备份（Offline Backup）。

（3）温备份。温备份也是在数据库运行时进行的，但是会对当前数据库的操作有所影响，备份时仅支持读操作，不支持写操作。

按照备份数据库的内容，备份可以分为完全备份和部分备份。

（1）完全备份。对数据库进行一个完整的备份，即备份整个数据库，如果数据较多，就会占用较大的时间和空间。

（2）部分备份。备份部分数据库（如只备份一个表）。部分备份又分为增量备份和差异备份。

增量备份需要使用专业的备份工具，是指在上次完全备份的基础上，对更改的数据进行备份。也就是说，每次备份只会备份自上次备份之后到备份时间之内产生的数据。因此每次备份都比差异备份节约空间，但是恢复数据麻烦。

差异备份指的是自上一次完全备份以来变化的数据。与增量备份相比浪费空间，但恢复数据比增量备份简单。

MySQL 中进行不同方式的备份还要考虑存储引擎是否支持，如 MyISAM 不支持热备份，支持温备份和冷备份；InnoDB 支持热备份、温备份和冷备份。一般情况下，需要备份的数据有：表数据；二进制日志、InnoDB 事务日志；代码（存储过程、存储函数、触发器、事件调度器）；服务器配置文件。

表 6.7 列出了常用的备份工具。

表 6.7　常用的备份工具

备份工具	说明
mysqldump	逻辑备份工具，适用于所有存储引擎，支持温备份、完全备份、部分备份、对于 InnoDB 存储引擎支持热备份
cp、tar 等归档复制工具	物理备份工具，适用于所有存储引擎、冷备、完全备份、部分备份
lvm2 snapshot	借助文件系统管理工具进行备份
mysqlhotcopy	仅支持 MyISAM 存储引擎
xtrabackup	一款由 percona 提供的非常强大的 InnoDB/XtraDB 热备份工具，支持完全备份、增量备份

MySQL 数据库备份

6.3.2　MySQL 数据库备份

（1）使用 SELECT INTO OUTFILE 语句备份数据表。使用 SELECT INTO OUTFILE 语句把表数据导出到一个文本文件中进行备份。这种方法只能导出或导入数据的内容，而不包括表的结构。若表的结构文件损坏，则必须先设法恢复原来表的结构。

【例 6.26】对 student 表数据进行备份，文件存放在 D:\BACKUP 目录下。

Mysql>Select * from student into outfile 'D:\BACKUP \student.txt';

【例 6.27】对 course 表数据进行备份，文件存放在 D:\BACKUP 目录下，文件类型为.xls。

Mysql>Select * from course into outfile 'D:\BACKUP \couse.xls';

【例 6.28】对 teacher 表数据进行备份，文件存放在 D:\BACKUP 目录下，文件类型为.xml。

Mysql>Select * from teacher into outfile 'D:\BACKUP \teacher.xml';

（2）使用 MySQLdump 命令备份。MySQLdump 是 MySQL 提供的一个非常有用的数据库备份工具。执行 MySQLdump 命令时，可以将数据库备份成一个文本文件，该文件中实际包含多个 CREATE 和 INSERT 语句，使用这些语句可以重新创建表和插入数据。语法格式如下：

Mysqldump -h host -u user –p [password] dbname [tbname　[tbname...]]>filename .sql

说明：

（1）host：登录用户的主机名称。

（2）user：用户名称。

（3）password：登录密码。

（4）dbname：需要备份的数据库名称。

（5）tbname：需要备份的表。

（6）>：告诉 MySQLdump 将备份数据表的定义和数据写入备份文件。

（7）filename.sql：备份文件的名称。

Mysqldump 默认导出的 sql 文件中不仅包含表数据，还包含导出数据库中所有数据表的结构信息。导出时，如果不带绝对路径，则默认保存在 bin 目录下。

【例 6.29】使用 MySQLdump 备份全部数据库的数据和结构。

mysqldump -u root - p 123456 -A > d: /backup/ backup628_1. sql

或

mysqldump -u root - p 123456 --all -databases > d: /backup/ backup628_2. sql

【例 6.30】使用 MySQLdump 备份全部数据库的结构（加-d 参数）。

mysqldump -u root -p 123456 -A -d > d: /backup/ backup629. sql

【例 6.31】使用 MySQLdump 备份全部数据库的数据（加-t 参数）。

Mysqldump　 -u root -p 123456 -A -t > d: /backup/ backup630. sql

【例 6.32】使用 MySQLdump 备份单个数据库的数据和结构（数据库名 mydb）。

Mysqldump　 - u root -p 123456 mydb > d: /backup/ backup631. sql

【例 6.33】使用 MySQLdump 备份单个数据库的结构。

Mysqldump　 -u root - p 123456 mydb -d > d: /backup/ backup632. sql

【例 6.34】使用 MySQLdump 备份多个表的数据和结构。

Mysqldump -u root - p123456 mydb t1 t2 > d: /backup/ backup633. sql

【例 6.35】使用 MySQLdump 一次备份多个数据库。

Mysqldump -u root - p123456 -- databases db1 db2 > d: /backup/ backup634. sql

（3）直接复制整个数据库目录。因为 MySQL 表保存为文件方式，所以可以直接复制 MySQL 数据库的存储目录及文件进行备份。MySQL 的数据库目录不一定相同，在 Windows 系统，MySQL 8.0 存放数据库的目录通常默认为..\MySQL Server 8.0\data 或者其他用户定义目录；在 Linux 系统，数据库目录位置通常为/var/lib/MySQL/，不同 Linux 版本会有所不同，应在自己使用的系统查找该目录。

这是一种简单、快速、有效的备份方式。要想保持备份的一致性，备份前需要对相关表执行 LOCK TABLES 操作，然后对表执行 FLUSH TABLES。当复制数据库目录中的文件时，允许其他客户继续查询表。使用 FLUSH TABLES 语句确保开始备份前将所有激活的索引页写入硬盘。当然，也可以停止 MySQL 服务后进行备份。

虽然这种方式简单，但不是最好的方式，其不适用于 InnoDB 存储引擎的表。使用这种方式备份的数据最好恢复到相同版本的服务器中，不同的版本可能不兼容。

6.3.3 MySQL 恢复数据库

MySQL 恢复数据库

管理人员操作的失误、计算机故障，以及其他意外情况都会导致数据的丢失和破坏。当数据丢失或意外破坏时，可以通过恢复已经备份的数据尽量减少数据丢失和破坏造成的损失。

（1）使用 LOAD DATA INFILE 语句恢复表数据。

【例 6.36】使用例 6.26 备份的 student.txt 恢复 student 表的全部数据。

Mysql>LOAD DATA INFILE 'D:\BACKUP \student.txt' into table studnt;

【例 6.37】使用例 6.27 备份的 course.xls 恢复 course 表的全部数据。

Mysql>LOAD DATA INFILE 'D:\BACKUP \course.xls' into table course;

【例 6.38】使用例 6.28 备份的 teacher.xml 恢复 teacher 表的部分数据。

Mysql>LOAD DATA INFILE 'D:\BACKUP \teacher.xml' replace into tableteacher;

（2）使用 MySQL 命令恢复。

对于已经备份的包含 CREATE、INSERT 语句的文本文件，可以使用 MySQL 命令导入数据库。备份的 sql 文件中包含 CREATE、INSERT 语句(有时包含 DROP 语句)，可以使用 MySQL 命令直接执行。语法格式如下：

mysql -u user -p [password] [dbname] < filename .sql

说明：

（1）user: 执行 backup.sql 中语句的用户名。

（2）-p: 输入用户密码。

（3）dbname: 数据库名。

mysql 命令与 mysqldump 命令相同，都直接在命令行（cmd）窗口下执行。如果 filename.sql 文件为 MySQLdump 工具创建的包含创建数据库语句的文件，执行时不需要指定数据库名。如果已经登录 MySQL 服务器，就可以使用 SOURCE 命令导入 sql 文件，如 Souce filename（执行 SOURCE 命令前，必须使用 USE 语句选择数据库，否则在恢复过程中会出现 ERROR 1046(3D000): No database selected 错误）。

【例 6.39】 使用例 6.29 备份文件 d: /backup/ backup628_1. sql 恢复全部数据库。

```
mysql -u root - p 123456 < d: /backup/ backup628_1. sql
```

【例 6.40】 使用例 6.30 备份文件 d: /backup/ backup631. sql 恢复数据库 mydb。

```
Mysql - u root   -p 123456 mydb < d: /backup/ backup631. sql
```

（3）使用 MySQLIMPORT 语句恢复表数据。使用 MySQLimport 语句可以导入文本文件，并且不需要登录 MySQL 客户端。使用 MySQLimport 语句需要指定所需选项、导入的数据库名称及导入的数据文件的路径和名称。MySQLimport 命令的语法格式如下：

```
mysqlimport -u root-p dbname filename . txt [OPTIONS ]
```

说明：

（1）dbname: 导入的表所在的数据库名称（MySQLimport 命令不指定导入数据库的表名称，数据表的名称由导入文件名称确定，即文件名作为表名，导入数据之前该表必须存在）。

（2）[OPTIONS]: 可选参数选项，其常见取值如下。

1）--fields-terminated-by= 'value': 设置字段之间的分隔字符，可以为单个字符或多个字符，默认情况下为制表符 "\t"。

2）--fields-enclosed-by= 'value': 设置字段的包围字符。

3）--fields-optionally-enclosed-by= 'value': 设置字段的包围字符，只能为单个字符，包括 CHAR 和 VERCHAR 等字符数据字段。

4）--fields-escaped-by= 'value': 控制如何写入或读取特殊字符，只能为单个字符，即设置转义字符，默认值为反斜线 "\"。

5）--lines-terminated-by= 'value': 设置每行数据结尾的字符，可以为单个字符或多个字符，默认值为 "\n"。

6）--ignore-lines=n: 忽视数据文件的前 n 行。

【例 6.41】 使用 MySQLimport 命令将 D 盘目录下的 person.txt 文件内容导入 test_db 数据库。

```
mysqlimport -u root -p –replace test_ db D:/ person. txt
```

（4）直接复制到数据库目录。如果数据库通过复制数据库文件备份，则可以直接复制备份的文件到 MySQL 数据目录下恢复。使用这种方式恢复时，保存备份数据的数据库和待恢复的数据库服务器的主版本号必须相同；而且这种方式只对 MyISAM 引擎的表有效，对 InnoDB 引擎的表不适用。

执行恢复前，关闭 MySQL 服务，用备份的文件或目录覆盖 MySQL 的 data 目录，启动 MySQL 服务。对于 Linux 或 UNIX 操作系统来说，复制完文件需要将文件的用户和组更改为 MySQL 运行的用户和组，通常用户和组都是 MySQL。

6.3.4　MySQL 数据库迁移

数据库迁移就是数据从一个系统移动到另一个系统。数据库迁移的原因是需要安装新的数据库服务器；MySQL 版本更新；数据库管理系统的变更（如从 Microsoft SQL Server 迁移到 MySQL）。

（1）相同版本的 MySQL 数据库之间的迁移。相同版本的 MySQL 数据库之间的迁移就是在主版本号相同的 MySQL 数据库之间移动数据库。迁移过程其实就是在源数据库备份和目标数据库恢复过程的组合。

数据库备份和恢复时，已经知道最简单的方式是通过复制数据库文件目录，但是此种方法只适用于 MyISAM 引擎的表。而对于 InnoDB 表，由于不能用直接复制文件的方式备份数据库，因此最常用和最安全的方式是使用 MySQLdump 命令导出数据，然后在目标数据库服务器使用 MySQL 命令导入。语法格式如下：

```
mysqldump –h host1 –u root –password=password1 –all-databases |
mysql –h host2 –u root –password=password2
```

其中，"|"符号表示管道，其作用是将 mysqldump 备份的文件传送给mysql 命令。"-password= password1"是 host1 主机上 root 用户的密码；同理，password2 是 host2 主机上的 root 用户的密码。使用这种方式可以直接实现迁移。

（2）不同版本的 MySQL 数据库之间的迁移。受数据库升级等影响，需要将较旧版本 MySQL 数据库中的数据迁移到较新版本的数据库中。MySQL 服务器升级时，需要先停止服务，再卸载旧版本，并安装新版 MySQL。这种更新方法很简单，如果想保留旧版本中的用户访问控制信息，就需要备份 MySQL 中的 MySQL 数据库，在新版本 MySQL 安装完成之后，重新读入 MySQL 备份文件中的信息。

旧版本与新版本的 MySQL 可能使用不同的默认字符集，例如，在 MySQL 8.0 版本之前，默认字符集为 latin1，而 MySQL 8.0 版本默认字符集为 utf8mb4。数据库中有中文数据的，在迁移过程中需要修改默认字符集，否则可能无法正常显示结果。

新版本会对旧版本有一定兼容性。从旧版本的 MySQL 向新版本的 MySQL 迁移时，对于 MyISAM 引擎的表，可以直接复制数据库文件，也可以使用 MySQLdump 导出数据，然后使用 MySQL 命令导入目标服务器。从新版本向旧版本 MySQL 迁移数据时要特别小心，最好使用 MySQLdump 命令导出，然后导入目标数据库。

（3）不同数据库之间的迁移。不同类型的数据库之间的迁移是指把 MySQL 的数据库转移到其他类型的数据库，如从 MySQL 迁移到 Oracle、从 Oracle 迁移到 MySQL、从 MySQL 迁移到 SQL Server 等。

迁移之前，需要了解不同数据库的架构，比较它们的差异。在不同数据库中定义相同类型的数据的关键字可能会不同。例如，MySQL 中日期字段有 DATE 和 TIME 两种，而 Oracle 日期字段只有 DATE。另外，数据库厂商并没有完全按照 SQL 标准来设计数据库系统，导致不同的数据库系统的 SQL 语句有差别。例如，MySQL 几乎完全支持标准 SQL 语言，而 Microsoft SQL Server 使用 T-SQL 语言，T-SQL 中有一些非标准的 SQL 语句，因此迁移时必须对这些语句进行语句映射处理。

可以使用一些工具迁移数据库，例如在 Windows 系统下，可以使用 MyODBC 实现 MySQL 和 SQL Server 之间的迁移。MySQL 官方提供的 MySQL Migration Toolkit 工具也可以在不同数据库间进行数据迁移。

习　题　6

（1）为了保护数据库，可以在哪五个级别上设置安全措施？

（2）有哪些数据库安全标准？

（3）简述 MySQL 的安全性机制。

（4）在 MySQL 中，可以授予几种权限？

（5）在 MySQL 的权限授予语句中，可用于指定权限级别的值有哪几类格式？

（6）简述 MySQL 备份类型。

（7）MySQL 常用的备份和恢复方法有哪些？

（8）使用 CREATE USER 语句创建一个 zhang，设置登录 MySQL 服务器的密码为"123456"，同时授予该用户在 bookdb 数据库 conterinfo 表上的 SELECT 和 UPDATE 权限。

（9）使用 SELECT INTO OUTFILE 语句备份 bookdb 数据库中 conterinfo 表的全部数据到 D 盘 BACKUP 目录下的一个名为 backupconter.txt 的文件中。假设表数据被破坏，则使用 LOAD DATA INFILE 语句将备份好的 backupconter.txt 文件导入，恢复 conterinfo 数据表。

（10）用 mysqldump 备份数据库 bookdb，并存放在 D 盘的 BACKUP 目录下，文件名为 bookdb.sql。假设数据库被破坏，使用命令通过备份文件 bookdb.sql 恢复数据库。

第 7 章　事务与并发控制

- **了解**：事务的概念及特点。
- **理解**：DBMS 中保证并发控制的原因。
- **掌握**：封锁协议解决三种并发问题的方法，以及并发调度的可串行化问题。

7.1　事 务 概 述

事务概述

　　数据库是一种共享资源，可以供多个用户使用。这些用户程序可以一个
一个地串行执行，每个时刻都只有一个用户程序运行，执行对数据库的存取，而其他用户程
序必须等到该用户程序结束后对数据库存取。如果一个用户程序涉及大量数据的输入/输出交
换，则数据库系统的大部分时间处于闲置状态。因此，为了充分利用数据库资源，发挥数据
库共享资源的特点，应该允许多个用户并行地存取数据库,但会产生多个用户程序并发存取同
一数据的情况，若不控制并发操作则可能会存取不正确的数据，破坏数据库的一致性。所以，
数据库管理系统必须提供并发控制机制。并发控制机制是衡量一个数据库管理系统性能好坏
的重要标志。事务控制与并发处理为解决此类问题提供了一种有效的途径。事务是数据库并
发控制技术涉及的基本概念，是并发控制的基本单位。

7.1.1　事务的特性

　　事务是数据库的逻辑工作单位，是用户定义的一组操作序列。在 MySQL 中，一个事务
可以是一条 SQL 语句、一组 SQL 语句或整个程序。事务的开始和结束都可以由用户显式地控
制，如果用户没有显式地定义事务，则由数据库系统按默认规定自动划分事务。

　　事务应该具有 4 种属性：原子性（Atomicity）、一致性（Consistency）、隔离性（Isolation）
和持久性（Durability）。

　　（1）原子性。事务的原子性是指事务中包含的程序作为数据库的逻辑工作单位。事务的
原子性保证事务包含的一组更新操作是原子不可分的，也就是说,这些操作是一个整体,对数
据库而言全做或者全不做，不能部分完成。该性质即使在系统崩溃之后也能得到保证，在系
统崩溃之后将进行数据库恢复，用来恢复和撤销系统崩溃之后处于活动状态的事务对数据库
的影响，从而保证事务的原子性。系统对磁盘上的任何实际数据修改之前都会将修改操作信
息本身的信息记录到磁盘上。当发生崩溃时，系统能根据这些操作记录当时该事务的状态，
以确定是撤销该事务作出的所有修改操作还是将修改的操作重新执行。

　　（2）一致性。一致性要求事务执行完成后，将数据库从一个一致状态转变到另一个一致
状态。它是一种以一致性规则为基础的逻辑属性，例如在转账的操作中，各账户金额必须平
衡，这条规则对于程序员而言是一个强制性规定。由此可见，一致性与原子性是密切相关的。
事务的一致性属性要求事务在并发执行的情况下事务的一致性仍然满足。它在逻辑上不是独

立的，由事务的隔离性表示。在 MySQL 中，一致性主要由 MySQL 的日志机制处理，其记录数据库的所有变化，为事务回复提供跟踪记录。如果系统在事务处理中间发生错误，MySQL 恢复过程将使用这些日志发现事务是否已经完全成功执行或需要返回。

（3）隔离性。隔离性意味着一个事务的执行不能被其他事务干扰，即一个事务内部的操作及使用的数据对并发的其他事务是隔离的，并发执行的各事务之间不能相互干扰。它要求即使有多个事务并发执行，也要看上去每个成功事务都按串行调度执行。该性质的另一种叫法是可串行性，也就是说，系统允许的任何交错操作调度等价于一个串行调度。串行调度的意思是每次调度一个事务，在一个事务的所有操作结束之前，其他事务操作都不能开始。受性能影响，需要进行交错操作的调度，但也希望这些交错操作的调度的效果与某个串行调度一致。DM 实现该机制是通过对事务的数据访问对象加适当的锁，从而排斥其他的事务对同一数据库对象的并发操作。

（4）持久性。系统提供的持久性保证要求一旦事务提交，对数据库所做的修改就是持久的，无论发生何种机器和系统故障都不会对事务的操作结果产生影响。例如，自动柜员机（ATM）在向客户支付一笔钱时，不用担心丢失客户的取款记录。事务的持久性保证事务对数据库的影响是持久的，即使系统崩溃。正如在讲原子性时提到的那样，系统也通过做记录来提供这一保证。MySQL 的持久性是通过保存一条记录事务过程中系统变化的二进制事务日志文件实现的。在默认情况下，InnoDB 表持久性最好，MyISAM 表提供部分持久。

在 MySQL 中，MySQL 的事务支持不绑定在 MySQL 服务器本身，而是与存储引擎相关的。InnoDB 和 BDB 表支持事务处理，但是 MyISAM 表不能支持事务处理。

7.1.2　事务的类型

1. 根据系统的设置分类

根据系统的设置，事务分为两种类型：系统提供的事务和用户定义的事务，分别简称系统事务和用户定义事务。

（1）系统事务。系统事务是指执行某些语句时，一条语句就是一个事务。但是要明确，一条语句的对象既可能是表中的一行数据，又也可能是表中的多行数据，甚至是表中的全部数据。因此，只由一条语句构成的事务也可能包含多行数据的处理。

系统提供的事务语句有 ALTER TABLE 、CREATE、DELETE、DROP、FETCH、GRANT、INSERT、OPEN、REBOKE、SELECT、UPDATE、TRUNCATE TABLE。这些语句本身就构成了一个事务。

（2）用户定义事务。在实际应用中，大多数事务处理采用用户定义事务处理。开发应用程序时，可以使用 START TRANSACTION 或 BEGIN WORK 语句定义明确的用户定义事务。使用用户定义事务时，一定要注意事务必须用明确的结束语句结束。如果不使用明确的结束语句结束，那么系统可能把从事务开始到用户关闭连接之间的全部操作都作为一个事务对待。事务的明确结束可以使用 COMMIT 或 ROLLBACK 语句。COMMIT 语句是提交语句，将全部完成的语句明确地提交到数据库中。ROLLBACK 语句是取消语句，该语句将事务的操作全部取消，即表示事务操作失败。

还有一种特殊的用户定义事务——分布式事务。如果一个比较复杂的环境可能有多台服务器，那么要保证在多台服务器环境中事务的完整性和一致性，就必须定义一个分布式事务。在这个分布式事务中，所有操作都可以涉及对多个服务器的操作，当这些操作都成功时，所有操作都提交到相应服务器的数据库中，如果有一个操作失败，那么这个分布式事务中的全部操作都将被取消。

2. 根据运行模式分类

根据运行模式，MySQL 有三种事务模式：自动提交事务、显式事务、隐式事务。

（1）自动提交事务。自动提交事务是指每条单独的语句都是一个事务。

在自动事务模式下，一个语句被成功执行后，它被自动提交；而当它执行过程中产生错误时，被自动回滚。自动事务模式是 MySQL 的默认事务管理模式，与 SQL Server 建立连接后，直接进入自动事务模式，直到使用 START TRANSACTION 或 BEGIN WORK 语句开始一个显式事务，或者执行 "SET @@AUTOCOMMIT=0;" 语句进入隐式事务模式。直到使用 COMMIT 或 ROLLBACK 语句结束事务为止，然后 MySQL 又进入自动事务管理模式。

（2）显式事务。显式事务是指由用户执行 T-SQL 事务语句定义的事务，这类事务又称用户定义事务。用户定义事务的语句包括：

1）START TRANSACTION 或 BEGIN WORK：标识一个事务的开始，即启动事务。

2）COMMIT：标识一个事务的结束，事务内所修改的数据被永久保存到数据库中。

3）ROLLBACK：标识一个事务的结束，说明事务执行过程中遇到错误，事务内所修改的数据被回滚到事务执行前的状态。

（3）隐式事务。在隐式事务模式下，当前事务提交或回滚后，SQL Server 自动开始下一个事务。所以，隐式事务不需要使用 START TRANSACTION 或 BEGIN WORK 语句启动事务，必须显示结束，需要用户使用 COMMIT 或 ROLLBACK 语句提交或回滚事务。提交或回滚后，MySQL 自动开始下一个事务。

1）执行 "SET @@AUTOCOMMIT=0;" 语句可使 MySQL 进入隐式事务模式。

2）在隐式事务模式下，当执行下面任意一个语句时，隐式提交上一个事务，可使 MySQL 重新启动一个事务：CREATE、ALTER TABLE、DROP、TRUNCATE TABLE、GRANT、REVOKE、RENAME USER、SET PASSWORD。因为在 MySQL 中，这些语句无法回滚。

3）使用 LOCK TABLES、UNLOCK TABLES 等关于锁定的语句也会隐式提交前边语句所属的事务。

4）如果运行 START TRANSACTION 命令，则当前事务将隐式结束，更改将被提交。

5）需要关闭隐式事务模式时，执行 "SET @@AUTOCOMMIT=1;" 语句即可，也会隐式提交前边语句所属的事务。

7.2　事务的控制

事务的控制

事务是一个数据库操作序列，由若干语句组成。MySQL 有关事务的处理语句见表 7.1。

表 7.1 MySQL 有关事务的处理语句

命令名	作用	格式
BEGIN [WORK]	说明一个事务开始	BEGIN [WORK]
START TRANSACTION	开始一个事务,与 BEGIN 语句的功能相同	START TRANSACTION
COMMIT	说明一个事务结束,作用是提交或确认事务已经完成	COMMIT [WORK] [AND [NO] CHAIN] [[NO] RELEASE]
ROLLBACK	说明要撤销事务,即撤销在该事务中对数据库做的更新操作,使数据库回滚到 START TRANSACTIO 或 BEGIN WORK 保存点之前的状态	ROLLBACK [WORK] [AND [NO] CHAIN] [[NO] RELEASE] ROLLBACK [WORK] TO <保存点名称>
SAVEPOINT	用于在事务中设置一个保存点,目的是在撤销事务时可以只撤销部分事务,以提高系统的效率	SAVEPOINT <保存点名称>
RELEASE SAVEPOINT	删除保存点	RELEASE SAVEPOINT <保存点名称>

7.2.1 启动事务

在 MySQL 中,启动事务的方式有三种:显式启动、自动提交和隐式启动。

(1)显式启动。MySQL 可以使用下面两种语句显式开启一个事务。

1)BEGIN [WORK]。BEGIN 语句代表开启一个事务,开启事务后,可继续写若干条语句,这些语句都属于当前开启的事务。

2)START TRANSACTION。START TRANSACTION 语句功能与 BEGIN 语句功能相同,都是显式开启一个事务。该语句与 BEGIN 不同的是可以带些参数,语法格式如下:

```
START TRANSACTION [READ ONLY|READ WRITE] [WITH CONSISTENT SNAPSHOT]
```

说明:

(1)READ ONLY:表示当前事务是一个只读事务,属于该事务的数据库操作只能读取数据,不能修改数据。

(2)READ WRITE:表示当前事务是一个读写事务,属于该事务的数据库操作即可以读取数据,也可以修改数据。

(3)WITH CONSISTENT SNAPSHOT:表示启动一致性读。

由于一个事务的访问不能既设置为只读又设置为读写,因而不能同时使用 READ ONLY 和 READ WRITE 参数。如果不显式指定事务的访问模式,事务的访问模式就默认为读写模式。

(2)自动提交。每条单独的语句都是一个事务,是 MySQL 默认的事务管理模式,在此模式下,用户每发出一条 SQL 语句,MySQL 都会自动启动一个事务(系统变量 AUTOCOMMIT 的值设置为 1)。执行语句后,MySQL 自动执行提交操作来提交该事务。

(3)隐式启动。隐式事务不需要使用 BEGIN 或 START TRANSACTION 语句标识事务的开始,但需要用 COMMIT 或 ROLLBACK 语句提交或回滚事务。当将 AUTOCOMMIT 设置为 0(或 ON)时,表示将隐式事务模式设置为打开,设置语句如下:

```
SET @@AUTOCOMMIT=0
```

在隐式事务模式下，任何 DML 语句（DELETE、UPDATE、INSERT）都自动启动一个事务。隐式启动的事务通常称为隐式事务。

7.2.2　终止事务

终止事务的方法有两种：一种是使用 COMMIT 命令（提交命令），另一种是使用 ROLLBACK 命令（回滚命令）。但这两种方法有本质上的区别：当执行 COMMIT 命令时，将语句执行结果保存到数据库中，并终止事务；当执行 ROLLBACK 命令时，数据库将返回事务开始时的初始状态，并终止事务。

1. COMMIT 提交事务

在用户提交事务之前，若其他用户连接 MySQL 服务器执行 SELECT 语句查询结果，则不会显示没有提交的事务。

执行 COMMIT 语句时，将终止隐式启动或显式启动的事务。提交事务的语句格式如下：

COMMIT [WORK] [AND [NO] CHAIN] [[NO] RELEASE]

说明：

（1）[WORK]：提交事务可以执行 COMMIT 语句，详细的写法是 COMMIT WORK。

（2）[AND CHAIN]：执行该子句会在当前事务结束时立刻启动一个新事物，并且新事物与刚结束的事务有相同的隔离等级。

（3）[RELEASE]：RELEASE 子句在终止当前事务后，会让服务器断开与当前客户端的连接。

（4）[NO]：NO 关键字可以抑制 CHAIN 或 RELEASE 完成。

2. ROLLBACK 回滚事务

回滚事务也称撤销事务，它可以将显式事务或隐式事务回滚到事务的起点或事务内部的某个保存点。回滚事务的语句格式如下：

ROLLBACK [WORK] [AND [NO] CHAIN] [[NO] RELEASE];

说明：

（1）[WORK]：回滚事务可以执行 ROLLBACK 语句，详细的写法是 ROLLBACK WORK。

（2）[AND CHAIN]：执行该子句会在当前事务结束时立刻启动一个新事物，并且新事物与刚结束的事务有相同的隔离等级。

（3）[RELEASE]：RELEASE 子句在终止当前事务后，会让服务器断开与当前客户端的连接。

（4）[NO]：NO 关键字可以抑制 CHAIN 或 RELEASE 完成。

根据是否有保存点可以将回滚分为全部回滚和部分回滚。

3. 设置保存点

用户使用部分回滚时，需要在事务中设置一个保存点，目的是在撤销事务时只撤销部分事务，以提高系统的效率。设置保存点的语句格式如下：

SAVEPOINT 保存点名称;

用户可以在事务内设置保存点或标记。保存点定义如果有条件地取消事务的一部分，事务可以返回的位置。如果将事务回滚到保存点，则必须（如果需要，就使用更多的 SQL 语句和 COMMIT 语句）继续完成事务，或者必须（通过将事务回滚到其起始点）完全取消事务。

若要取消整个事务，则使用 ROLLBACK 格式，将撤销事务的所有语句和过程。

回滚事务到保存点的语句格式如下：

ROLLBACK [WORK] TO <保存点名称>;

事务回滚到某个保存点后，在该保存点之后设置的保存点将被删除。可以使用 RELEASE SAVEPOINT 语句从当前事务的保存点中删除已命名的保存点。删除已命名保存点的语句格式如下：

RELEASE SAVEPOINT 保存点名称;

当事务开始时，将一直控制事务中使用的资源直到事务完成（也就是锁定）。当事务部分回滚到保存点时，将继续控制资源直到事务完成（或回滚全部事务）。

【例 7.1】模拟银行转账。创建存储过程，并在该存储过程中创建实现银行两个账号间转账功能的事务，要求银行账号不能用于透支，即两个账号的余额（balance）不能小于 0。

（1）创建 bank 数据库。

```
CREATE DATABASE bank DEFAULT CHARACTER SET utf8 COLLATE utf8_general_ci;
```

（2）在 bank 数据库中创建存放账号的 account 表。

```
CREATE TABLE account(
    account_id INT NOT NULL AUTO_INCREMENT PRIMARY KEY,    #账户账号为主键，不能为空值，主键值自动增长1
    account_name VARCHAR(50),           #账户姓名
    balance INT UNSIGNED DEFAULT 0      #balance 不能取负值
);
```

（3）初始化 account 账号表的数据，插入"张三"与"李四"，每人初始 10000 元。

```
INSERT INTO account VALUES(null,'张三',10000);
INSERT INTO account VALUES(null,'李四',10000);
```

（4）创建存储过程，并在该存储过程中创建事务，实现两个账号间的转账功能。

1）存储过程 1。

```
DELIMITER//
CREATE PROCEDURE proc_transfer(IN account_from INT,
                               IN account_to INT,
                               IN money INT)
BEGIN
    DECLARE EXIT HANDLER FOR SQLEXCEPTION ROLLBACK;    #如果发生异常，则回滚到以前数据，并退出当前语句块
    START TRANSACTION;                  #开始事务
    UPDATE account SET balance=balance+money where account_id=account_to;
    UPDATE account SET balance=balance-money where account_id=account_from;
    COMMIT;                             #提交事务
END//
```

对异常的事务处理也可以采用如下代码。

2）存储过程 2。

```
DELIMITER//
CREATE PROCEDURE proc_transfer(IN account_from INT,
                               IN account_to INT,
                               IN money INT)
```

```
BEGIN
  DECLARE t_error INTEGER;
  DECLARE CONTINUE HANDLER FOR SQLEXCEPTION SET t_error=1;
  START TRANSACTION;                    #开始事务
  UPDATE account SET balance=balance+money where account_id=account_to;
  UPDATE account SET balance=balance-money where account_id=account_from;
  IF t_error=1 then
    ROLLBACK;                           #回滚事务
  ELSE
    COMMIT;                             #提交事务
  End IF;
END//
```

（5）调用存储过程，实现转账，并查看转账结果。

```
CALL proc_transfer(1,2,5000);
SELECT * FROM account;
```

【例 7.2】SAVE TRANSACTION 示例。创建两个存储过程，分别对同一事务中创建的两个账号相同的银行账户进行不同处理。

（1）创建 proc_save_p1 存储过程，仅撤销第二条 INSERT 语句，提交第一条 INSERT 语句。

```
DELIMITER//
CREATE PROCEDURE proc_transfer_save1()
BEGIN
  DECLARE CONTINUE HANDLER FOR 1062       #1062 表示主键冲突
  BEGIN
    ROLLBACK TO save_a;
    ROLLBACK;
  END;
    START TRANSACTION;                     #开始事务
    INSERT INTO account VALUES(null,'王五',10000);
    SAVEPOINT save_a;
  INSERT INTO account VALUES(last_insert_id(),'钱六',10000);
    #last_insert_i()d 函数获取'王五'账户账号，插入'钱六'记录形成主键冲突
    COMMIT;                               #提交事务
END//

CALL proc_save_p1();                       #调用 proc_save_p1()存储过程
SELECT * FROM account;
```

（2）创建 proc_save_p2 存储过程，先撤销第二条 INSERT 语句，然后撤销第一条 INSERT 语句。

```
DELIMITER//
CREATE PROCEDURE proc_transfer_save2()
BEGIN
  DECLARE t_error INTEGER;
  DECLARE CONTINUE HANDLER FOR 1062       #1062 表示主键冲突
  BEGIN
    ROLLBACK TO save_a;
```

```
END;
    START TRANSACTION;                          #开始事务
    INSERT INTO account VALUES(null,'王五',10000);
    SAVEPOINT save_a;
    INSERT INTO account VALUES(last_insert_id(),'钱六',10000);
    #last_insert_i()d 函数获取'王五'账户账号，插入'钱六'记录形成主键冲突
    COMMIT;                                      #提交事务
END//

CALL proc_save_p2();                            #调用 proc_save_p2()存储过程
SELECT * FROM account;
```

7.3　事务处理实例

【例7.3】使用事务的三种模式进行表的处理，分批执行，观察执行的过程。

```
USE school;

SELECT * FROM student;        #检查当前表中的结果
#MySQL 首先默认处于自动提交事务管理模式
INSERT INTO student VALUES ('2015879001','刘王伟','男', '2002-3-2',' 0101202001');   #第 1 个插入
SELECT * FROM student;        #显示' 2015874145'被插入
INSERT INTO student VALUES ('2015879001','刘王伟','男', '2002-3-2',' 0101202001');
# 1062 - Duplicate entry '2015874145' for key 'PRIMARY'
SELECT * FROM student;        #显示数据没有变化

START TRANSACTION;            #进入显式事务模式
INSERT INTO student VALUES ('2015879002','刘王伟','男','2002-3-2',' 0101202001');
SELECT * FROM student;        #显示'2015879002'被插入
ROLLBACK;
SELECT * FROM student;        #因为执行了回滚，插入的'2015879002'被撤销

SET @@AUTOCOMMIT=0;          #进入隐式事务模式
INSERT INTO student VALUES ('2015879003','刘王伟','男', '2002-3-2','0101202001');
SELECT * FROM student;        #显示'2015879003'被插入
ROLLBACK;
SELECT * FROM student;        #因为执行了回滚，插入的'2015879003'被撤销

DELETE FROM student WHERE sno='2015879001';    #删除第 1 个插入
SELECT * FROM student;        #显示'2015879001'不存在
ROLLBACK;

SELECT * FROM student;        #因为回滚，使删除作废，'2015879001'重新显示

SET @@AUTOCOMMIT=1;          #隐式事务模式结束，进入自动模式
DELETE FROM student WHERE sno='2015879001';   #删除第 1 个插入
SELECT * FROM student;   #自动模式执行成功被自动提交，显示'2015879001'被删除
```

【例 7.4】定义事务，使事务回滚到指定的保存点，分批执行，观察执行的过程。

```
USE student;
SELECT * FROM student;          #检查当前表中的结果

START TRANSACTION;
INSERT INTO student VALUES ('2015879001','刘王伟','男', '2002-3-2','0101202001');
SAVEPOINT save_a;
INSERT INTO student VALUES ('2015879002','刘王伟','男', '2002-3-2','0101202001');
SELECT * FROM student;          #显示'2015879001'和'2015879002'都被插入

ROLLBACK TO save_a;             #回滚部分事务
SELECT   * FROM student;        #显示'2015879002'被撤销

ROLLBACK;                       #回滚整个事务
SELECT * FROM student;          #显示'2015879001'被撤销
```

MySQL 事务是一项非常消耗资源的功能，在使用过程中要注意以下几点。

（1）事务尽可能简短。从事务开启到结束会在数据库管理系统中保留大量资源，以保证事务的原子性、一致性、隔离性和持久性。在多用户系统中，较大的事务将会占用系统的大量资源，使得系统不堪重负，影响软件的运行性能，甚至导致系统崩溃。

（2）事务中访问的数据尽量最少。当并发执行事务处理时，事务操作的数据越少，事务之间对相同数据的操作就越少。

（3）查询数据时尽量不要使用事务。由于对数据进行浏览查询操作不会更新数据库的数据，因此应尽量不使用事务查询数据，避免占用过量的系统资源。

（4）在事务处理过程中，尽量不要出现等待用户输入的操作。在处理事务的过程中，如果需要等待用户输入数据，那么事务会长时间地占用资源，可能造成系统阻塞。

7.4 并 发 控 制

并发控制

7.4.1 并发控制概述

数据库系统一般分为单用户系统和多用户系统。在任何时刻只允许一个用户使用的数据库系统称为单用户系统；在任何时刻允许多个用户使用的数据库系统称为多用户系统。因为数据库的目的之一是实现数据共享，所以目前大部分数据库系统都是多用户数据库系统，例如，订票系统、银行系统、网购系统等。事务是并发控制的基本单位，在多个处理机系统下，每个事务可能分开在不同的处理机上运行，从而做到真正的并行。而当系统中只有一个处理机时，每个事务分时轮转使用处理机运行，称为并发。当多个用户并发地访问数据库时，会造成多个事务同时操作同一个数据对象，若不控制并发操作，则可能会导致数据库中数据的不一致问题。因此，DBMS 必须对并发操作进行控制，这也是衡量 DBMS 性能的指标。

下面通过实例了解事务在并发时可能导致的问题。

（1）丢失修改（Lost Update）。

【例 7.5】T_1 和 T_2 两个事务同时对数据 A 的值进行操作。A 的初始值为 200，T_1 将 A 加

50，T_2 将 A 翻倍。按表 7.2 的并发调度，得到最终结果 A 为 400。因为 T_1 对 A 的修改丢失了，所以这个结果肯定是错误的。

表 7.2　丢失修改

时间	T_1	A 值	T_2
t_0		200	
t_1	READ(A)=200		
t_2			READ(A)=200
t_3	A=A+50		
t_4			A=A*2
t_5	WRITE(A)	250	
t_6		400	WRITE(A)

（2）"脏"读（Dirty Read）。

【例 7.6】T_1 和 T_2 两个事务同时对数据 A 的值进行操作。A 的初始值为 200，T_1 将 A 加 50，T_2 只是读 A。按表 7.3 的并发调度，由于某种原因，T_1 撤销操作执行回滚回到初始值，而 T_2 读的仍然是修改后的 A 值，为"脏"读，即读到不正确的数据。

表 7.3　"脏"读

时间	T_1	A 值	T_2
t_0		200	
t_1	READ(A)=200		
t_2	A=A+50		
t_3	WRITE(A)	250	
t_4			READ(A)=250
t_5	ROLLBACK	200	

（3）不可重复读（Non-Repeatable Read）。

【例 7.7】T_1 和 T_2 两个事务同时对数据 A、B 的值进行操作。A 的初始值为 200，B 的初始值为 50，T_1 将 A 加 B，T_2 将 B 翻倍，T_1 重复操作，将 A 加 B。按表 7.4 的并发调度，T_1 在 T_2 对 B 的修改前后执行相同操作却得到不同的结果，为不可重复读。

表 7.4　不可重复读

时间	T_1	A 值	B 值	T_2
t_0		200	50	
t_1	READ(A)=200 READ(B)=50			
t_2	A+B=250			
t_3				READ(B)=50
t_4				B=B*2

续表

时间	T_1	A 值	B 值	T_2
t_5		100		WRITE(B)
t_6	READ(A)=200 READ(B)=100			
t_7	A+B=300			

（4）幻读（Phantom Problem）。

【例 7.8】T_1 和 T_2 两个事务并发执行（表 7.5），读取数据时，当事务 T_1 按一定条件查询的表的数据总量为 100 条时，事务 T_2 新增 50 条数据。当 T_1 再次按照相同条件读取数据时，发现其中增加了一些记录，从 T_1 的角度来看，好像出现了"幻影"般的数据。

表 7.5　幻读

时间	T_1	T_2
t_0	开始事务	
t_1	第一次查询，数据总条数 100 条	
t_2		开始事务
t_3	其他操作	
t_4		新增 50 条数据
t_5		提交事务
t_6	第二次查询，数据总条数为 150 条	

以上四种错误正是由事务在并发操作时未加以控制而破坏了事务的隔离性导致的。并发控制就是要用正确的方式调度并发操作，使并发执行的用户事务不相互干扰，从而避免造成数据的不一致性。

并发控制的主要技术就是封锁（Locking）。封锁就是事务 T 在对某个数据对象操作之前，向系统发出请求，对其加锁，加锁后，事务 T 对该数据对象有一定的控制，在事务 T 释放该锁之前，可以防止其他事务更改此数据对象。如果不适用锁，则该数据对象可能在逻辑上不正确，并对数据的查询产生意想不到的结果。

7.4.2　事务隔离级别

隔离性是事务的重要基本特性，是解决事务并发执行时可能发生的相互干扰问题的基本技术。

事务的隔离性在整个事务中起到了很重要的作用，如果没有事务的隔离性，不同的SELECT 语句就会在同一事务的环境中检索到不同的结果，因为在这期间，基本上数据已经被其他事务修改，从而导致数据的不一致性，用户就不能将查询的结果作为计算的基础。所以隔离性强制对事务进行某种程度的隔离，以此保证在事务中看到一致的数据。

MySQL 提供如下四种隔离级。

（1）可串行读（SERIALIZABLE）。在此隔离级别下，以串行化的形式对事务进行处理。

在执行一个事务的过程中，首先将其预操作的数据锁定，待事务结束后释放。如果此时另一个事务也要操作该数据，就必须等待前一个事务释放锁定后继续进行。

（2）可重读（REPEATABLE READ）。在此隔离级别下，可以保证在一个事务中重复读到的数据保持相同的值，而不会出现读脏数据、不可重复读的问题。也就是在执行一个事务的过程中，能够看到其他事务已经提交的新插入记录，不能看到其他事务对已有记录的修改。

（3）提交后读（READ COMMITTED）。在此隔离级别下，在执行一个事务的过程中，能够看到其他事务已经提交的新插入记录，也能看到其他事务已经提交的对已有记录的修改。READ COMMITTED 比 REPEATABLE READ 安全性差。

（4）未提交读（READ UNCOMMITTED）。在该级别下，在执行一个事务的过程中，能够看到其他事务未提交的新插入记录，也能看到其他事务未提交的对已有记录的修改。该隔离级别提供事务之间最低程度间隔，容易产生虚幻的读操作和不能重复的读操作。

表 7.6 为四种隔离级别可能产生的问题。

表 7.6　四种隔离级别可能产生的问题

隔离级别	丢失修改	脏读	不可重复读	幻读
未提交读（READ UNCOMMITTED）	是	是	是	是
提交后读（READ COMMITTED）	否	否	是	是
可重读（REPEATABLE READ）	否	否	否	是
可串行读（SERIALIZABLE）	否	否	否	否

在 MySQL 中，定义事务的隔离级别可以使用 TRANSACTION ISOLATION LEVEL 变量修改，其语法格式如下：

```
SET SESSION TRANSACTION ISOLATION LEVEL
    SERIALIZABLE
    | REPEATABLE READ
    | READ COMMITTED
    | READ UNCOMMITTED;
```

MySQL 的默认隔离级是 REPEATABLE READ，其适用于大多数应用程序。用户可以使用 SELECT 命令获取当前事务隔离级变量的值，其语法格式如下：

```
SELECT @@tx_isolation;
```

7.4.3　封锁协议

（1）排他锁（X 锁）：又称写锁。如果事务 T 对某个数据 A 加 X 锁，则只允许 T 读取和修改 A，其他事务不能再对 A 加任何类型的锁，直到 T 释放对 A 加的 X 锁。

（2）共享锁（S 锁）：又称读锁。如果事务 T 对某个数据 A 加 S 锁，则允许 T 读取 A，但不能修改 A，允许其他事务再对 A 加 S 锁，但不能加 X 锁，直到 T 释放对 A 加的 S 锁。

X 锁和 S 锁的相容性见表 7.7。

封锁协议是在运用 X 锁和 S 锁对数据加锁时约定的一些规则。针对 7.3 节中并发操作导致的 3 种问题，分别采用 3 种级别的封锁协议，即三级封锁协议。三级封锁协议分别在不同程度上解决了 3 种问题，即丢失修改、"脏"读及不可重复读。

表 7.7　X 锁和 S 锁的相容性

T_1	T_2	
	X	S
X	N	N
S	N	Y

注：Y（YES）表示相容；N（NO）表示不相容。

1. 一级封锁协议

事务 T 在更新某数据对象之前加 X 锁，直到事务结束释放。一级封锁协议可以防止丢失修改。对例 7.9 应用一级封锁协议，见表 7.8。

表 7.8　一级封锁协议应用

时间	T_1	A 值	T_2
t_0		200	
t_1	XLOCK(A)		
t_2	READ(A)=200		XLOCK(A)
t_3			WAIT
t_4	A=A+50		WAIT
t_5	WRITE(A)		WAIT
t_6	COMMIT	250	WAIT
t_7	UNLOCK(A)		WAIT
t_8			获得 XLOCK(A)
t_9			READ(A)=250
t_{10}			A=A*2
t_{11}		500	WRITE(A)
t_{12}			COMMIT
t_{13}			UNLOCK(A)

2. 二级封锁协议

在一级封锁协议的基础上，加上事务 T 在读取某个数据对象之前加 S 锁，读完后立即释放。二级封锁协议不仅能够防止丢失修改，还能够进一步防止"脏"读。对例 7.10 应用二级封锁协议，见表 7.9。

表 7.9　二级封锁协议应用

时间	T_1	A 值	T_2
t_0		200	
t_1	XLOCK(A)		
t_2	READ(A)=200		

续表

时间	T$_1$	A 值	T$_2$
t$_3$	A=A+50	250	SLOCK(A)
t$_4$	WRITE(A)		WAIT
t$_5$	ROLLBACK	200	WAIT
t$_6$	UNLOCK(A)		WAIT
t$_7$			获得 SLOCK(A)
t$_8$			READ(A)=200
t$_9$			UNLOCK(A)

3．三级封锁协议

在一级封锁协议的基础上，加上事务 T 在读取某个数据对象之前加 S 锁，直到事务结束释放。三级封锁协议除了能够防止丢失修改、"脏"读，还能够进一步防止不可重复读。对例 7.11 应用三级封锁协议，见表 7.10。

表 7.10　三级封锁协议应用

时间	T$_1$	A 值	B 值	T$_2$
t$_0$		200	50	
t$_1$	SLOCK(A)			
t$_2$	SLOCK(B)			
t$_3$	READ(A)=200			
t$_4$	READ(B)=50			XLOCK(B)
t$_5$	A+B=250			WAIT
t$_6$				WAIT
t$_7$	READ(A)=200			WAIT
t$_8$	READ(B)=50			WAIT
t$_9$	A+B=250			WAIT
t$_{10}$	COMMIT			WAIT
t$_{11}$	UNLOCK(A)			WAIT
t$_{12}$	UNLOCK(B)			WAIT
t$_{13}$				获得 XLOCK(B)
t$_{14}$				READ(B)=50
t$_{15}$				B=B*2
t$_{16}$			100	WRITE(B)
t$_{17}$				COMMIT
t$_{18}$				UNLOCK(B)

综上所述，表 7.11 对不同级别封锁协议的要求以及其能解决的问题进行总结。

表 7.11　不同级别的封锁协议总结

封锁协议	X 锁	S 锁	是否解决"丢失修改"	是否解决"脏读"	是否解决"不可重复读"
一级	事务全程加锁	不加	是	不能保证	不能保证
二级	事务全程加锁	事务开始加锁，读完就释放	是	是	不能保证
三级	事务全程加锁	事务全程加锁	是	是	是

7.4.4　活锁和死锁

封锁协议可以避免并发操作引起的数据错误问题，但可能产生新的问题，如活锁和死锁。

1. 活锁

某个事务永远处于等待状态而得不到封锁的机会，这种现象称为活锁（Live Lock）。解决活锁的一种简单方法就是采用"先来先服务"策略，也就是排队。比如，如果事务 T1 封锁了数据 R，事务 T2 又请求封锁 R，则 T2 等待；T3 也请求封锁 R，T1 释放了 R 上的封锁后系统批准 T3 的请求，T2 仍然等待；然后 T4 请求封锁 R，T3 释放了 R 上的封锁后，系统批准了 T4 的请求……T2 可能永远等待，这就活锁的情况。

2. 死锁

有时可能两个或两个以上的事务都处于等待状态，每个事务都在等待另一个事务解除封锁以继续执行下去，结果任一个事务都无法继续执行而只能等待，这种现象称为死锁（Dead Lock）。比如，如果事务 T1 封锁了数据 R1，T2 封锁了数据 R2，T1 又请求封锁 R2，因 T2 已封锁 R2，故 T1 等待 T2 释放 R2 上的锁；接着 T2 申请封锁 R1，因 T1 已封锁 R1，T2 也只能等待 T1 释放 R1 上的锁。这样就出现了 T1 等待 T2，而 T2 又等待 T1 的局面，T1 和 T2 两个事务永远不能结束，形成死锁。

MySQL 的 InnoDB 表处理程序具有检查死锁功能，如果该处理程序发现用户在操作过程中产生死锁，该处理程序应立刻撤销一个事务，以便使死锁消失。

7.4.5　并发调度的可串行性

计算机系统对并发事务中并发操作的调度是随机的，而不同的调度可能会产生不同的结果，那么哪个结果是正确的，哪个结果是不正确的呢？

如果一个事务运行过程中没有其他事务同时运行，也就是说，它没有受到其他事务的干扰，那么可以认为该事务的运行结果是正常的或预想的。因此，将所有事务串行起来的调度策略一定是正确的调度策略。虽然以不同的顺序串行执行事务可能会产生不同的结果，但由于不会将数据库置于不一致状态，因此都是正确的。

多个事务的并发执行是正确的，当且仅当其结果与按某顺序串行执行的结果相同，这种调度策略称为可串行化（Serializable）的调度。

可串行性（Serializability）是并发事务正确性的准则。按这个准则规定，一个给定的并发调度，当且仅当它是可串行化的，才认为是正确调度。

【例 7.9】现有 T_1 和 T_2 两个事务，操作序列如下：

T_1：READ(B)；A=B+2；WRITE(A)。

T_2：READ(A)；B=A+2；WRITE(B)。

假设 A、B 的初始值为 3，分别给出四种调度策略，见表 7.12 和表 7.13。

表 7.12　串行调度

T_1	T_2	T_1	T_2
SLOCK(B)			SLOCK(A)
Y=B=3			X=A=3
UNLOCK(B)			UNLOCK(A)
XLOCK(A)			XLOCK(B)
A=Y+2			B=X+2
WRITE(A)=5			WRITE(B)=5
UNLOCK(A)			UNLOCK(B)
	SLOCK(A)	SLOCK(B)	
	X=A=5	Y=B=5	
	UNLOCK(A)	UNLOCK(B)	
	XLOCK(B)	XLOCK(A)	
	B=X+2	A=Y+2	
	WRITE(B)=7	WRITE(A)=7	
	UNLOCK(B)	UNLOCK(A)	

表 7.13　并发调度

T_1	T_2	T_1	T_2
SLOCK(B)		SLOCK(B)	
Y=B=3		Y=B=3	
	SLOCK(A)	UNLOCK(B)	
	X=A=3	XLOCK(A)	
UNLOCK(B)			SLOCK(A)
	UNLOCK(A)	A=Y+2	WAIT
XLOCK(A)		WRITE(A)=5	WAIT
A=Y+2		UNLOCK(A)	WAIT
WRITE(A)=5			X=A=5
	XLOCK(B)		UNLOCK(A)
	B=X+2		XLOCK(B)
	WRITE(B)=5		B=X+2
UNLOCK(A)			WRITE(B)=7
	UNLOCK(B)		UNLOCK(B)

表 7.12 中两种调度策略都是串行调度，互不干扰，其结果都是正确的，即先 T_1 再 T2，结果是 A=5，B=7；先 T_2 再 T1，结果是 A=7，B=5。

表 7.13 中两种调度策略都是并发调度。左侧执行结果为 A=5，B=5，与表 7.12 中两种调度策略的结果都不同，所以不是正确的，称该调度是不可串行化的。右侧执行结果为 A=5，B=7，与表 7.12 中左侧的结果都相同，所以是正确的，称该调度是可串行化的。

为了保证并发操作的正确性，DBMS 的并发控制机制必须提供一定的手段来保证调度是可串行化的。目前，DBMS 普遍采用封锁方法实现并发操作调度的可串行性，从而保证调度的正确性。两段锁协议就是保证并发调度可串行性的封锁协议。除此之外，时标方法、乐观方法等也可以保证调度的正确性。

7.4.6　两段锁协议

两段锁协议（Two-phase Locking，2PL）是指所有事务对数据项的封锁策略必须分为两个阶段：前一个阶段获得封锁，也称增长阶段；后一个阶段释放封锁，也称缩减阶段。

（1）在对任何数据进行读写操作前，必须申请对该数据的封锁。

（2）在释放一个封锁后，事务不再申请获得任何封锁。

可以证明，如果并发执行的所有事务都遵守两段锁协议，则对这些事务的任何并发调度策略都是可串行化的。两段锁协议是可串行化的充分非必要条件。也就是说，若并发事务都遵守两段锁协议，则对这些事务的任何并发调度都是可串行化的；若存在事务不遵守两段锁协议，那么它们的并发调度可能是串行化的，也可能不是。

【例 7.10】设有 3 个事务 T_1：A=B+1，T_2：B=C+1，T_3：B=A+1。A、B、C 的初始值为 0，并发操作见表 7.14 和表 7.15。

表 7.14　调度可串行

时间	T_1	A、B、C 值	T_2
t_0		0，0，0	
t_1	SLOCK(B)		
t_2	READ(B)=0		SLOCK(C)
t_3	ATEMP=B		READ(C)=0
t_4	UNLOCK(B)		XLOCK(B)
t_5			B=C+1
		0，1，0	WRITE(B)
t_6			COMMIT
t_7			UNLOCK(B)
t_8	XLOCK(A)		UNLOCK(C)
t_9	A=ATEMP+1		
t_{10}	WRITE(A)	1，1，0	
t_{11}	COMMIT		
t_{12}	UNLOCK(A)		

表 7.15 调度不可串行

时间	T_1	A、B、C 值	T_3
t_0		0，0，0	
t_1	SLOCK(B)		
t_2	READ(B)=0		SLOCK(A)
t_3	ATEMP=B		READ(A)=0
t_4	UNLOCK(B)		XLOCK(B)
t_5			B=A+1
		0，1，0	WRITE(B)
t_6			COMMIT
t_7			UNLOCK(B)
t_8	XLOCK(A)		UNLOCK(A)
t_9	A=ATEMP+1		
t_{10}	WRITE(A)	1，1，0	
t_{11}	COMMIT		
t_{12}	UNLOCK(A)		

T_1 和 T_2 的并发调度是可串行化的，但 T_1 没有遵守两段锁协议，不是两段式事务。T_1 和 T_3 的并发调度是不可串行化的，T_1 不是两段式事务。

7.4.7　基于时标的并发控制

1. 时标

为了区别事务开始执行的顺序，每个事务在开始执行时都由系统赋予一个唯一的、随时间增大的整数，称为时标。如果 T1 和 T2 两个事务的时标分别为 TS(T1) 和 TS(T2)，并且 TS(T1)<TS(T2)，那么称 T1 是年长的事务，T2 是年轻的事务。

为了保证事务正确地并发执行，对每个数据项 R，系统都记录两个时标值。

（1）WT(R)：成功执行 WRITE(R) 操作的最年轻事务的时标。

（2）RT(R)：成功执行 READ(R) 操作的最年轻事务的时标。

随着 READ、WRITE 操作的进行，WT(R)、RT(R) 两个时标值不断变化。

2. 时标协议

基于时标的并发控制思想是以时标的顺序处理冲突，使一组事务的交叉执行等价于一个由时标确定的串行序列，以保证冲突的读写操作按时间顺序执行。

基于时标的协议内容如下：

（1）事务执行 READ(R) 操作时，如果 TS(T)<WT(R)，那么读操作被拒绝，并用新的时标重新启动该事务；如果 TS(T)≥WT(R)，那么执行读操作，并且取 MAX(TS(T),RT(R)) 赋予 RT(R)。

（2）事务执行 WRITE(R) 操作时，如果 TS(T)<RT(R) 或 TS(T)<WT(R)，那么写操作被拒绝，并用新的时标重新启动该事务；否则执行写操作，并且将 TS(T) 赋予 WT(R)。

重新启动是指给事务赋予新的时标，重新执行。

【例 7.11】T_1：READ(A)，A=A+50，WRITE(A)；T_2：READ(A)，A=A*2，WRITE(A)。$TS(T_1)>TS(T_2)$，即 T_1 比 T_2 年轻。时标并发控制见表 7.16。

表 7.16　时标并发控制

时间	T_1	T_2	RT(A)	WT(A)
$TS(T_2)$		START	0	0
$TS(T_1)$	START			
t_1	READ(A)		$TS(T_1)$	
t_2		READ(A)	$TS(T_1)$	
t_3	A=A+50			
t_4		A=A*2		
t_5	WRITE(A)			$TS(T_1)$
t_6		WRITE(A)		
t_7		RESTART		

7.4.8　MySQL 的锁

MySQL 使用锁机制防止其他用户修改其他用户未完成事务中的数据。在 MySQL 中，每种存储引擎都可以实现自己的锁策略和锁粒度。在存储引擎设计中，锁管理将锁粒度固定在某个级别，可以为某些特定的应用场景提供更好的性能。MySQL 的锁按照颗粒度按从大到小划分为表级锁、页级锁和行级锁。

（1）表级锁。表级锁是以表为单位加锁。表级锁是 MySQL 中最大颗粒度的锁定机制，会锁定整张表。其特点是开销小、加锁快；不会出现死锁；锁定力度大，发生锁冲突的概率最高，并发度最低。MySQL 的表级锁主要分为表锁、元数据锁（Meta Data Lock，DML）和意向锁。表锁包括表共享读锁（Read Lock）和表独占写锁（Write Lock）。

（2）页面锁。MySQL 将锁定表中的某些行称为页，页级锁是 MySQL 中比较独特的一种锁。页级锁的颗粒度介于行级锁与表级锁之间。页级锁主要应用于 BDB 存储引擎。其特点是开销和加锁时间介于表级锁和行级锁之间；会出现死锁；锁定颗粒度介于表级锁和行级锁之间，并发度一般。

（3）行级锁。行级锁是以记录为单位进行加锁。行级锁在 MySQL 中是锁定颗粒度最小的，可以最大限度地支持并发处理，同时带来最大的锁开销。行级锁主要应用于 InnoDB 引擎。其特点是开销大，加锁慢；会出现死锁；锁定颗粒度最小，发生锁冲突的概率最低，并发度最高。InnoDB 行级锁包括共享锁（S）、排他锁（X）

MySQL 的锁机制比较简单，其最显著特点是不同的存储引擎支持不同的锁机制，见表 7.17。MySQL 中锁的特性大致归纳如下：

（1）MyISAM 和 MEMORY 存储引擎采用的是表级锁（TABLA-LEVELLOCKING）

（2）BDB 存储引擎采用的是页面锁（PAGE-LEVEL LOCKING），也支持表级锁。

（3）InnoDB 存储引擎既支持行级锁（ROW-LEVEL LOCKING），也支持表级锁，在默认情况下采用行级锁。

表 7.17 MySQL 的锁机制

引擎	表级锁	页面锁	行级锁
MyISAM	Yes	No	No
BDB	Yes	Yes	No
InnoDB	Yes	No	Yes

MySQL 还提供全局锁。全局锁就是对整个数据库实例加锁。MySQL 提供了一个加全局读锁的方法，当需要让整个数据库实例处于只读状态时，可以使用全局锁，在使用之后，其他线程的 DML 的写语句、DDL 语句，以及更新操作的事务提交语句都会被阻塞。数据库实例和数据库是有所区别的，在 MySQL 中，数据库实例在计算机上的表现就是一个进程，即 mysqId。全局锁的典型使用场景是做全库逻辑备份。

习　题　7

（1）简述事务的基本概念和特性。由 DBMS 的哪些子系统保证？

（2）事务并发执行时可能带来哪些问题？分别举例说明。可以采用哪种策略解决这些问题？

（3）MySQL 中有哪几种锁？各自的作用是什么？

（4）什么是两段锁协议？如何实现两段锁协议？

（5）什么是活锁？如何防止活锁？

（6）封锁会引起什么麻烦？如何解决？

（7）简述排他锁的含义及作用。

（8）简述在应用程序中定义事务的方法。

（9）用户定义事务的语句有哪几条？它们各自有什么作用？

第 8 章　非关系型数据库 NoSQL

- **了解**：NoSQL 数据库的发展背景，与传统关系型数据的差异。
- **理解**：NoSQL 数据库的基本概念及存储模式，具备 NoSQL 数据库全局观的能力。
- **掌握**：MongoDB 的基本操作，并针对工程项目具备简单的 NoSQL 数据库建模运用能力。

8.1　NoSQL　概　述

1970 年，在圣何塞研究中心工作的 Codd 发表了一篇创新性的技术论文——*A Relational Model of Data for Large Shared Data Banks*，首次提出数据库的关系模型。由于具有规范的行和列结构，因此存储的数据通常被称为"结构化数据"。关系型数据库的核心优势是具有完备严谨的数学理论基础、完善的事务管理机制和高效的查询处理引擎。一直以来被各行业作为首选的数据库存储系统，目前典型的关系数据库产品包括 Oracle、SQL Server、MySQL、PostgreSQL、DB2 等。

随着 Web 2.0 的兴起，传统的 RDBMS 在一些业务系统往往会遇到大量用户并发访问、信息实时性要求更高、大规模文件存储备份、业务需求变化的不确定性等问题。其解决思路一般是基于现有的技术架构做进一步改进或优化：增加分级分层缓存，优化缓存更新策略，对业务数据按水平和垂直分表，升级硬件配置，增加数据库节点，等等。但是对数据缓存的过度依赖无形中给数据一致性维护提高了复杂性，缓存失效也会进一步加剧后端数据库的压力，分表机制和方式的选择与效率的问题上难以取舍，摩尔定律的逐步"失效"导致计算机硬件的纵向扩展受到约束，数据库节点增加（水平扩展）虽然能够带来性能的提升，但是也会引发无法有效监控节点、管理节点和跨库跨表 join 等问题。

2010 年前后，第三次信息化浪潮的大幕拉开，大数据时代全面开启，数据的类型不再是单一的结构化数据，还包括半结构化和非结构化数据，如日志文件、文本文件、电子邮件、图片、音频、视频等，且非结构化数据的比重高达 90%以上。显然，扩展能力较差的关系型数据库无法有效应对各种类型的大规模数据存储，同时关系模型具有规范的定义和严格约束条件，这些做法虽然确保了业务数据的一致性需求，但其相对固定的数据模式无法适应不断发展的互联网业务和场景，从而促使 NoSQL 数据库的兴起与高速发展。

NoSQL 数据库的核心思想是弱化关系模式、弱化完整性约束、弱化传统关系型数据库的事务强一致性，以换取灵活的数据模型、高可扩展性、高可用性及高性能。

NoSQL（Not Only SQL）具备非关系型的、分布式的、开源的和水平可扩展的特点，它是对关系型数据库的一种补充；同时，它不单指一个产品或一种技术，而是代表各种分布式非关系型数据库的统称，是一族产品，以及一系列不同的、有关数据存储及处理的概念。典型的NoSQL 数据库产品包括 Redis、HBase、ES、MongoDB、Neo4j 等。

8.2　NoSQL 数据库与关系数据库的比较

8.2.1　关系数据库及其问题

经过数十年的发展，关系型数据库的理论知识、相关技术和产品都趋于完善，能够较好地满足银行、电信等传统行业的需求，拥有广泛的用户群体，其主要具有以下优点。

（1）容易理解。关系型数据库的二维表结构非常贴近逻辑世界的概念，关系模型相对于网状模型、层次模型等其他数据模型来说更加容易理解。

（2）使用方便。通用的 SQL 语言可实现复杂的查询，使得用户操作关系型数据库更便捷、简单。

（3）易维护。丰富的完整性大大减少了数据冗余和数据不一致的问题。

尽管关系型数据库具有以上优点，并且有完善的关系代数理论基础，支持事务的 ACID 四大特性，但是随着 Web 2.0 时代到来，关系数据自身的局限性也开始变得越来越突出，主要表现为以下三点。

（1）无法满足海量数据的管理需求。据统计，Web 2.0 应用领域在 1 分钟内，新浪可以产生 2 万条微博，推特（Twitter）可以产生 10 万条推文，苹果可以下载 47 万次应用，淘宝可以卖出 6 万件商品，百度可以产生 90 万次搜索查询，脸书（Facebook）可以产生 600 万次浏览量。显然，上述应用生产的数据量很容易达到亿级别，对于关系型数据库来说，在一张包含超过亿条数据的表中执行查询操作的效率非常低。

（2）无法满足数据高并发的需求。互联网用户群体庞大，时刻都会产生海量的购物、搜索和浏览等记录，相应业务数据需要实时更新，导致高并发访问数据库的情形，往往达到每秒上万次读写请求，对于传统关系型数据库来说无疑是一个大瓶颈。

（3）无法满足高扩展性和高可用性的需求。互联网数据爆炸式增长会导致数据库读写负荷剧增，一般的关系型数据库通过纵向扩展提高数据的处理能力。另外，还可以采用搭建多台服务器组成集群，通过横向扩展提供分布式的存储、管理和处理能力，从而很好地应对大数据的急剧增长带来的存储和管理等问题，但是，关系型数据库不能像 Web Server 一样简单地通过添加更多的硬件和服务节点来扩展性能和负载能力，对于很多需要 24 小时不间断服务的网站来说，数据库系统的升级和扩展往往需要停机维护，大大降低了系统的可用性，同时难以实现横向扩展。

8.2.2　NoSQL 数据库与关系数据库对比

表 8.1 主要参考《大数据技术原理与应用（第 3 版）》（人民邮电出版社，林子雨）一书，从数据库原理、数据规模、数据库模式、查询效率和一致性等 10 个指标简单地对关系数据库和 NoSQL 数据库进行比较。从表中可以看出，关系数据库的优势是具备完善的数学理论基础、严格的标准，支持事务的 ACID 四性，可以实现高效复杂的查询；其劣势是难以实现横向扩展，数据模式固定、可用性一般及难以维护。NoSQL 数据库的优势是支持超大规模数据集，易实现横向扩展，数据模式灵活，牺牲一致性确保了高可用性；其劣势是缺乏数学理论基础、难以实现数据完整性、缺乏严格统一的行业标准、复杂查询性能一般及难以维护。

表 8.1　NoSQL 数据库与关系数据库对比

对比指标	关系数据库	NoSQL 数据库	备注
数据库原理	完全支持	部分支持	关系数据库有关系代数理论作为基础。 NoSQL 数据库没有统一的理论基础
数据规模	大	超大	关系数据库很难实现横向扩展，纵向扩展的空间也比较有限，性能会随着数据规模的增大而降低。 NoSQL 数据库可以很容易通过添加更多设备来支持更大规模的数据
数据库模式	固定	灵活	关系数据库需要定义数据库模式，严格遵守数据定义和相关约束条件。 NoSQL 数据库不存在数据库模式，可以自由、灵活地定义并存储不同类型的数据
查询效率	快	可以实现高效的简单查询，但是不具备高度结构化查询等特性，复杂查询的性能不尽人意	关系数据库借助索引机制可以实现快速查询（包括记录查询和范围查询）。 很多 NoSQL 数据库没有面向复杂查询的索引，在复杂查询方面的性能仍然不如关系数据库
一致性	强一致性	弱一致性	关系数据库严格遵守事务 ACID 模型，可以保证事务强一致性。 很多 NoSQL 数据库放松了对事务 ACID 四性的要求，而是遵守 BASE 模型，只能保证最终一致性
可用性	好	很好	关系数据库在任何时候都以保证数据一致性为优先目标，其次是优化系统性能，随着数据规模的增大，关系数据库为了保证严格的一致性，只能提供相对较弱的可用性。 大多数 NoSQL 数据库都能提供较高的可用性
数据完整性	容易实现	很难实现	任何一个关系数据库都可以很容易实现数据完整性，但是 NoSQL 数据库无法实现
扩展性	一般	好	关系数据库很难实现横向扩展，纵向扩展的空间也比较有限。 NoSQL 数据库在设计之初就充分考虑了横向扩展的需求，可以很容易地通过添加廉价设备实现扩展
标准化	是	否	关系数据库已经标准化（SQL）。 NoSQL 数据库还没有行业标准，不同的 NoSQL 数据库有自己的查询语言，很难规范应用程序接口
可维护性	复杂	复杂	关系数据库需要专门的数据库管理员（DBA）维护。 NoSQL 数据库虽然没有关系数据库复杂，但也难以维护

通过指标对比可知，关系数据库和 NoSQL 数据库呈互补关系，在生产应用中需要根据业务场景和需求扬长避短、灵活运用。对于银行、支付、电信、电力等涉及金钱的领域，需要保证数据的强一致性，或者对于需要执行复杂查询分析的应用，关系型数据库能够非常出色地完成此类工作。对于网站的用户访问记录、搜索记录、社交网站的点击点赞等行为记录，这些数据会被持续采集，数据量极大，不同业务服务器采集的数据格式不尽相同，数据模式灵活，此时 NoSQL 数据库能够突出自身的优势。此外，在实际应用中，往往采用混合的方式构建数据库应用，如电商领域中，商品的基本信息可存放在 MySQL 数据库，商品附加信息（描述、详

情和评论等）可存放在 MongoDB 文档数据库，搜索关键字可存放在 ElasticSearch，热点信息可存放在 Redis、Tair 或 Memcache。

8.3　NoSQL 数据存储模式

键值存储模式

源于 Web 2.0 时代的需求，NoSQL 数据库管理系统已超过 225 个。此外，据 DB-Engines 对数据库管理系统最新排名，截至 2023 年 2 月，排名前十中，NoSQL 数据库占据 3 位，分别是 MongoDB、Redis 和 Elasticsearch。

虽然 NoSQL 数据库产品众多，但没有统一的模式，且各类 NoSQL 数据库在通用性、事务能力上都存在较大差距。常见的 NoSQL 数据模型有四种：键值存储模式、文档存储模式、列族存储模式和图存储模式。

8.3.1　键值存储模式

键值存储模式也称 key-value 模式，起源于亚马逊（Amazon）开发的 Dynamo 系统，可以把它理解为一个分布式的 HashMap。在该数据结构中，只能存储成对的键值对，不同的键值数据库支持的 key 类型差异不大，一般是 String 类型，而 value 类型差别较大，可能是任何类型。如 Memcached 仅支持 String 类型，而 Redis 支持的 value 类型更广泛，主要包括常见的五种数据类型：String 字符串、List 列表、Set 集合、Hash 散列及 Zset 有序集合。键值存储模型数据的概念视图见表 8.2，每条记录都由唯一键和任何格式的关联值组成，这种键值模式的表是无结构的。

表 8.2　键值存储模型数据的概念视图

键	值	备注
user1	"XiaoMing"	值为字符串
user1.age	"18"	值为字符串
user2	name lisi age 20 sex 1	值为 Hash 散列

键值存储模式的非关系型数据库中 key 作为唯一标识符，可通过 key 快速定位 value，还可通过对 key 进行排序和分区，以实现更高效的数据定位。想实现对 value 的查找，由于 NoSQL 数据库通常不会对 value 建立索引，因此只能进行全表的扫描，这对大规模数据的查找效率是非常低下的。此外，若想实现关系型数据库常见的多表关联查询，则只能通过在键值数据库上进行复杂的编程实现，但限于数据规模大，关联查询效率不高。键值数据库见表 8.3。

表 8.3　键值数据库

项目	描述
数据模型	键值对
优点	扩展性好、模式灵活简洁、基于 key 查找快、大量写操作时性能高
缺点	条件过滤查询效率低
典型应用	内容缓存（会话存储、购物车、热点数据）
相关产品	Redis、Amazon DynamoDB、Microsoft Azure Cosmos DB、Memcached、Hazelcast等

8.3.2　文档存储模式

　　文档存储模式包含集合和文档两种基本数据结构，其中集合类似关系型数据库中的表，文档类似于关系型数据库中的行，文档存储在集合中。文档存储模式与键值存储模式有一定的相似性，键是用来查询值的唯一标识符，值（文档）一般是半结构化数据。文档是一组有序的键值对集合，常见的有 JSON 和 XML 两种格式，其值可以是基本数据类型，也可以是结构化的数据类型，而且每个文档都可能具有完全不同的结构，文档还支持内嵌的文档对象和数组对象。因此，文档存储模式是无法预先定义结构的，即数据是无模式组织的，但在同一个集合内，文档一般尽量与同一种实体类型相关。文档存储模式数据的概念视图见表 8.4。

表 8.4　文档存储模式数据的概念视图

键	文档

doc_01	{
	"name":"xiaoming",
	　　"age":18,
	　　"address":{
	　　　　　　"city":"Zhanjiang",
	　　　　　　"province":"Guangdong",
	　　　　　　"country":"China"
	　　},
	　　"scores":[
	　　　　{"name":"Computer", "grade":4.0},
	　　　　{"name":"Math", "grade":3.0}
	　　]
	}

doc_02	{
	"name":"xiaofang",
	　　"age":18,
	　　"address":{
	　　　　　　"city":"Guangzhou",
	　　　　　　"country":"China"
	　　},
	　　"cores":[
	{"name":"Computer", "grade":4.0},
	　　　　{"name":"English", "grade":3.0}
	　　]
	}

　　文档数据库既可以根据 key 来构建索引，又可以基于文档内容构建索引。如果是规范化存储的文档数据库，更新操作就比较容易，但读取操作数据时缺点突显，因为往往需要从多个集合中查找数据，执行多次查询影响读取速度。如果是去规范化存储的文档数据库，读取数据时表现更好，往往只需在同一个集合或者文档内获取数据即可，但该方式会引入多余的数据，容

易增加数据异常的风险及所需的磁盘空间。文档数据库见表 8.5。

表 8.5　文档数据库

项目	描述
数据模型	版本化的文档
优点	数据结构灵活、支持灵活的索引、强大的临时查询和文档集合分析
缺点	缺乏统一的查询语法
典型应用	存储目录信息（如不同产品的属性）、用户配置文件和内容管理系统（如博客和视频平台）
相关产品	MongoDB、Amazon DynamoDB、Databricks、Microsoft Azure Cosmos DB、Couchbase、Firebase Realtime Database、CouchDB

8.3.3　列族存储模式

列族存储模式

列族存储模式也称面向列的存储模式，可将列划分为称为列族的组，每个列族都包含一组逻辑上相关的列。该模式每行记录都包含多个列族，每个列族都包含多个列，不同的行可由不同的列族组成。属于相同列族的数据一般会集中存放，不同列族的数据会存储在不同的文件中，这些文件甚至会存放在不同的服务器上。列族存储模式数据组织是无模式的，在应用上很适合存放稀疏且多维的数据集，此外，设计表时，通常采用去规范化的方式存放对象数据，从而某个对象的相关数据可能会全部存放在同一行内。列族存储模式数据的概念视图见表 8.6。

表 8.6　列族存储模式数据的概念视图

键	StuInfo（列族）		Grade（列族）		
	Name	Age	Computer	Math	English
1001	XiaoM	18	90	92	91
1002	XiaoF		98		
1003	DaM	19	85		90

列族数据库查询数据时，主要通过键定位，若要查询某列或某列族的一个范围内的键的对应数据，则读取效率非常高，只需要读取相应列或列族存储的文件即可。因此，设计表时，一般把经常需要读取的数据放在同一个列族下。列族数据库见表 8.7。

表 8.7　列族数据库

项目	描述
数据模型	列族
优点	查找快、可扩展性强、复杂性低、压缩率高
缺点	不适合随机更新、不适合做含有删除和更新的实时操作
典型应用	日志、博客平台
相关产品	Cassandra、HBase、Microsoft Azure Cosmos DB、Datastax Enterprise、Datastax Enterprise、Microsoft Azure Table Storage、Google Cloud Bigtable

8.3.4 图存储模式

图存储模式以图论的拓扑学为基础，存储节点和边及节点之间的连线关系。与其他数据库不同，图存储模式数据库专门用于处理具有高度相互关联的数据，使用节点存储数据实体，并使用边来存储实体之间的链接或联系，从而明确表示出实体之间的关系，而图存储模式数据库的大部分价值都源自这些关系。另外，一个节点可以拥有的关系的数量和类型没有限制。图存储模式的关系示意图如图 8.1 所示。图中主要展示了一个简单的社交网络示例，若考虑人员及其关系，则很容易通过图模型找到特定人员，如朋友的朋友关系的人员。

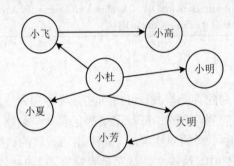

图 8.1　图存储模式的关系示意图

图数据库有两种遍历方式：根据边类型遍历和对整个图遍历。由于每个节点都会维护与其相邻的节点关系且提前计算好并存储在数据库中，因此遍历节点或关系都很高效。此外，图数据库的优势在于高效处理实体间的关系，在社交网络、推荐系统和欺诈检测等领域更具优势。图数据库见表 8.8。

表 8.8　图数据库

项目	描述
数据模型	图结构
优点	高效查询关联数据、灵活性高、支持复杂的图算法
缺点	缺乏统一的查询语言
典型应用	知识图谱、社交关系管理、风控管理
相关产品	Neo4j、Microsoft Azure Cosmos DB、Virtuoso、ArangoDB、OrientDB、JanusGraph

8.4　文档数据库 MongoDB

8.4.1　MongoDB 简介

2007 年，德怀特·梅里曼（Dwight Merriman）、埃利特·霍洛维茨（Eliot Horowitz）和凯文·瑞安（Kevin Ryan）成立 10gen 公司，为了解决新公司云计算存储及之前 DoubleClick 公司使用关系型数据库存在可伸缩性和敏捷性等问题，于 2009 年开发出 MongoDB 的雏形。MongoDB 的命名源于单词 humongous，意味着能够存储海量数据的数据库。MongoDB 是非关系型文档数据库的绝对主流，根据 2023 年 2 月的 DB Engines 排名，前四名是关系型数据库，第五名是非关系型数据库 MongoDB，而且对于文档数据库来说，MongoDB 排名得分有压倒性的优势，说明行业对其认可度高。

MongoDB 是由 C++编写的，面向集合、模式自由、高性能、可扩展、易部署、易使用的文档数据库，具备支持动态查询、支持完全索引、支持复制和故障恢复、二进制数据存储、自动分片、支持多种语言等特性。其中，二进制数据存储主要指采用 BSON（Binary JSON，一种基于 JSON 的二进制序列化格式）作为数据存储和网络传输格式，通过改进存储结构提高检索速度。此外，BSON 支持多种数据类型，如字符串、布尔型、整数、浮点数、数组、日期等，丰富的数据类型使得用户操作更加方便。

8.4.2　MongoDB 管理工具

由于 MongoDB 默认的接口是 CLI 命令行，这种方式对新用户不够友好，因此可以借助 MongoDB 的图形用户界面（Graphical User Interface，GUI）管理工具降低新用户的使用难度。目前常见的图形用户界面管理工具有 MongoDB Compass、NoSQLBooster（mongobooster）、Mongo Management Studio、Nosqlclient、Studio 3T、Robo 3T、Navicat for MongoDB 等，大部分都是付费版本。其中 MongoDB Compass 由 MongoDB 团队开发，适用于 Linux、Mac 或 Windows 系统，具有完整的"增删改查"、运行临时查询、评估和优化查询、实时性能图表等功能。下面简要介绍 MongoDB Compass 部分功能的使用方法。

1. 连接 MongoDB 数据库

打开 MongoDB Compass，界面如图 8.2 所示，在 URI 文本框中输入要连接的数据库地址，默认 mongodb://localhost:27017，具体地址配置见<install direactor>/bin/mongod.cfg，然后单击 Connect 按钮连接数据库。

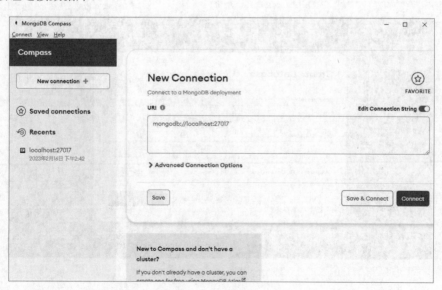

图 8.2　MongoDB 界面

图 8.3 中显示成功进入的数据库界面，单击左上角的 Connect 菜单可以新建连接或者断开数据连接。左侧显示默认安装的三个数据库：admin、config、local，而 student 数据库为用户

自定义数据库，需自行创建。若想通过命令行方式创建，则需单击最下方黑色_MONGOSH 选项，直接进入命令行操作方式。

图 8.3　数据库界面

2. 创建数据库与集合

单击图 8.3 中 Databases 右侧的"+"号，弹出图 8.4 所示的 Create Database 对话框，填入新创建数据库和集合的名字，图中数据库名为 StudentTest，集合名为 info，然后单击 Create Database 按钮创建数据库。

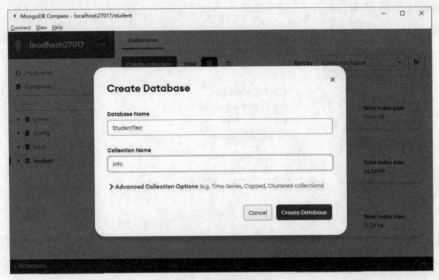

图 8.4　新建数据库

在图 8.5 中，单击 StudentTest 数据库右侧的"删除"按钮可删除数据库，单击"+"号可添加集合。单击 info 集合右侧的"..."号可以实现在新标签打开集合或者删除集合的功能。

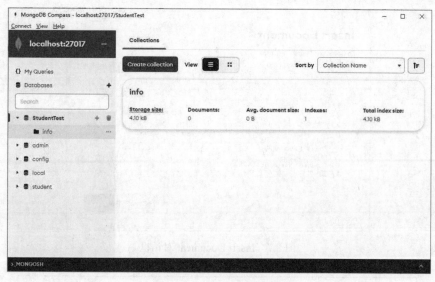

图 8.5　成功新建数据库

3. 文档操作

（1）插入文档。在图 8.6 中，单击要插入文档的集合 info，在中间区域单击 ADD DATA 按钮，弹出黑色快捷菜单，其中有两种插入文档的形式，单击 Insert document 选项，弹出图 8.7 所示的 Insert Document 对话框，输入文档，其中"_id"字段为自动生成，也可以直接修改为其他值，完成后，单击 Insert 按钮。

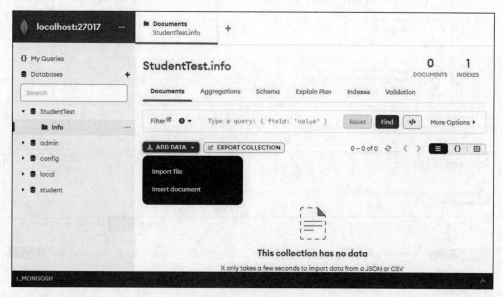

图 8.6　文档插入

（2）查看与更新文档。查看文档有三种视图形式：列表视图、JSON 文档视图、表格视图。其中图 8.8 所示为列表视图查看文档；图 8.9 所示为表格视图查看文档，可以单击文档右侧的"铅笔"图标实现文档 field 或 item 的添加与各类修改操作，单击"删除"按钮可以删除文档。

图 8.7 Insert Document 对话框

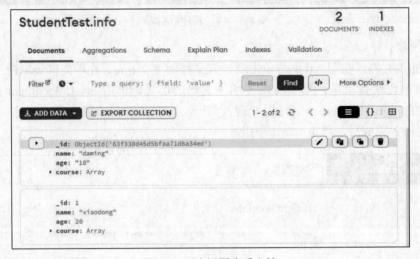

图 8.8 列表视图查看文档

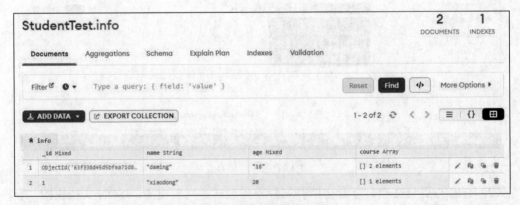

图 8.9 表格视图查看文档

（3）查询文档。单击图 8.9 中右侧的 More Option 按钮，弹出更多查询设置，如图 8.10 所示。在 Filter 文本框中输入查询条件，图中查询条件是查询字段 age 大于 18 的文档。在 More

Option 中可以更准确查询需要的文档，如 Project 文本框设置的是 field 字段的投影，若值为 0 则不显示该字段，若值为 1 则显示；Sort 文本框设置的是字段排序依据，若值为 1 则升序，若值为-1 则降序；Collation 文本框为字符串比较指定特定语言的规则；MaxTimeMs 文本框设置的是服务器主动终止查询的时间；Skip 文本框设置的是跳过前面文档的数量；Limit 文本框设置的是限制返回文档的数量。设置好需要的条件后，在条件设置无误的情况下单击 Find 按钮，显示相应查询结果。当不需要设置任何条件时，单击 Reset 按钮可以清除查询条件。若想看历史查询，则可以单击 Filter 右侧的倒三角按钮，Compass 为每个集合都自动存储最多 20 个最新查询。

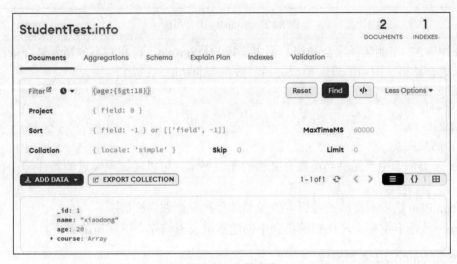

图 8.10　文档查询

4．聚合操作

在图 8.11 所示界面中，可以创建多个用于数据处理的聚合操作，也可以保存管道方便后续使用。单击 Add Stage 按钮，弹出图 8.12 所示界面。

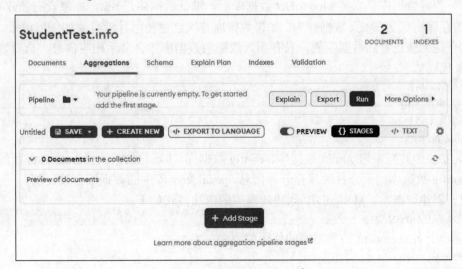

图 8.11　聚合操作界面

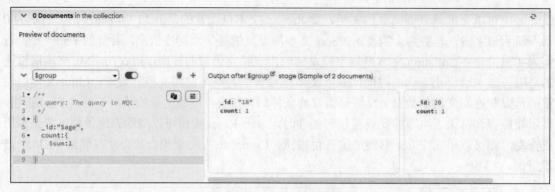

图 8.12　group by 聚合举例

先在图 8.12 左侧选择聚合操作，图中选择的是 $group，再在右下方写入聚合条件，右侧窗口显示聚合结果。图中的查询类似关系型数据库的功能代码如下：

```
SELECT age,count(*)
FROM table
GROUP BY age
```

5．其他功能

Schema 选项卡主要提供当前集合文档的图表展示，可以通过设置过滤条件筛选数据集进行分析。

Explain Plan 选项卡能够查看查询语句的解释执行计划详细情况。

Indexes 选项卡主要实现在当前集合中创建索引及查询集合下现有的索引。

8.4.3　MongoDB 基本操作

MongoDB 基本操作主要包括数据库、集合、文档的操作，本书主要参考官方帮助文档（https://www.mongodb.com/docs/manual/），逐一介绍相关内容。

1．数据库操作

（1）查看数据库。安装 MongoDB 数据库后，默认数据库是 test，如果没有新建数据库，则集合的存储将默认在 test 数据库中。如果数据库首次创建使用且没有添加任何记录，则通过 show 命令是无法查看到数据库的，只有插入数据的数据库才会显示相应信息。查看当前数据库列表，代码如下：

```
test> show dbs
admin 40.00 KiB
config 108.00 KiB
local 40.00 KiB
```

默认安装的数据库为 admin 数据库、config 数据库、local 数据库。admin 为保留的权限数据库，config 数据库用于分片时保存分片信息，local 数据库中的数据不会被复制。

（2）创建数据库。MongoDB 创建数据库的语法格式如下：

```
use DATABASE_NAME
```

创建一个名为 student 的数据库的代码如下：

```
use student
```

当然，现在查看数据库列表无法看到 student 数据库，需要插入数据。

（3）删除数据库。删除数据库前，使用 use 命令切换到准备删除的数据库，然后执行删除操作。删除 student 数据库的代码如下：

```
test> use student
switched to db student
student> db.dropDatabase()
{ ok: 1, dropped: 'student' }
```

2．集合操作

MongoDB 的集合类似于关系型数据库的表，集合里面的是一组文档。

（1）查看集合。查看集合的代码如下：

```
student> show collections
```

（2）创建集合。通常创建集合有两种方式，一种是显式通过 createCollection(name, options) 方法创建，另一种是隐式自动创建。

在显式创建中，参数 name 为创建集合的名称，参数 options 是可选参数，具体见表 8.9。

表 8.9　集合参数 options

字段	类型	描述
capped	布尔	（可选）如果为 true，则创建固定集合。固定集合是指有着固定大小的集合，当达到最大值时，它会自动覆盖最早的文档。 当该值为 true 时，必须指定 size 参数
size	数值	（可选）为固定集合指定一个最大值，即字节数。 如果 capped 为 true，需要指定该字段
max	数值	（可选）指定固定集合中包含文档的最大数量

注意：插入文档时，MongoDB 首先检查固定集合的 size 字段，然后检查 max 字段。显式创建集合 mycol，集合空间为 102400B，文档最大数量为 100，代码如下：

```
student> db.createCollection("mycol", { capped : true, size : 102400, max : 100 })
{ ok: 1 }
```

在 MongoDB 中，当用户在一个数据库中插入文档时，若集合不存在，则 MongoDB 隐式自动创建集合，代码如下：

```
student> show collections
student> db.myCollection.insertOne({"name":"XiaoMing"})
{
  acknowledged: true,
  insertedId: ObjectId("63ede4c9628f127d6c34f2cf")
}
student> show collections
myCollection
```

myCollection 预先不存在，但插入一个新文档后自动创建。

（3）其他集合操作。可以通过 renameCollection() 重命名集合，通过 drop() 删除集合，代码如下：

```
student> db.mycol.renameCollection("mycol01")
{ ok: 1 }
student> db.mycol01.drop()
true
```

3. 文档操作

文档是 MongoDB 中数据的基本单位，类似关系型数据库中的行。同时，文档是键值对的一个有序集合，且区分字母大小写、键具有唯一性。

MongoDB 的文档采用_id 作为主键，默认是 ObjectId 对象，该字段在插入文档时会被系统检验是否存在，若不存在则会自动生成，也可以由用户显式指定。

MongoDB 中的所有写操作在单个文档级别上都是原子的。一旦设置_id，用户就不能更新_id 字段的值，也不能用具有不同字段值的替换文档来替换现有文档_id 值。

对于字段的顺序，进行写操作时，MongoDB 保留文档字段的顺序，这两种情况除外：_id 字段始终是文档中的第一个字段；包括重命名的文档更新可能导致文档对字段进行重排序。

（1）插入文档。插入文档有三种形式：插入单个文档、批量插入文档和通过变量新增文档，若集合中已有相同的_id 值，则无法插入，会提示重复键错误，不保存当前数据。

1）插入单个文档。在集合中使用 insertOne()命令插入单个文档，语法格式如下：

```
db.collection.insertOne(
    <document>,    //文档内容，必选参数
    { writeConcern: <document>}   //可选，指定写入操作的安全确认级别
)
```

【例 8.1】当插入文档时未指定_id 字段。

```
db.stu.insertOne({
    "name":"XiangFang",
    "age":20,
    "course":["Computer","Math"]
})
```

输出结果如下：

```
{
    acknowledged: true,    //插入文档时指定了安全写入
    insertedId: ObjectId("63ee22b2628f127d6c34f2d0")    //存储文档的_id 字段的值
}
```

【例 8.2】当插入文档时指定_id 字段。

```
db.stu.insertOne({
_id: 1,
    "name":"Dahai",
    "age":18,
"course":["Computer"]
})
```

输出结果如下：

```
{ acknowledged: true, insertedId: 1 }
```

显然，当未指定_id 字段时，其值自动生成；当给定_id 字段时，其值是给定的值。

2）批量插入文档。在集合中使用 insertMany()命令批量插入文档，语法格式如下：

```
db.collection.insertMany(
    [document1, document2, ...],      //批量文档
    {
        writeConcern: <document>,    //可选，指定写入操作的安全确认级别
        ordered: <boolean>           //可选，指定是否需要按照顺序写入文档，默认为 true
})
```

【例 8.3】当插入多个文档时未指定_id 字段。

```
db.stu.insertMany( [
    { "name":"XiaoG", "age":17, "course":["English"] } ,
{ "name":"XiaoK", "age":18, "course":["Math", "English"] }
] )
```

输出结果如下：

```
{
  acknowledged: true,
  insertedIds: {
    '0': ObjectId("63ee4421909d412a794b63d9"),
    '1': ObjectId("63ee4421909d412a794b63da")
  }
}
```

【例 8.4】当插入多个文档时指定_id 字段。

```
db.stu.insertMany( [
    { _id:2, "name":"XiaoG1", "age":19, "course":["English"] } ,
{ _id:3, "name":"XiaoK1", "age":21, "course":["Math", "English"] }
] )
```

输出结果如下：

```
{ acknowledged: true,    insertedIds: { '0': 2, '1': 3 } }
```

3）通过变量新增文档。用户可以将数据定义为一个变量，代码如下：

```
document=({
_id:4,    "name":"XiaoP", "age":22, "course":["Chinese", "English"]
})
```

然后将 document 变量直接插入集合，代码如下：

```
db.stu.insertOne(document)
```

db.集合名.insertMany()可通过变量批量新增文档。

输出结果如下：

```
{ acknowledged: true, insertedId: 4 }
```

（2）更新文档。MongoDB 使用 updateOne()、updateMany()和 replaceOne()命令更新集合中的文档。

1）updateOne()命令。在该命令中，即使多个文档可能与指定过滤条件匹配，也仅匹配第一个找到的文档并应用指定的更新操作，语法格式如下：

```
db.collection.updateOne(
    <filter>,       #指定过滤条件
    <update>,     #更新的内容
    {
        upsert: <boolean>,                    //可选，默认为 false，当找不到匹配项时不会插入新文档
        writeConcern: <document>,             //可选
        collation: <document>,                //可选，指定操作要使用的排序规则
        arrayFilters: [ <filterdocument1>, ... ],  //可选
        hint:    <document|string>            //可选
    }
)
```

【例 8.5】当集合中存在多个与 filter 结果相同的文档时，只更新第一个匹配的文档。

```
db.stu.updateOne(
{"name":"XiaoG"},
{$set:{"name":"XiaoG0"}}
)
```

其中，$set 为更新操作符，返回结果如下：

```
{
  acknowledged: true,
  insertedId: null,
  matchedCount: 1,      //匹配到一个文档
  modifiedCount: 1,     //修改一个文档
  upsertedCount: 0
}
```

【例 8.6】当 upsert 为 true 时，若没匹配到文档，则插入更新的内容；若匹配到文档，则更新文档。

```
db.stu.updateOne(
{"name":"XiaoG"},
{$set:{"name":"XiaoG0"}},
{upsert:true}
)
```

返回结果如下：

```
{
  acknowledged: true,
  insertedId: ObjectId("63eede56320611b4fbc5ef35"),   //新生成一个_id
  matchedCount: 0,
  modifiedCount: 0,
  upsertedCount: 1   //未匹配到文档，最后插入新文档
}
```

2）updateMany()命令。当更新集合内的多个文档时，可以使用 updateMany()命令实现，语法格式与 updateOne()命令相同。

【例 8.7】将所有 age 字段高于 20 岁的文档统一改为 20。

```
db.stu.updateMany(
{"age":{ $gt:20}},
{$set:{"age":20}}
)
```

其中，$gt 为条件操作符，$set 为更新操作符，返回结果如下：

```
{
  acknowledged: true,
  insertedId: null,
  matchedCount: 2,   //匹配到两个文档
  modifiedCount: 2,  //修改两个文档
  upsertedCount: 0
}
```

3）replaceOne()命令。用户可使用 replaceOne()命令实现文档替换，语法格式如下：

```
db.collection.replaceOne(
    <filter>,    //指定过滤条件
    <replacement>,   //替换的文档
    {
        upsert: <boolean>,
        writeConcern: <document>,
        collation: <document>,
        hint: <document|string>                    // Available starting in 4.2.1
    }
)
```

【例 8.8】将 name 字段为 "XiaoG1" 的文档替换为一个新文档。

```
db.stu.replaceOne(
{"name":"XiaoG1"},
{"name":"XiaoG1", "age":25, "course":["Chinese","Math", "English"]}
)
```

4）更新操作符。使用 updateOne()或 updateMany()命令时，一般需要结合表 8.10 中的更新操作符，否则会出错。

表 8.10　更新操作符

操作符	用法	用途
$set	{$set:{field:value}}	将字段 field 的值设为 value
$inc	{$inc:{field:value}}	为字段 field 增加 value
$unset	{$unset:{field:1}}	删除字段 field
$push	{$push:{field:value}}	将 value 追加到字段 field 中，field 为数组类型。若无 field 字段，则新加
$addToSet	{$addToSet:{field:value}}	添加 value 到字段 field 数组中，若 value 不在 field 中则添加成功
$pop	{$pop:{field:1}} {$pop:{field:-1}}	用于删除数组 field 内的一个值，1 为删除组内最后一个，-1 为删除组内第一个
$pull	{$pull:{field:_value}}	删除数组内等于 _value 的值
$rename	{$rename:{oldfield:newfield}}	重命名键，将字段 oldfield 的名称改为 newfield

若要一次在 field 数组中添加多个值，则可以配合$each 修饰符实现，为 shetuan 字段一次添加多个值的代码如下：

```
db.stu.updateMany(
{"name":"Dahai"},
{$push: { "shetuan": { $each: ["ji","suan","big"] }}}
)
```

（3）删除文档。MongoDB 删除文档常用 deleteOne()和 deleteMany()命令。即使删除一个集合内所有的文档，删除操作也不会删除索引。

1）deleteOne()命令。删除集合中单个文档的语法格式如下：

```
db.collection.deleteOne(
    <filter>,    //指定匹配条件
```

```
{
        writeConcern: <document>,
        collation: <document>,
        hint: <document|string>          // Available starting in MongoDB 4.4
    }
)
```

该命令仅删除第一个匹配条件的文档。

2）deleteMany()命令。该命令参数与 deleteOne()命令的相同，用于删除集合中的多个文档。

【例 8.9】删除 course 字段包含有"计算机"的所有文档。

```
db.stu.deleteMany(
{"course": "计算机"}
)
```

若想删除集合所有文档，则可以采用 db.stu.deleteMany({})直接删除。

（4）查询文档。MongoDB 查询文档的方法主要有以下几种。

1）find()命令。语法格式如下：

```
db.collection.find(query, projection, options)
```

说明：

（1）query：可选参数，指定查询条件。

（2）projection：可选参数，指定投影字段，即指定匹配文档中返回的字段。该参数采用如下形式。

```
{ <field1>: <value>, <field2>: <value> ... }
```

其中，当 value 为 1 or true 时，表示显示该 field 字段；当 value 为 0 or false 时，表示不显示该 field 字段，其他更复杂的用法自行参考官方文档。

（3）options：可选参数，修改查询行为和返回结果的方式。

【例 8.10】查询集合内所有的文档。

```
db.stu.find( {} )
```

【例 8.11】查询集合中字段 name 值为"XiaoP"的文档，返回结果仅显示 course 和 age 字段。

```
db.stu.find(
{"name":"XiaoP"},
    {"course":1,"age":1}
)
```

返回结果如下：

```
{
   _id: 4,
   course: [
     'Chinese',
     'English'
   ],
   age: 20
}
```

显然，默认显示字段_id。

2）findOne()命令。该命令参数与 find()命令的相同，返回一个满足集合或视图中指定查询条件的文档，如果多个文档满足查询条件，则此方法根据文档自然顺序返回第一个文档；如果没有文档满足条件，则返回 NULL。

3）模糊查询。在 MongoDB 中通过//、^、$实现模糊查询。//表示包含关系，^表示起始位置，$表示结束位置。模糊查询示例见表 8.11。

表 8.11　模糊查询示例

示例	说明
db.stu.find({ "name" : /G/ })	查询字段 name 中包含大写字母 G 的文档
db.stu.find({ "name" : /^X/ })	查询字段 name 中以大写字母 X 开始的文档
db.stu.find({ "name" : /P$/ })	查询字段 name 中以大写字母 P 结尾的文档

注：当使用模糊查询时，查询条件不能放到双引号或者单引号内。

MongoDB 还可以通过使用正则表达式$regex 操作符实现模糊查询，具体用法自行查询官方帮助文档。

4）条件操作符。查询数据时，如果需通过比较字段值获取满足条件的文档，则需要用到条件运算符。条件操作符用法见表 8.12。

表 8.12　条件操作符用法

操作符	示例	说明
$gt	db.stu.find({ "age" : { $gt : 20} })	查询字段 age 值大于 20 的文档
$lt	db.stu.find({ "age" : { $lt : 20} })	查询字段 age 值小于 20 的文档
$eq	db.stu.find({ "age" : { $eq : 20} })	查询字段 age 值等于 20 的文档
$gte	db.stu.find({ "age" : { $gte : 20} })	查询字段 age 值大于或等于 20 的文档
$lte	db.stu.find({ "age" : { $gte : 20} })	查询字段 age 值小于或等于 20 的文档
$ne	db.stu.find({ "age" : { $ne : 20} })	查询字段 age 值不等于 20 的文档
$and	db.stu.find({ $and:[{"age": {$gt : 18}}, {"age": { $lt : 21} }] }) 另一种写法：db.stu.find({"age":{$gt:18,$lt:21 } })	与关系，表示查询字段 age 值大于 18 且小于 21 的文档
$or	db.stu.find({ $or:[{"age": {$lt : 18}}, {"age":{ $gt : 21} }] })	或关系，表示查询字段 age 值小于 18 或者大于 21 的文档
$type	db.stu.find({ "age":{$type:"number"} })	基于 BSON 类型查询集合中匹配的数据类型，示例中查询字段 age 值为 number 类型的文档
$in	db.stu.find({ "course":{$in:["Computer"," 计 算 机 "]} })	字段 course 中的值只要和数组中的任一个值匹配，将返回该文档
$nin	db.stu.find({ "course":{$nin:["Computer"," 计 算 机 "]} })	字段 course 中的值与数组中任何给定值都不匹配，将返回该文档
$exists	db.stu.find({ "age":{$exists: true} }) db.stu.find({ "age":{$exists: false} })	查询文档是否存在某个字段。true 表示返回的文档存在字段 age，false 表示返回的文档不存在字段 age

当然还有很多操作符，读者可以自行查看官方文档学习。

5）分页操作。当使用 find()命令查询集合中的文档时，默认显示所有匹配条件的文档，用户也可以根据实际情况应用 limit()和 skip()命令显示部分结果。

limit()命令的语法格式如下：

```
db.collection.find().limit(number)
```

其中，参数 number 代表要显示的文档数，若未指定 number，则显示集合中所有匹配条件的文档。

skip()方法的语法格式如下：

```
db.collection.find().skip(number)
```

其中，参数 number 代表要跳过的文档数，默认值为 0，即显示集合中所有匹配条件的文档。此外，可以通过灵活综合运用 limit()和 skip()命令实现分页效果，代码如下：

```
db.stu.find({}).skip(1).limit(2)
```

上面代码表示在查询结果文档中，跳过前 1 个文档，显示第 2 个和第 3 个文档。上面语句会扫描全部文档再返回结果，效率较低。

6）排序操作。在 MongoDB 中通过使用 sort()命令对查询的结果文档排序，语法格式如下：

```
db.stu.find({}).sort( {field : 1} )
```

其中，field 为要排序的字段，后面的值 1 表示升序排序，若要降序排序，则需将其设置为-1。若使用 sort()方法时未指定排序的选项，则默认按_id 升序显示返回的文档。

习　题　8

（1）试述关系型数据库在 Web 2.0 应用中的局限性。

（2）试述 NoSQL 四大数据模型的优缺点及适用场景。

（3）MongoDB 中创建一个 student 集合，插入 5 条学生信息数据，并更新部分学生的年龄。

（4）在 MongoDB 学生集合 stu 中存储大规模文档，查询年龄大于 20 岁的所有文档，请给出正确的查询语句。

（5）在 MongoDB 学生集合 stu 中存储大规模文档，查询年龄小于 18 岁的所有文档，每个文档仅仅显示姓名 name 和年龄 age，请给出正确的查询语句。

（6）在 MongoDB 学生集合 stu 中存储大规模文档，尝试使用分页技术给出查询语句，每页 10 个文档，需查询出第 3 页的全部文档。

（7）尝试设计微博后台，实现发布微博、评论、点赞等功能。

第 9 章　数据库设计

- **了解**：数据库设计的一般步骤。
- **理解**：各阶段的输入及输出。
- **掌握**：各阶段设计过程中采用的方式方法及处理手段。

数据库设计概述

9.1　数据库设计概述

数据库设计的基本任务就是根据一个应用环境的信息需求和处理需求，以及建立数据库所需的 DBMS、操作系统和硬件的特性，设计出最优数据库模式和应用程序。其中信息需求表示一个应用环境的业务涉及的数据及其关系。它们反映了应用环境的组织、结构、功能及其有关数据。处理需求表示应用环境中经常需要进行的数据处理，如商品查询、成绩统计、股票交易等。信息需求表达了对数据库在结构上的要求，也就是静态要求；处理需求表达了对数据库在处理方面的要求，也就是动态要求。DBMS、操作系统和硬件是数据库建立的软硬件基础，也是其制约因素。例如，所设计的数据库模式必须符合 DBMS 提供的数据模型；设计数据库时，必须考虑操作系统和硬件的限制及其对数据库性能的影响。

数据库设计的成果有两个，一个是数据库模式，包括外模式、概念模式和内模式；另一个是使用数据库的应用程序。前者主要体现了系统的静态结构设计，后者主要体现了系统的动态行为设计。

数据库应用系统的开发是一项软件工程，目前数据库设计人员使用最广泛的仍然是以逻辑数据库设计和物理数据库设计为核心的规范化设计方法，它将数据库的设计过程分为需求分析、概念结构设计、逻辑结构设计、物理设计、数据库实施、运行与维护六个阶段。各阶段环环相扣，瀑布式地开发没有统一的标准，还经常需要回溯以修正之前的问题，往往是这六个阶段的不断反复。使用软件工程的方法可以提高软件质量和开发效率、降低开发成本。

大型数据库应用系统开发比较庞大且复杂，会涉及多学科的技术，要求开发人员除了具备数据库的基本知识和数据库设计技术，还要了解计算机科学的基础知识、软件工程的原理和方法和应用领域的知识，掌握程序设计的方法和技巧，以真正设计出满足用户需求的应用系统。

9.1.1　数据库设计的特点

（1）反复性。数据库设计不能一气呵成，而是需要经过反复推敲和修改完成。

（2）多解性。数据库设计没有标准答案，往往多种方案并存，各有利弊，需要设计者权衡和选择，而这种选择也不是完全客观的，会受到设计者主观偏好的影响。

（3）分步进行。为了降低设计的复杂度，数据库设计应该分阶段进行。前一阶段的设计结果作为后一阶段的设计依据；后一阶段也可以向前面的设计阶段反馈要求，反复修改直至完善。

（4）结构设计（数据库框架或数据库结构）和行为设计（设计应用程序、事务处理等）

辩证统一，即"物理上分离，逻辑上统一"。

9.1.2 数据库设计的方法

随着数据库设计任务的日益复杂，数据库的设计方法经历了一系列发展。数据库设计方法有直观设计法、规范设计法、计算机辅助设计法和自动化设计法等。

（1）直观设计法。直观设计法也称手工试凑法，这是最早使用的数据库设计方法。其特点是设计质量与设计人员的经验和水平有直接关系；缺乏科学理论和工程方法的支持，难以保证设计质量，尤其在面向复杂的大型数据库时容易出现各种问题，增加系统的维护代价。

（2）规范设计法。1978 年 10 月，来自 30 多个欧美国家的数据库专家在美国新奥尔良市专门讨论了数据库设计问题，提出了数据库设计规范，把数据库设计分为需求分析、概念结构设计、逻辑结构设计和物理结构设计四个阶段。目前常用的规范设计方法大多起源于新奥尔良法，其基本思想是过程迭代和逐步求精。常用的规范设计方法有基于 E-R 模型的数据库设计方法、基于第三范式（3NF）的数据库设计方法和基于视图的数据库设计方法。

（3）计算机辅助设计法。计算机辅助设计法是指在数据库设计的某些过程中模拟某规范化设计的方法，并以人的知识或经验为主导，通过人机交互方式实现设计中的某些部分。典型计算机辅助设计工具有 Oracle 公司的 Designer 和 Sybase 公司 PowerDesigner 软件。

（4）自动化设计法。帮助设计数据库或数据库应用软件的工具称为自动化设计工具，设计人员通过人机对话输入原始数据和有关要求，可以由计算机系统自动生产数据库结构及相应的应用程序，用自动化设计工具完成设计数据库系统任务的方法称为自动化设计法。自动化设计法基本上是基于某 MIS 辅助设计系统的，在设计上具有一定的局限性。

9.1.3 数据库设计的过程

数据库设计过程分为需求分析、概念结构设计、逻辑结构设计、物理设计、数据库实施、运行与维护六个阶段，如图 9.1 所示。

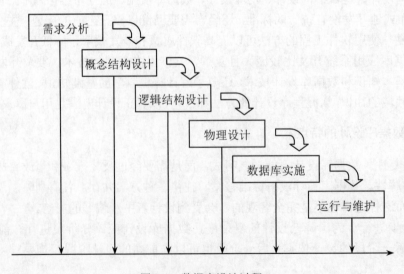

图 9.1　数据库设计过程

数据库设计过程还包括数据库应用系统的设计过程。需求分析和概念结构设计独立于任何数据库管理系统，逻辑结构设计和物理设计与选择的 DBMS 密切相关。

在本章中，将构建一个学校管理系统作为数据库管理的对象，通过设计该系统的需求分析、概念结构设计和逻辑结构等理解数据库设计的过程。

9.2　需　求　分　析

需求分析就是分析用户的需求，使设计的数据库满足用户的实际应用需求。设计人员根据用户提出的需求对应用系统进行全面、详细的调查，依据总纲搜集基础数据和数据流程，然后在此基础上确定新系统的功能。新系统必须充分考虑今后可能发生的扩充和改变，不能仅按照当前应用需求来设计数据库。这个阶段是个起点，也是最关键的一步，需求分析做得不好将直接影响后面数据库设计的各个阶段，低质量的需求分析甚至可能导致整个系统失败。因此，应花费更多的时间、人力和物力做到更好、更细、更全面。

9.2.1　需求分析的任务

需求分析的任务是对现实世界要处理的对象（组织、部门、企业等）进行详细的调查，通过对原系统（手工系统或计算机系统）的了解，搜集并处理支持新系统的基础数据，然后在此基础上确定新系统的功能。

调查的重点是"数据"和"处理"，通过调查、搜集与分析获得用户对数据库的需求，包括以下几个方面：

（1）信息需求。了解问题域的构成，用户输入、输出数据的形式及内容，用户需要从数据库中获得的信息。由用户的信息要求导出数据要求，即在数据库中需要存储的数据。

（2）处理需求。了解问题域的处理过程，明确用户要完成的处理功能，对处理响应时间的要求及处理方式的要求（批处理、联机处理）等。

（3）安全性与完整性需求。系统数据的敏感性、对敏感数据的保护、系统使用用户及权限范围、问题域独有的约束等。

9.2.2　需求分析的步骤

需求分析的重点是调查、搜集与分析用户在数据管理中的要求，通常采用的方法是调查组织机构情况、调查各部门的业务活动情况、协助用户明确对新系统的各种要求、确定新系统的边界。具体步骤如下：

（1）调查用户组织机构。了解各部门的组成情况和职责等，为分析数据流程做准备。

（2）调查业务活动。了解输入数据的来源、输出数据的来源、加工处理数据的方法，输出数据的去向、结果格式等，这是调查重点。

（3）在熟悉业务活动的基础上，明确用户对新系统的各种实际要求，包括信息要求、处理要求、完全性与完整性要求，这也是需求分析的重点。

（4）明确用户的需求后，还要进一步分析计算机应该并且能够处理的功能需求，确定新系统应当具备的功能。

（5）编写文档。将调查的相关资料汇编成文档供下一步分析使用，文档应便于用户理解和交流，还应便于数据库概念结构设计。

9.2.3 用户需求调查的方法

在调查过程中，可以根据不同的问题和条件采用不同的调查方法，常用的调查方法如下：

（1）跟班作业。由于缺乏业务知识，因此设计人员必须亲自深入应用领域参加业务工作来熟悉业务活动，只有掌握所有流程才能更好地设计系统功能。这个方法能比较准确地理解用户的需求，但比较耗时。

（2）开调查会。通过与各种用户进行座谈来了解业务活动情况及需求，通过现场沟通交流获得更详细的用户需求。

（3）专家介绍。对于特定领域，涉及的知识面太广、太复杂，不能在短时间内了解业务，可以请该领域的专家进行培训和指导。

（4）询问。对调查中的问题找专人询问。

（5）问卷调查。设计相关调查表，由用户填写，从而获得所需信息及数据。

（6）查阅记录。查阅相关业务文档资料或旧系统的数据记录。

做调查是一件复杂的事情，没有公式化的指导方法，往往需要同时结合上述多种方法。但无论采用哪种调查方法，都需要应用领域用户的积极参与及配合。因此，与用户的良好沟通对需求调查的准确性起关键作用。

9.2.4 学校管理系统功能需求

学校管理系统需要满足三类用户（系统管理员、教师和学生）的需求，这三类用户具有的操作权限及操作内容不同。系统管理员可以对学生信息、教师信息和课程信息等进行有效的管理和维护。教师和学生仅能够对个人的基本信息、授课和选课等涉及的相关信息进行查询、更新等操作。具体需求分析如下：

（1）系统管理员。

1）实现对学生、教师、课程、任课信息的增加、删除、更新等。

2）教师的信息包括教师号、姓名、性别、出生日期、职称、院系、年龄、学历、毕业院校、任职时间等。

3）学生的信息包括学号、姓名、性别、出生日期、专业、电话等。

4）课程信息包括课程号、课程名、类别名、学分等信息。

（2）教师。

1）修改和查询教师自己的个人信息。

2）课程结束后，教师给所教授课程的学生录入成绩。

3）教师可以查看自己授课的学生信息、教学计划安排、教学课程的成绩单。

（3）学生。

1）修改和查询学生自己的个人信息。

2）查看所修课程信息、课程安排、授课教师等信息。

3）查看所修课程的成绩单。

9.2.5 数据流图

需求分析的常用方法是结构化分析（Structured Analysis，SA）方法，SA 方法从最上层的系统组织机构入手，采用自顶向下、逐层分解的方式分析系统，并用数据流图（Data Flow Diagram，DFD）和数据字典（Data Dictionary，DD）描述系统。

数据流图是业务流程及业务中数据联系的形式描述。按照自顶向下的分析方法，数据流图分为很多层次。底层的数据流图是上层数据流图的分解，数据流图不必过细，只要能够把系统工作过程表示清楚就可以了。因此，其一般可分三层，即顶层数据流图、中层数据流图及底层数据流图。数据流图既是需求分析的工具，又是需求分析的成果。

数据流图的符号说明如图 9.2 所示。

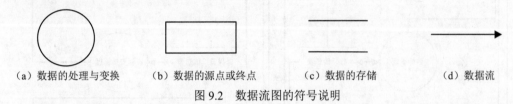

（a）数据的处理与变换　　（b）数据的源点或终点　　（c）数据的存储　　（d）数据流

图 9.2 数据流图的符号说明

数据流图从顶层数据流图开始，依次为第 0 层、第 1 层、第 2 层逐级层次化，直至分解到系统的工作过程表达清楚。

通过对学校管理系统的需求分析，采用自顶向下设计数据流图。下面分别列出学校管理系统顶层和第一层数据流图，分别如图 9.3 和图 9.4 所示。其中，顶层数据流图反映了学校管理系统与外界的接口，第一层数据流图揭示了系统各组成部分之间的关系。

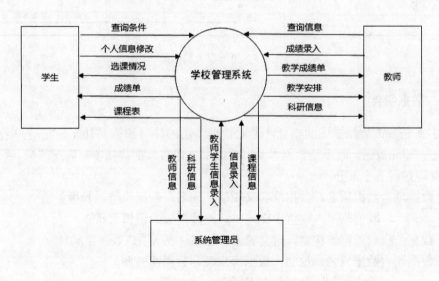

图 9.3 顶层数据流图

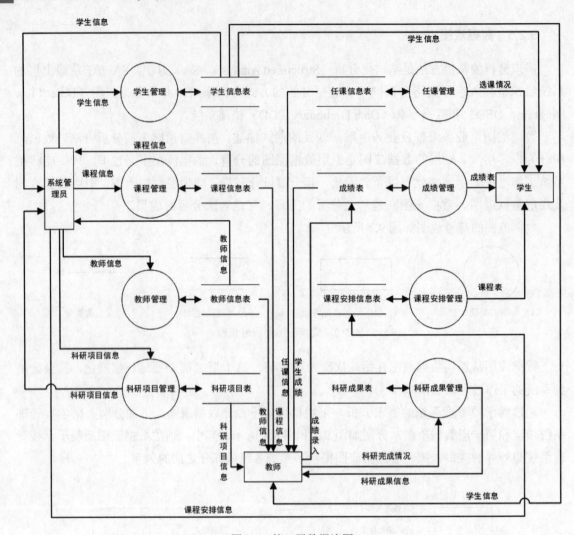

图 9.4　第一层数据流图

9.2.6　数据字典

数据字典是各类数据描述的集合，是对数据流图的注释和重要补充。它是关于数据库中数据的描述，即元数据，而不是数据本身。数据字典通常包括数据项、数据结构、数据流、数据存储和处理过程五个部分。

（1）数据项={数据项名，数据项含义说明，别名，数据类型，长度，
取值范围，取值含义，与其他数据项的逻辑关系}

（2）数据结构={数据结构名，含义说明，组成:{数据项或数据结构}}

（3）数据流={数据流名，说明，数据流来源，数据流去向，
组成:{数据结构}，平均流量，高峰期流量}

（4）数据存储={数据存储名，说明，编号，流入的数据流，流出的数据流，
组成:{数据结构}，数据量，存取方式}

（5）处理过程={处理过程名，说明，输入:{数据流}，输出:{数据流}，

处理:{简要说明}}

数据字典是数据搜集和数据分析的主要成果。表 9.1 给出了数据项描述示例，表 9.2 给出了数据存储描述示例。

表 9.1　数据项描述示例

数据项名	成绩
说明	课程考核的成绩
别名	分数
数据类型	数值型，带两位小数
取值范围	0~100

表 9.2　数据存储描述示例

数据存储名	学生信息表
说明	用来记录每个学生的基本信息
流入的数据流	对学生信息的录入、修改
流出的数据流	查询学生信息
数据量	由学生人数决定
存储方式	按学号先后顺序

9.3　概念结构设计

为了把现实世界中的具体事物抽象为某数据库管理系统支持的数据模型，人们首先将现实世界抽象为信息世界，然后将信息世界转化为机器世界。其中，用来表达信息世界的信息结构称为概念模型。概念模型是独立于任何具体的计算机系统的。之所以要先抽象为概念模型，是为了更好地表达应用的实际需求。

9.3.1　数据模型

1. 数据

数据是数据库中存储的基本对象，也是数据模型的基本元素。

（1）数据。在数据库中，描述事物的符号记录称为数据，它是存储的基本对象。计算机是人们解决问题的辅助工具，而解决问题的前提是对问题存在条件及环境参数的正确描述。在现实世界中，人们可以直接用自然语言来描述世界，为了把这些描述传达给计算机，需要将其抽象为机器世界所能识别的形式。例如，在现实世界中用以下语言来描述一块主板：编号为0001 的产品为"技嘉主板"，其型号为 GA-8IPE1000-G，前端总线为 800MHz。如果将其转换为机器世界中数据的一种形式，则为 0001，技嘉主板，GA-8IPE1000-G，800MHz。因此，从现实世界中的数据转换到机器世界中的符号记录形式的数据需要进行转换工作。

（2）数据描述。在数据库设计的不同阶段都需要对数据进行不同程度的描述。在从现实

世界到计算机世界的转换过程中，经历了概念层描述、逻辑层描述和存储介质层描述三个阶段。在数据库的概念设计中，数据描述体现为"实体""实体集""属性"等形式，用来描述数据库的概念层次；在数据库的逻辑设计中，数据描述体现为"字段""记录""文件""关键码"等形式，用来描述数据库的逻辑层次；在数据库的具体物理实现中，数据描述体现为"位""字节""字""块""桶""卷"等形式，用来描述数据库的物理存储介质层次。

2. 数据模型

模型是对现实世界中的事物、对象、过程等客观系统中感兴趣内容的模拟和抽象表达。例如一座大楼模型、一架飞机模型就是对实际大楼、飞机的模拟和抽象表达，人们可以从模型联想到现实世界中的事物。数据模型也是一种模型，它是对现实世界数据特征的抽象。

数据模型一般应满足三个要求：一是能比较真实地模拟现实世界；二是容易被人们理解；三是便于在计算机上实现。目前，一种数据模型同时满足这三个要求是比较困难的，所以在数据库系统中，可以针对不同的使用对象和应用目的采用不同的数据模型。不同的数据模型实际上是提供给我们模型化数据和信息的工具。根据模型应用的不同目的，可以将这些模型划分为两大类：概念层数据模型和组织层数据模型。

3. 信息的三个世界

机器上实现的 DBMS 软件都是基于某种数据模型的，需要以某种数据模型为基础来开发建设，因此需要把现实世界中的具体事物抽象、组织为与 DBMS 对应的数据模型，这是两个世界间的转换，即从现实世界到机器世界。但是这种转换实际操作起来不能直接执行，还需要一个中间过程，这个中间过程就是信息世界，如图 9.5 所示。通常，人们首先将现实世界中的客观对象抽象为某种信息结构，这种信息结构既不依赖具体的计算机系统，又不与具体的 DBMS 相关，因为它不是具体的数据模型，而是概念级模型，也就是前面所说的概念层数据模型，一般简称概念模型；然后把概念模型转换到计算机上具体 DBMS 支持的数据模型，这就是组织层数据模型，一般简称数据模型。

图 9.5　信息的三个世界

这三个世界间的两种转换过程就是数据库设计中的两个设计阶段，从现实世界抽象到信息世界的过程是概念结构设计阶段，也是本章要介绍的内容。从信息世界抽象到机器世界的过程是数据库的逻辑结构设计阶段，其任务是把概念结构设计阶段设计好的概念模型转换为与选用的 DBMS 支持的数据模型符合的逻辑结构。为一个给定的逻辑数据模型选取一个适合应用要求的物理结构的过程是数据库的物理设计阶段。数据库的逻辑结构设计与物理设计将在 9.4 节和 9.5 节介绍。

9.3.2　概念模型

概念模型是现实世界到机器世界的一个中间层次，是现实世界的第一个层次抽象，是用户与设计人员交流的语言。进行数据库设计时，如果将现实世界中的客观对象直接转换为机器世界中的对象，注意力往往被转移到更多的细节限制方面，就会感到非常不方便，而且不能集中在最重要信息的组织结构和处理模式上。因此，通常将现实世界中的客观对象抽象为不依赖任何具体机器的信息结构，这种信息结构就是概念模型。

进行数据库设计时，概念设计是非常重要的一步，通常对概念模型有以下要求：

（1）真实、充分地反映现实世界中事务与事务的联系，具有丰富的语言表达能力，能表达用户的需求，包括描述现实世界中各种对象及其复杂的联系、用户对数据对象的处理要求的手段。

（2）简明易懂，能够被非计算机专业的人员接受。

（3）容易向数据模型转换。易从概念模式导出与数据库管理系统有关的逻辑模式。

（4）易修改。当应用环境或应用要求改变时，容易对概念模型进行修改和补充。

1．基本概念

概念模型中涉及如下主要概念。

（1）实体。客观存在且可相互区别的事物称为实体。实体可以是具体的人、事、物，例如一名学生、一门课程等；也可以是抽象的概念或联系，如一次选课、一场竞赛等。

（2）属性。每个实体都有自己的一组特征或性质，这种用来描述实体的特征或性质称为实体的属性。例如，学生实体具有学号、姓名、性别等属性。不同实体的属性是不同的。实体属性的某组特定的取值（称为属性值）确定了一个特定的实体。例如，学号是 0611001、姓名是王冬、性别是女等，这些属性值综合起来就确定了"王冬"学生。属性的可能取值范围称为属性域，也称属性的值域。例如，学号的域为 8 位整数，姓名的域为字符串集合，性别的域为（男，女）。实体的属性值是数据库中存储的主要数据。

根据属性的类别可将属性分为基本属性（也称原子属性）和复合属性（也称非原子属性）。基本属性是不可再分割的属性。例如，性别就是基本属性，因为它不可以进一步划分为其他子属性。而某些属性可以划分为多个具有独立意义的子属性，这些可再分解为其他属性的属性就是复合属性。例如，地址属性可以划分为邮政编码、省名、市名、区名和街道五个子属性，街道可以进一步划分为街道名和门牌号码两个子属性。因此，地址属性与街道都是复合属性。

根据属性的取值可将属性分为单值属性和多值属性。同一个实体只能取一个值的属性称为单值属性。多数属性都是单值属性。例如，同一个人只能具有一个出生日期，所以人的生日属性是一个单值属性。同一实体可以取多个值的属性称为多值属性。例如，一个人的学位是一个多值属性，因为有的人具有一个学位，有的人具有多个学位；再如零件的价格也是多值属性，因为一种零件可能有代销价格、批发价格和零售价格等销售价格。

（3）码。唯一标识实体的属性集称为码。例如学号是学生实体的码。码也称关键字、简称为键。

（4）实体型。具有相同属性的实体必然具有共同的特征和性质。用实体名及其属性名集合来抽象和刻画同类实体，称为实体型。例如学生（学号，姓名，性别）就是一个实体型。

（5）实体集。性质相同的同类实体的集合，称为实体集。例如全体学生就是一个实体集。

由于实体、实体型、实体集只有在转换成数据模型时才区分，因此在本章后面的叙述中，在不引起混淆的情况下将三者统称为实体。

2．实体间的联系

在现实世界中，事务内部及事务之间不是孤立的，而是有联系的，这些联系反映在信息世界中表现为实体内部的联系和实体之间的联系。下面主要讨论实体之间的联系。例如"职工在某部门工作"是实体"职工"与"部门"的联系，"学生在某教室听某教师讲的课程"是"学生""教室""教师"和"课程"四个实体的联系。

（1）联系的度。联系的度（Degree）是指参与联系的实体类型数目。一元联系称为单向联系，也称递归联系，联系的度为 1，指一个实体集内部实体之间的联系 [图 9.6（a）]。二元联系称为两向联系，联系的度为 2，即两个不同实体集实体之间的联系 [图 9.6（b）]。三元联系称为三向联系，联系的度为 3，即三个不同实体集实体之间的联系 [图 9.6（c）]。N 个实体集之间的联系称为 N 元联系，联系的度为 N。虽然存在三元以上的联系，但较少见，在现实信息需求中，两向联系最常见。下面讲的联系如无特殊情况都是指两向联系。

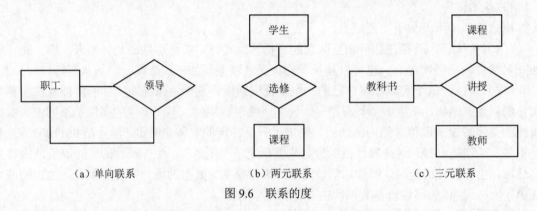

（a）单向联系　　　　　　（b）两元联系　　　　　　（c）三元联系

图 9.6　联系的度

（2）联系的连通词。联系的连通词（Connectivity）指的是联系涉及的实体集之间实体对应的方式。例如一个实体集中的某一个实体与另外一个实体集中的一个或多个实体有联系。两向联系的连通词有三种：一对一、一对多、多对多。

1）一对一联系。如果实体集 A 中的每个实体都在实体集 B 中最多有一个实体与之联系，反之亦然，则称实体集 A 与实体集 B 具有一对一联系，记为 1:1。例如，一个学院有一个院长，而一个院长只能管理一个学院，学院与院长之间建立起"领导"联系，因此这个联系是一个"一对一"的联系 [图 9.7（a）]。

2）一对多联系。如果实体集 A 中的每个实体都在实体集 B 中有 n（n≥0）个实体与之联系，而实体集 B 中的每个实体在实体集 A 中最多有一个实体与之联系，则称实体集 A 与实体集 B 具有一对多联系，记为 1:n。例如，一个学院有多名教师，而一名教师只能隶属于某个特定的学院，则学院与教师之间建立起的这种"所属"联系就是一个一对多联系 [图 9.7（b）]。

3）多对多联系。如果实体集 A 中的每个实体都在实体集 B 中有 n（n≥0）个实体与之联系，而实体集 B 中的每个实体都在实体集 A 中有 m（m≥0）个实体与之联系，则称实体集 A 与实体集 B 具有多对多联系，记为 m:n。例如，一名教师可以讲授多门课程，同时一门课程也可以由多名教师讲授，因此课程和教师之间的这种"讲授"联系就是多对多联系 [图 9.7（c）]。

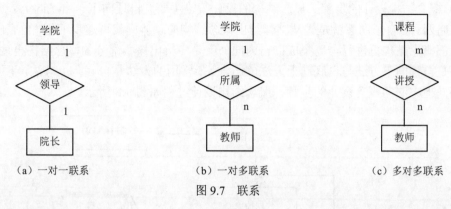

（a）一对一联系　　　（b）一对多联系　　　（c）多对多联系

图 9.7　联系

3. 联系的基数

在一对一、一对多和多对多联系中，把两个实体集中有联系的实体的联系数量分成两种类型：唯一和不唯一。但现实中，有时需要更精确的描述，例如：学校规定除毕业班外，对于全校公选课，学生每学期至少选修 1 门课程、最多选修 5 门课程；每门课程最少有 15 个人选，最多不能超过 150 人。对于这种情况，首先确定学生的基数是(1,5)，然后课程的基数是(15,150)。这种有联系的实体数目的最小值（min）和最大值（max）称为联系的基数，用(min,max)表示。

9.3.3　概念结构设计的方法与步骤

数据库的概念结构设计是通过对现实世界中信息实体的搜集、分类、聚集和概括等处理，建立数据库概念结构（也称概念模型）的过程。

1. 概念结构设计的方法与步骤概述

（1）概念结构设计的方法。概念数据库设计的方法主要有两种：集中式设计方法和视图综合设计方法。

1）集中式设计方法。集中式设计方法首先合并在需求分析阶段得到的各种应用的需求；其次设计一个概念数据库模式，满足所有应用的要求。一般数据库设计都具有多种应用，在这种情况下，需求合并是一项相当复杂和耗费时间的任务。集中式设计方法要求所有概念数据库设计工作都必须由具有较高水平的数据库设计者完成。

2）视图综合设计方法。视图综合设计方法由一个视图设计阶段和一个视图合并阶段组成，不要求应用需求合并。在视图设计阶段，设计者根据每个应用的需求独立地为每个用户和应用设计一个概念数据库模式，这里每个应用的概念数据库模式都称为视图。视图设计阶段完成后，进入视图合并阶段，设计者把所有视图有机地合并成一个统一的概念数据库模式，这个最终的概念数据库模式支持所有应用。

这两种方法的不同之处在于，应用需求合成的阶段与方式不同。在集中式设计方法中，需求合成由数据库设计者在概念模式设计之前完成，也就是在分析应用需求的同时进行需求合成。数据库设计者必须处理各种应用需求之间的差异和矛盾，这是一项艰巨的任务且容易出错，从而视图综合设计方法成为重要的概念设计方法。在视图综合设计方法中，用户或应用程序员可以根据自己的需求设计自己的局部视图，数据库设计者把这些视图合成为一个全局概念数据库模式。当应用很多时，视图合成可以借助辅助设计工具和设计方法。

（2）概念结构设计的步骤。概念结构的设计策略主要有自顶向下、自底向上、自内向外和混合策略四种。自顶向下就是先从整体给出概念结构的总体框架再逐步细化；自底向上就是先给出局部概念结构再进行全局集成；自内向外就是先给出核心部分的概念结构再逐步扩充；混合策略是自顶向下方法与自底向上方法的结合。最常用的方法是自底向上方法，下面将介绍基于自底向上方法的概念设计的步骤。概念结构设计过程如图 9.8 所示。

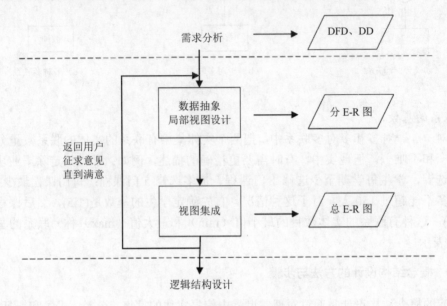

图 9.8　概念结构设计过程

1）抽象数据并设计局部概念模式。从局部用户需求出发，为每个用户建立一个相应的局部概念结构。在此过程中需要对需求分析的结果进行细化、补充和修改，如数据项的拆分、数据定义的修改等。

设计概念结构时，常用的数据抽象方法是聚集和概括。聚集是将若干对象及其之间的联系组合成一个新的对象；概括是将一组具有某些共同特性的对象合并成更高一层意义的对象。

2）集成局部视图，得到全局概念模式。该步骤主要是综合各局部概念结构，得到反映所有用户需求的全局概念结构。在该过程中，主要处理各局部模式对各种对象定义的不一致等冲突问题，同时还要注意解决各局部结构合并时可能产生的冗余问题等，必要时还需要对信息需求进行调整、分析与重定义。

3）评审。评审分为用户评审与开发人员评审两部分。用户评审的重点是确认全局概念模式是否准确完整地反映了用户的信息需求，是否符合现实世界事物属性间的固有联系；开发人员评审侧重于确认全局结构是否完整、各种成分划分是否合理、是否存在不一致性及各种文档是否齐全等。然后可以进入下一阶段的数据库逻辑结构设计。

在数据库的建设过程中，从现实需求到实现应用程序的转换过程是以数据为驱动的。从定义需求开始，搜集业务对象及其相关对象需要包括的数据，然后设计数据库以支持业务，设计初始过程，最后实现需求。这种数据驱动的方法比传统的过程驱动方法更具有灵活性，设计出包含与业务相关的所有数据的数据库之后，可以轻易地添加后续过程，为后期新的及附加的处理要求做准备。

2. 采用 E-R 模型的概念结构设计

数据库概念结构设计的核心内容是概念模型的表示方法。概念模型的表示方法有很多，其中最常用的是 1976 年陈品山（Peter Chen）在《实体联系模型：将来的数据视图》论文中提出的实体－联系模型（E-R 模型）。该方法用 E-R 模型表示概念模型。E-R 模型经过多次扩展和修改，出现了许多变种，其表达的方法没有统一的标准。但是，绝大多数 E-R 模型的基本构件相同，只是表示的具体方法有所差别。本书中的符号采用较常用和流行的表示方法。

（1）E-R 模型的基本元素。E-R 模型的基本元素包括实体、属性和联系，图 9.9 所示为 E-R 模型基本元素的图形符号。

图 9.9 E-R 模型基本元素的图形符号

1）实体：在 E-R 模型中用矩形表示，并将对实体的命名写在矩形中。

2）属性：在 E-R 模型中用椭圆形表示（多值属性用双椭圆形表示），用无向边将其与对应的实体连接起来，并将对属性的命名写在其中。

3）联系：用来标识实体之间的关系，在 E-R 模型中用菱形表示，联系的名称置于菱形中，并用无向边分别与有关的实体连接起来，同时在无向边旁标上联系的类型（1:1、1:n、m:n）。

除实体具有若干属性外，有的联系也具有属性。

在 E-R 图中，除上述三种基本的图形外，还有将属性与相应的实体或联系连接起来以及将有关实体连接起来的无向边。另外，在连接两个实体之间的无向边旁还要标注上联系的类型（1:1、1:n 或 m:n）。图 9.10 所示为表示班级和学生之间联系的 E-R 图。

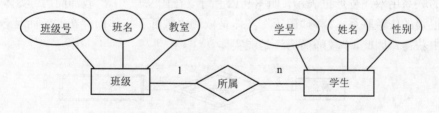

图 9.10 表示班级和学生之间联系的 E-R 图

在 E-R 图中，加下划线的属性（或属性组）表示实体的码，在图 9.10 中，班级号是班级实体的码，学号是学生实体的码。

【例 9.1】学校管理系统的教学管理规定如下：

（1）一名学生可以选修多门课程，一门课程由若干学生选修。选修的课程有成绩。

（2）一名学生选修一门课程，仅有一个成绩。

（3）一名学生只属于一个院系，一个院系可有多名学生。

根据以上信息，完成以下任务：

（1）确定实体及其包含的属性，以及各实体的码。

（2）确定各实体之间的联系，并设计该教学管理情况的 E-R 图。

解：（1）本例包括院系、学生、课程三个实体，其中院系实体包含院系号、系名、人数、地点四个属性，其中院系号为码；学生实体包含学号、姓名、性别、出生日期、专业、联系方式六个属性，其中学号为码；课程实体包含课程号、课程名、类别名、学分四个属性，其中课程号为码。

（2）院系与学生两个实体之间为 1:n 联系，联系名为包含；学生与课程两个实体之间为 m:n 联系，联系名为选修，该联系含有成绩 1 个属性。教学管理情况的 E-R 图如图 9.11 所示。

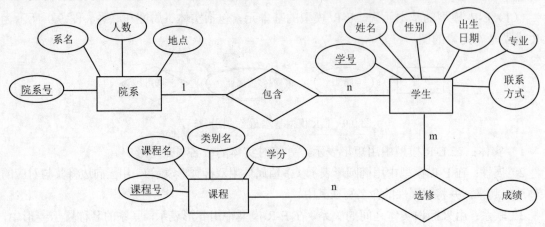

图 9.11　教学管理情况的 E-R 图

（2）E-R 模型的一些变换操作。采用 E-R 模型设计数据库概念时，有时需要对 E-R 模型进行一些变换操作。

1）引入弱实体。弱实体是指一个实体对于另一个（些）实体具有很强的依赖联系，而且部分或全部实体码从其父实体中获得。在 E-R 模型中，弱实体用双线矩形框表示，与弱实体直接相关的联系用双线菱形框表示，如图 9.12 所示。在图 9.12 中，"教师简历"实体与"教师"实体具有很强的依赖联系，"教师简历"实体是依赖"教师"实体而存在的，而且教师简历的码从教师中获得。因此，"教师简历"是弱实体。

图 9.12　弱实体示例

2）多值属性的变换。对于多值属性，如果在数据库的实施过程中不进行任何处理，则会产生大量冗余数据，而且使用时可能造成数据不一致。因此，要对多值属性进行变换，主要有两种变换方法。第一种变换方法是对多值属性进行分解，即把原来的多值属性分解成多个新的属性，并在原 E-R 图中用分解后的新属性替代原多值属性。例如，对于"教师"实体，除有"姓名""性别""年龄"等单值属性外，还有多值属性"毕业院校"（图 9.13），变换时，可将"毕业院校"分解为"本科毕业院校""硕士毕业院校""博士毕业院校"三个单值属性，变换后的 E-R 图如图 9.14 所示。

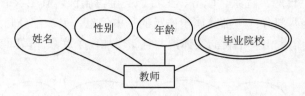

图 9.13　多值属性示例

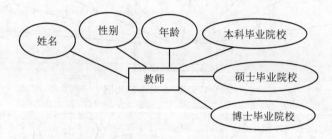

图 9.14　变换后的 E-R 图

如果一个多值属性的值较多，则分解变换时可能会增大数据库的冗余量。针对这种情况，还可以采用第二种方法进行变换：增加一个弱实体，原多值属性的名变为弱实体名，其多个值转变为该弱实体的多个属性，增加的弱实体依赖原实体而存在，并增加一个联系（图 9.12 中的"教育经历"），弱实体与原实体之间是 1:1 联系。变换后的 E-R 图如图 9.15 所示。

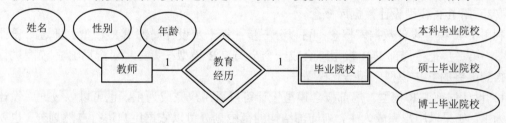

图 9.15　变换后的 E-R 图

3）复合属性的变换。对于复合属性可以用层次结构表示。例如"地址"作为公司实体的一个属性可以进一步分为多层子属性（图 9.16）。复合属性不仅准确模拟现实世界的复合层次信息结构，而且当用户既需要把复合属性作为一个整体使用又需要单独使用各子属性时，属性的复合结构不仅十分必要，而且十分重要。

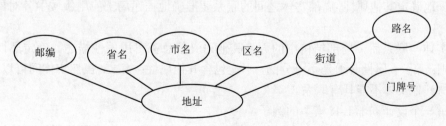

图 9.16　复合属性的变换示例

4）分解变换。如果实体的属性较多，则可以对实体进行分解。例如，教师实体拥有教师号、姓名、性别、出生日期、院系、职务、工资、奖金等属性，其 E-R 图如图 9.17 所示。可以把雇员的信息分解为两部分：一部分属于雇员的基本信息，另一部分归为变动信息。为了区分两部分信息，此时会衍生出一个新的实体，并且新增加一个联系。教师实体分解后的 E-R 图如图 9.18 所示。

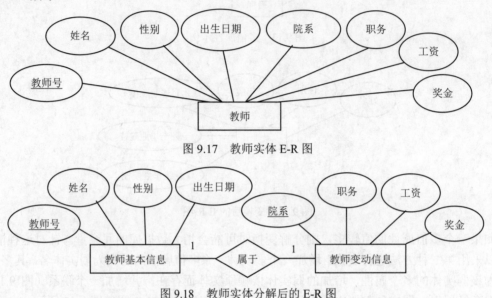

图 9.17　教师实体 E-R 图

图 9.18　教师实体分解后的 E-R 图

（3）用 E-R 模型设计数据库概念。

利用 E-R 模型设计数据库概念，可以分三步：第一步设计局部 E-R 模型，即逐一设计分 E-R 图；第二步把各局部 E-R 模型综合成一个全局 E-R 模型；第三步对全局 E-R 模型进行优化，得到最终的 E-R 模型，即概念模型。

1）设计局部 E-R 模型。局部概念模型设计可以以用户完成为主，也可以以数据库设计者完成为主。如果以用户完成为主，则局部结构的范围划分可以依据用户进行自然划分，也就是以企业的各个组织结构划分，因为不同组织结构的用户对信息内容和处理的要求有较大差异，各部分用户信息需求的反映就是局部概念 E-R 模型。如果以数据库设计者完成为主，则可以按照数据库提供的服务划分局部结构的范围，每类应用可以对应一类局部 E-R 模型。

确定局部结构范围之后，要定义实体和联系。实体定义的任务就是从信息需求和局部范围定义出发，确定每个实体类型的属性和码，确定用于刻画实体之间关系的联系。局部实体的码必须唯一地确定其他属性，局部实体之间的联系要准确地描述局部应用领域中各对象之间的关系。

确定实体与联系后，局部结构中的大多其他语义信息都可用属性描述。确定属性时要遵循两条原则：第一，属性必须是不可分的，不能包含其他属性；第二，虽然实体间可以有联系，但是属性与其他实体不能具有联系。

下面举一个设计局部 E-R 模型的例子。

【例 9.2】在例 9.1 的基础上，对教学管理情况的课程和教师授课关系进行扩展。规定如下：

（1）一名学生可以选修多门课程，一门课程由若干学生选修。选修的课程有成绩。

（2）一名教师可讲授多门课程，一门课程同时可以由多名教师授课。

（3）一名学生选修一门课程，仅有一个成绩。

根据以上信息，完成以下任务：

（1）确定实体及其包含的属性，以及各实体的码。

（2）分别从学生选课、教师授课、教师教学三个方向设计局部 E-R 图。

解：本例中教学管理情况包括学生、教师、课程三个实体，依据学生、教师、课程三个实体间的需求联系分析。

从学生选课方向看，学生与课程之间是一名学生可以选修多门课程，一门课程可以由多名学生选修。学生与课程之间是多对多联系，该联系含有成绩一个属性。

从教师授课方向看，教师与课程之间是一个教师可以教授多门课程，一门课程同时可以被多名教师授课，教师与课程之间的关系是多对多联系，该联系有班级号和授课时间两个属性。

从教师教学方向看，教师与学生之间是一个教师可以教授多名学生，每名学生可以学习多名教师的课程。教师与学生之间的关系是多对多联系。

通过上述分析，可以分别从学生选课和教师授课两个方面设计局部 E-R 图。学生选课局部 E-R 图如图 9.19 所示，教师授课局部 E-R 图如图 9.20 所示，教师教学局部 E-R 图如图 9.21 所示。

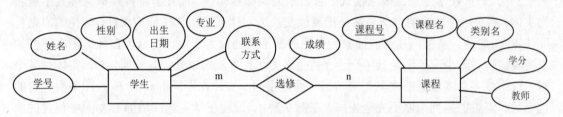

图 9.19　学生选课局部 E-R 图

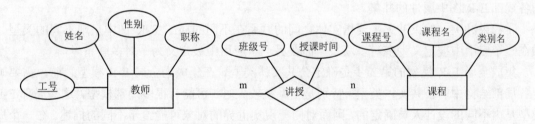

图 9.20　教师授课局部 E-R 图

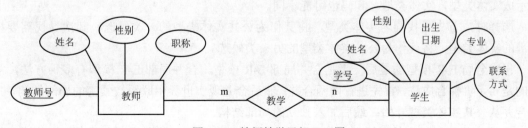

图 9.21　教师教学局部 E-R 图

2）集成全局 E-R 模型。全局概念结构不仅要支持所有局部 E-R 模型，而且必须合理地表示一个完整、一致的数据库概念结构。经过了第一个步骤，虽然所有局部 E-R 模型都已设计好，但是因为局部概念模式是由不同的设计者独立设计的，而且不同局部概念模式的应用不同，因此局部 E-R 模型之间可能存在很多冲突和重复，主要有属性冲突、命名冲突、结构冲突和约束冲突。集成全局 E-R 模型的第一步是修改局部 E-R 模型，解决这些冲突。

①属性冲突。属性冲突包括属性域冲突和属性取值单位冲突。属性域冲突主要指属性值的类型、取值范围或取值集合不同。例如学号，有的定义为字符型，有的定义为整型。属性取值单位冲突主要指相同属性的度量单位不一致。例如质量，有的以公斤为单位，有的以克为单位。

②命名冲突。命令冲突主要指属性名、实体名和联系名之间的冲突。其主要有两类：同名异义，即不同意义的对象具有相同的名字；异名同义，即同一意义的对象具有不同的名字，如例 9.2 中的两个局部 E-R 图中教师实体的属性"工号"和"教师号"具有不同的属性名。

解决以上两种冲突比较容易，只要通过讨论协商一致即可。

③结构冲突。结构冲突包括两种情况，一种是指同一对象在不同应用中具有不同的抽象，即不同的概念表示结构，如在一个概念模式中被表示为实体，而在另一个模式中被表示为属性。在例 9.2 中，教师在学生选课概念模式中被表示为课程的属性，而在教师授课概念模式中被表示为实体。解决这种冲突的方法通常是把属性变换为实体或把实体转换为属性，转换的原则是保证 E-R 图简洁、易懂，凡是能抽象为属性的都不要抽象为实体。那么，在什么情况下必须抽象为实体呢？至少应该满足其中一个条件：该实体具有除码以外的其他属性；该实体是某个一对多联系或多对多联系的"多"端。另一种是指同一实体在不同的局部 E-R 图中所包含的属性个数和属性的排列顺序不完全相同。在例 9.2 中，课程在学生选课局部 E-R 图中包含的属性数与教师授课局部 E-R 图中所包含的属性数不同。解决这种冲突的方法是让该实体的属性为各局部 E-R 图中属性的并集。

④约束冲突。约束冲突主要指实体之间的联系在不同的局部 E-R 图中呈现不同的类型，如在一个应用中被定义为多对多联系，而在另一个应用中被定义为一对多联系。

集成全局 E-R 模型的第二步是确定公共实体类型。在集成为全局 E-R 模型之前，需要确定各局部结构中的公共实体类型。特别是当系统较大时，可能有很多局部模型，这些局部 E-R 模型是由不同的设计人员确定的，因而对同一现实世界的对象可能给予不同的描述。在一个局部 E-R 模型中作为实体类型，在另一个局部 E-R 模型中可能被作为联系类型或属性。即使都表示成实体类型，实体类型名和码也可能不同。

选择时，首先寻找同名实体类型，将其作为公共实体类型的一类候选；其次寻找需要相同键的实体类型，将其作为公共实体类型的另一类候选。

集成全局 E-R 模型的最后一步是合并局部 E-R 模型。合并局部 E-R 模型有多种方法，常用的是二元阶梯合成法，首先进行两两合并；然后合并现实世界中联系较紧密的局部结构，并且合并从公共实体类型开始；最后加入独立的局部结构。

集成全局 E-R 模型的目标是使各局部 E-R 模型合并为能够被全系统中所有用户共同理解和接受的统一的概念模型。

【例 9.3】 将例 9.2 中的局部 E-R 图合并为一个全局 E-R 图。

解: 合并时,存在命名冲突和结构冲突。

(1) 命名冲突:教师与教师实体的姓名两个属性同义不同名,解决方法是将它们统一命名为姓名。

(2) 结构冲突:教师在两个局部 E-R 图中,一个作为属性,另一个作为实体,解决方法是消除课程实体中的教师属性,将其转化为实体。课程实体在两个局部 E-R 图中包含的属性数不同,键也不同,解决方法是让该实体的属性为两个局部 E-R 图中属性的并集,即取四个属性,并将课程号编号作为主键。合并后的 E-R 图如图 9.22 所示。

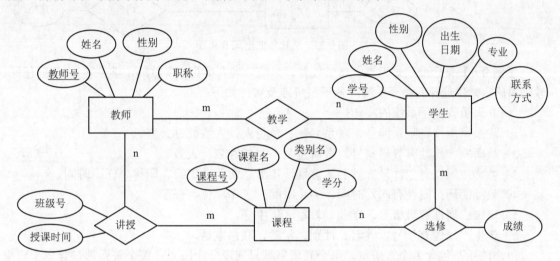

图 9.22　例 9.2 的三个局部 E-R 图合并后的全局 E-R 图

3) 优化全局 E-R 模型。优化全局 E-R 模型有助于提高数据库系统的效率,可从以下几个方面优化。

① 合并相关实体,尽可能减少实体。

② 消除冗余。在合并后的 E-R 模型中,可能存在冗余属性与冗余联系。这些冗余属性与冗余联系容易破坏数据库的完整性,增加存储空间和数据库的维护成本,除非特殊需要,否则一般尽量消除。例如,教师与学生的教学联系可以由教师与课程的讲授联系和学生与课程的选修联系推导出来,因此教学属于冗余联系,可以删除,优化后的 E-R 图如图 9.23 所示。消除冗余主要采用分析方法,以数据字典和数据流图为依据,根据数据字典中关于数据项之间逻辑关系的说明来消除冗余。此外,还可利用规范化理论中函数依赖的概念(详见第 5 章)消除冗余。

不是所有冗余属性与冗余联系都必须消除,有时为了提高效率,需要以冗余信息为代价。因此,设计数据库概念结构时,哪些冗余信息必须消除,哪些冗余信息允许存在,需要根据用户的整体需求确定。

下面结合一个综合实例,说明利用 E-R 图设计数据库概念的过程。

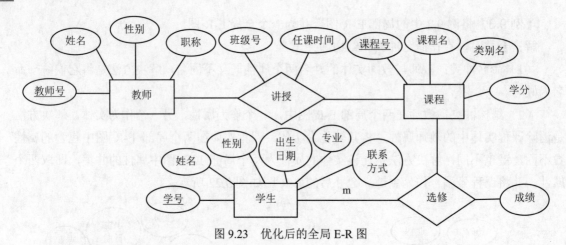

图 9.23　优化后的全局 E-R 图

【例 9.4】整合前述知识点，将学校管理系统分为人员管理（教师、学生等）、教师任课、教师科研、学生选课四个子系统，各子系统涉及实体如下：

（1）人员管理子系统的实体：

1）院系：属性有院系编号、院系名称、负责人、人数、办公室。

2）教研室：属性有教研室号、教研室名、主任姓名、人数。

3）教师：属性有教师号、姓名、性别、年龄、学历、工龄、职称、任职时间。

4）教师简历：属性有起始时间、终止时间、工作单位、任职。

5）班级：属性有班级号、专业、教室、班主任。

6）学生：属性有学号、姓名、性别、年龄、联系电话。

每个院系都包含多个教研室，每个教研室都只属于一个院系；每个院系都包含多个班级，每个班级都只属于一个院系；每个教研室包含多名教师，每名教师都只属于一个教研室；每个班级都包含多个学生，每个学生都只属于一个班级；每名教师都有多条简历，每条简历都只属于一名教师。

（2）教师任课子系统的实体：

1）课程：属性有课程编号、课程名、课程类别、总课时、学分。

2）教师：属性有教师号、姓名、性别、职称。

每名教师都可以教多门课程，每门课程都可以由多名教师任教，任教包括课时和班级。每学期同一班级每门课程都只由一名教师任教。

（3）教师科研子系统的实体：

1）科研项目：属性有项目编号、项目名称、项目来源、项目经费。

2）教师：属性有教师号、姓名、性别、职称。

3）科研成果：属性有项目编号、项目名称、完成时间、完成工作。

每名教师都可以参加多项科研项目，积累多项科研成果；每个项目都可以有多名教师参加，教师参加科研项目包括担任工作。

（4）学生选课子系统的实体：

1）课程：属性有课程编号、课程名、课程类别、总课时、学分。

2）学生：属性有学号、姓名、性别、出生日期、班级、联系方式。

每门课程都可以有多名学生学习，每名学生都可以选多门课程，选课包括时间和成绩。

要求：画出系统的 E-R 图。

解： （1）画出各子系统的 E-R 图，如图 9.24 至图 9.29 所示，其中各局部 E-R 图均省略了实体的属性。

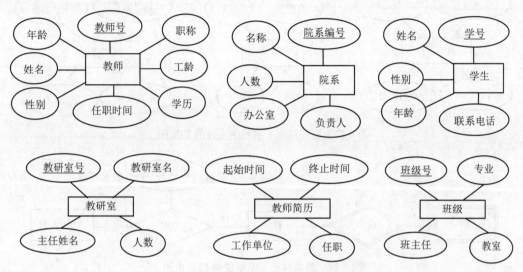

图 9.24 人员管理子系统各实体的 E-R 图

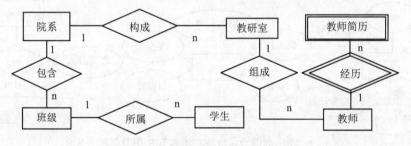

图 9.25 人员管理子系统的局部 E-R 图

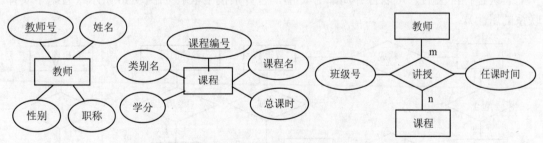

图 9.26 教师任课子系统各实体的 E-R 图及局部 E-R 图

（2）合并局部 E-R 图。首先解决以下冲突：

1）命名冲突：学生选课子系统中 "选修" 联系中的 "学习时间" 属性和教师任课子系统中的 "讲授" 联系中的 "任课时间" 同义不同名，解决方法是将它们统一为 "学习时间"。

2）结构冲突："班级" 在学生选课子系统的局部 E-R 图中作为属性，而在人员管理子系统的局部 E-R 图中作为实体，解决方法是消除学生选课子系统中 "学生" 实体中的 "班级"

属性，将其转化为实体。"教师"和"学生"实体在不同局部 E-R 图中包含的属性数不同，解决方法是让该实体的属性为有关局部 E-R 图中属性的并集。

图 9.27 教师科研子系统各实体的 E-R 图

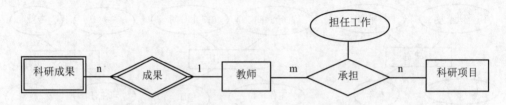

图 9.28 教师科研子系统的局部 E-R 图

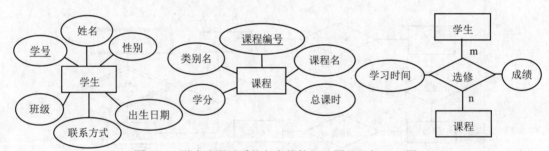

图 9.29 学生选课子系统各实体的 E-R 图及局部 E-R 图

解决各种冲突后，可以合并局部 E-R 图，合并后的 E-R 图如图 9.30 所示（省略了实体与联系的属性）。

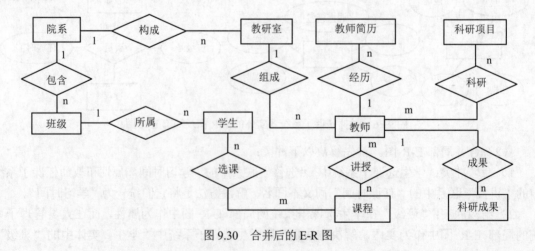

图 9.30 合并后的 E-R 图

3）优化全局 E-R 图。例如学生选课子系统中"学习"联系的"学习时间"是冗余属性，应该消除。

初步 E-R 图在消除冗余属性和冗余联系后可以得到基本 E-R 模型。最终得到的基本 E-R 模型就是应用环境的概念模型。该模型既代表了用户的信息需求，又决定了数据库的总体逻辑结构，是沟通需求和设计的桥梁，非常关键。数据库设计人员必须和用户反复讨论该模型，在用户确认模型正确反映其要求后进入下一阶段的设计工作。

9.4　逻辑结构设计

逻辑结构设计的任务是把在概念结构设计阶段设计好的 E-R 模型转换为具体的数据库管理系统支持的数据模型。本节以关系模型为例，介绍逻辑结构设计的任务，主要包括两个步骤：E-R 模型向关系模型的转换和关系模型的优化。

9.4.1　E-R 模型向关系模型的转换

进行数据库的逻辑设计，首先要将概念设计中所得的 E-R 图转换成等价的关系模式。将 E-R 图转换为关系模型实际上就是将实体、实体的属性和实体之间的联系转化为关系模式。其中实体和联系都可以表示成关系，E-R 图中的属性可以转换成关系的属性。

1.　实体的转换

一个实体转换为一个关系模式，实体的属性就是关系的属性，实体的主键就是关系的主键。例如，图 9.31 所示为学校管理系统的局部 E-R 图。

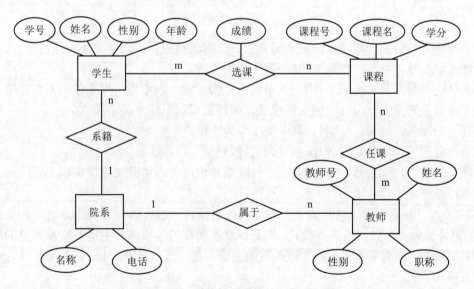

图 9.31　学校管理系统的局部 E-R 图

将图 9.32 的 E-R 图中的四个实体（学生、课程、教师、系）分别转换成以下四个关系模式：

学生（学号，姓名，性别，年龄）

课程（课程号，课程名，学分）

教师（教师号，姓名，性别，职称）

院系（院系名，电话）

2. 联系的转换

一般 1:1 联系、1:m 联系不产生新的关系模式，而是将一方实体的码加入多方实体对应的关系模式和联系的属性。m:n 联系会产生一个新的关系模式，该关系模式由联系涉及实体的码和联系的属性（若有）组成。

（1）一个 1:1 联系可以转换为一个独立的关系模式，也可以与任一端实体对应的关系模式合并。如果转换为一个独立的关系模式，则与该联系相连的各实体的主键及联系本身的属性转换为关系的属性，每个实体的主键都可以作为该关系的主键。如果是与联系的任一端实体对应的关系模式合并，则需要在该关系模式的属性中加入另一个实体的主键和联系本身的属性。可将任一方实体的主键纳入另一方实体对应的关系，如有联系的属性也一并纳入。在一般情况下，1:1 联系不转换为一个独立的关系模式。

例如，对于图 9.32 所示的 E-R 图，如果将联系与主任一端所对应的关系模式合并，则转换成以下两个关系模式：

主任（职工号，姓名，性别，院系号），其中职工号为主键，院系号为引用院系关系的外键。

院系（院系号，名称），其中院系号为主键。

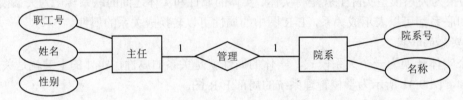

图 9.32　1:1 联系示例

如果将联系与院系一端对应的关系模式合并，则转换成以下两个关系模式：

主任（职工号，姓名，性别），其中职工号为主键。

院系（院系号，名称，职工号），其中院系号为主键，职工为引用主任关系的外键。

如果将联系转换为一个独立的关系模式，则转换成以下三个关系模式。

主任（职工号，姓名，性别），其中职工号为主键。

院系（院系号，名称），其中院系号为主键。

管理（职工号，院系号），其中职工号与院系号均可作为主键（这里将职工号作为主键），同时也都是外键。

（2）一个 1:n 联系可以转换为一个独立的关系模式，也可以与 n 端实体对应的关系模式合并。如果转换为一个独立的关系模式，则与该联系相连的各实体的主键及联系本身的属性转换为关系的属性，n 端实体的主键为该关系的主键。在一般情况下，1:n 联系不转换为一个独立的关系模式。

例如，对于图 9.31 所示的 E-R 图中的系与学生的 1:n 联系，如果与 n 端实体学生对应的关系模式合并，则只需将学生关系模式修改为：

学生（学号，姓名，性别，年龄，系名），其中学号为主键，系名为引用系的外键。

如果将联系转换为一个独立的关系模式，则需要增加以下关系模式：

系籍（学号，系名），其中学号为主键，学号与系名均为外键。

（3）一个 m:n 联系要转换为一个独立的关系模式，与该联系相连的各实体的主键及联系本身的属性转换为关系的属性，该关系的主键为各实体主键的组合。

例如，对于图 9.31 所示的 E-R 图中的学生与课程的 m:n 联系，需要转换为如下独立的关系模式：

选课（学号，课程号，成绩），其中（学号，课程号）为主键，同时也是外键。

（4）三个或三个以上实体间的一个多元联系可以转换为一个关系模式，与该多元联系相连的各实体的主键以及联系本身的属性均转换为该关系的属性，关系的主键为各实体主键的组合。

此外，具有相同主键的关系模式可以合并。上述 E-R 图向关系模型转换的原则为一般原则，对于具体问题还要根据其特殊情况进行特殊处理。例如在图 9.11 所示的教学管理情况 E-R 图中，学生与课程是 m:n 联系，按照上述转换原则，选修联系需要转换为如下独立的关系模式：

选修（学号，课程号，成绩），其中（学号，课程号）为主键。但实际情况是学生选修一门课程后，若当前学期选修课没有及格，则可以在下一个学期再选，这导致在选修关系中出现两个或两个以上具有相同学号和课程号的元组。由此可以看出，学号和课程号不能作为该关系的主键，必须增加一个学习时间属性，即（学号，课程号，学习时间）为主键。

图 9.29 为学生选课子系统各实体的 E-R 图及局部 E-R 图中的"选修"关系已经增加"学习时间"属性。

在 E-R 模型向关系模型转换的过程中可能涉及命名和属性域的处理、非原子属性的处理、弱实体的处理等问题。

（1）命名和属性域的处理。关系模式的命名，可以采用 E-R 图中原来的命名，也可以重命名。命名应有助于对数据的理解和记忆，同时应尽可能避免重名。DBMS 一般只支持有限的几种数据类型，而 E-R 模型不受这个限制。如果 DBMS 不支持 E-R 图中某些属性的域，则应进行相应的修改。

（2）非原子属性的处理。E-R 模型中允许非原子属性，而关系要满足的四个条件中的第一条就是关系中的每个列都是不可再分的基本属性。因此，转换前必须对非原子属性进行原子化处理。

（3）弱实体的处理。图 9.33 所示为弱实体的 E-R 图。家属是个弱实体，职工是其所有者实体。弱实体不能独立存在，它必须依附一个所有者实体。在转换成关系模式时，弱实体对应的关系中必须包含所有者实体的主键，即职工号。职工号与家属的姓名构成家属的主键。弱实体家属对应的关系模式为"家属（职工号，姓名，性别，与职工关系）"。

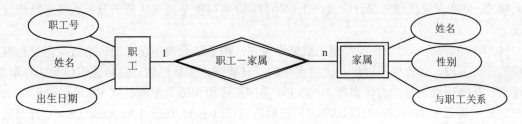

图 9.33　含弱实体的 E-R 图

【例 9.5】 对于学校管理系统（例 9.4 分析的结果）概念结构设计的 E-R 图，根据前面介绍的 E-R 图向关系数据库模型转换的规则，将 E-R 图转换为关系模型。鉴于本节篇幅有限，在本例中只将图 9.29 所示学生选课子系统各实体的 E-R 图及局部 E-R 图转换为关系模型。

解：图 9.29 所示学生选课子系统各实体的 E-R 图及局部 E-R 图中的两个实体和一个联系转换为如下关系模式：

学生（学号、姓名、性别、出生日期、班级、联系方式）为学生实体对应的关系模式，其中学号为学生关系的主键。

课程（课程编号、课程名、类别名、总课时、学分）为课程实体对应的关系模式，其中课程编号为课程关系的主键。

选修（学号、课程编号、学习时间、成绩）为选修联系所对应的关系模式，因为选修是学生和课程之间的多对多联系，因此学生、课程的主属性及选修联系本身的"学习时间"和"成绩"共同构成选修关系模式的属性，结合前文中的相关知识点设置该关系模式的主键，其中学号、课程编号、学习时间为选修关系的主键。

9.4.2　关系模型的优化

数据库逻辑设计的结果不是唯一的。为了进一步提高数据库应用系统的性能，还应该根据应用的需要对数据模型的结构进行适当的修改和调整，这就是关系模型的优化。关系数据模型的优化通常以规范化理论为指导，下面详细讲述优化方法。

1．实施规范化处理

考察关系模式的函数依赖关系，确定范式等级，逐一分析各关系模式，考察其是否存在部分函数依赖、传递函数依赖等，确定其范式级别。确定范式级别后，逐一考察各关系模式，根据应用要求判断它们是否满足规范要求。

2．模式评价

关系模式的规范化不是目的而是手段，数据库设计的目的是满足应用需求。因此，为了进一步提高数据库应用系统的性能，还应该对规范化后产生的关系模式进行评价和改进，经过反复多次的尝试和比较，得到优化的关系模式。

模式评价的目的是检查所设计的数据库是否满足用户的功能与效率要求，确定需要改进的部分。模式评价包括功能评价和性能评价。

（1）功能评价。功能评价是指对照需求分析的结果，检查规范化后的关系模式集合是否支持用户所有的应用要求。关系模式必须包括用户可能访问的所有属性。在涉及多个关系模式的应用中，应确保连接后不丢失信息。如果发现有的应用不被支持或不完全被支持，则应改进关系模式。可能在逻辑结构设计阶段产生这种问题，也可能是在系统需求分析或概念结构设计阶段。

（2）性能评价。对于目前得到的数据库模式，由于缺乏物理设计提供的数量测量标准和相应的评价手段，因此性能评价是比较困难的。只能估计实际性能，包括逻辑记录的存取数、传送量以及物理设计算法的模型等。1980 年，美国密歇根州立大学的托比·特瑞（Toby Teorey）和詹姆斯·弗莱（James Fry）提出的逻辑记录访问（Logical Record Access，LRA）方法是一种常用的模式性能评价方法。LRA 方法对网状模型和层次模型较实用，也对关系模型的查询起一定的估算作用。

3．模式改进

根据模式评价的结果，改进生成的模式。如果由系统需求分析、概念结构设计的疏漏导致某些应用不能得到支持，则应该增加新的关系模式或属性。如果考虑性能而要求改进，则可采用合并或分解的方法。

（1）合并。如果有若干关系模式具有相同的主码，对这些关系模式的处理主要是查询操作且经常是多关系查询，那么可按照使用频率合并这些关系模式，以减少连接操作而提高查询效率。

（2）分解。为了提高数据操作的效率和存储空间的利用率，最常用和最重要的模式优化方法是分解，根据应用的不同要求，可以对关系模式进行水平分解和垂直分解。

1）水平分解是把关系的元组分为若干子集合，每个子集合都定义为一个子关系模式。对于经常进行大量数据的分类条件查询的关系，可进行水平分解，以减少应用系统每次查询需要访问的记录，从而提高查询性能。

2）垂直分解是把关系的属性分解为若干子集合，每个子集合都定义为一个子关系模式。垂直分解可以提高某些事务的效率，但可能使另一些不利因素不得不执行连接操作，从而降低效率。因此，垂直分解取决于分解后所有事务的总效率。垂直分解要保证分解后的关系具有无损连接性和函数依赖保持性。

经过多次模式评价和模式改进后，最终的数据库模式得以确定。逻辑设计阶段的结果是全局逻辑数据库结果，对于关系数据库系统来说就是一组符合一定规范的关系模式组成的关系数据库模型。

9.4.3　设计用户子模式

将概念模型转换为逻辑模型后，即生成整个应用系统的模式后，还应该根据局部应用需求，结合具体 DBMS 的特点，设计用户的子模式（也称外模式）。

目前，关系数据库管理系统一般都提供视图（View）概念，可以利用该功能设计更符合局部用户需要的用户外模式。定义数据库模式主要从系统的时间效率、空间效率、易维护等角度出发。由于用户外模式与模式是独立的，因此定义用户外模式时应该更注重考虑用户的习惯与方便性，具体包括：

（1）使用更符合用户习惯的别名。合并各局部 E-R 图时，通过消除命名冲突，数据库系统中同一关系和属性具有唯一的名字，这在设计整体结构时是必要的。

（2）针对不同级别的用户定义不同的视图，以满足系统安全性的要求。

（3）简化用户对系统的使用。如果某些局部应用中经常使用某些复杂的查询，则为了方便用户，可以将这些复杂查询定义为视图，每次只查询定义好的视图，可使用户使用系统时感到简单、直观、易理解。

9.5　物理设计

数据库的物理设计以逻辑设计的结果为输入，结合具体 DBMS 的特点与存储设备的特性设计。对于给定的逻辑数据模型，选取一个最适合应用环境的物理结构。

数据库的物理设计分为两个部分：首先确定数据库的物理结构，在关系数据库中主要指数据的存取方法和存储结构；其次评价物理结构，评价重点是系统的时间和空间效率。如果评价结果满足原设计要求，则可以进入物理实施阶段，否则需要重新设计或修改物理结构，甚至返回逻辑设计阶段修改数据模型。

9.5.1 确定数据库的物理结构

确定数据库的物理结构之前，设计人员必须详细了解给定的 DBMS 的功能和特点，特别是其提供的物理环境和功能；熟悉应用环境，了解所设计的应用系统中各部分的重要程度、处理频率、对响应时间的要求，并把它们作为物理设计过程中平衡时间和空间效率的依据；了解外存设备的特性，如分块原则、块因子大小的规定、设备的 I/O 特性等。

全面了解上述问题后，可以进行物理结构的设计。一般来说，物理结构设计的内容包括下述几个方面。

1. 存储记录结构的设计

在物理结构中，数据的基本存取单位是存储记录。有了逻辑记录结构后，就可以设计存储记录结构，一个存储记录可以与一个或多个逻辑记录对应。存储记录结构包括记录的组成、数据项的类型和长度、逻辑记录到存储记录的映射。

决定数据的存储结构时，需要考虑存取时间、存储空间和维护代价间的平衡。

2. 存取方法的设计

存取方法是快速存取数据库中数据的技术。DBMS 一般提供多种存取方法，下面主要介绍聚簇和索引两种方法。

（1）聚簇。聚簇是为了提高查询速度，把在一个（或一组）属性上具有相同值的元组集中地存放在一个物理块中。如果存放不下，则可以存放在相邻物理块中。这个（或这组）属性称为聚簇码。使用聚簇后，聚簇码相同的元组集中在一起，因而聚簇值不必在每个元组中重复存储，只需在一组中存储一次即可，可以节省存储空间。另外，聚簇功能可以大大提高按聚簇码查询的效率。

（2）索引。根据应用要求确定对关系的哪些属性列建立索引、哪些属性列建立组合索引、哪些索引为唯一索引等。通常在主关键字上建立唯一索引，不但可以提高查询速度，而且可以避免关系中主键的重复录入，确保了数据的完整性。建立索引的一般原则如下：

1）如果某个（或某些）属性经常作为查询条件，则考虑在这个（或这些）属性上建立索引。

2）如果某个（或某些）属性经常作为表的连接条件，则考虑在这个（或这些）属性上建立索引。

3）如果某个属性经常作为分组的依据列，则考虑在这个属性上建立索引。

4）为经常进行连接操作的表建立索引。

建立多个索引文件可以缩短存取时间、提高查询性能，但会增加存放索引文件占用的存储空间及建立索引与维护索引的开销。此外，索引还会降低数据修改性能。因为修改数据时，系统要同时维护索引，使索引与数据保持一致，所以在决定是否建立索引及建立多少个索引时，要权衡数据库的操作，如果查询操作多且对查询的性能要求比较高，则可以考虑多建一些索引；如果数据修改操作多且对修改的效率要求比较高，则应该考虑少建一些索引。因此，应该根据实际需要综合考虑。

3. 数据存储位置的设计

为了提高系统性能，应该根据应用情况分开存放数据的易变部分、稳定部分、经常存取部分和存取频率较低部分。对于有多个磁盘的计算机，可以采用以下存放位置的分配方案。

（1）将表和索引分别存放在不同的磁盘上，查询时，由于两个磁盘驱动器并行工作，因此可以提高物理读写的速度。

（2）将比较大的表分别放在两个磁盘上，以提高存取速度，在多用户环境下效果更佳。

（3）将备份文件、日志文件与数据库对象（表、索引等）备份等存放在不同的磁盘上。

4. 系统配置的设计

DBMS 产品一般都提供系统配置变量、存储分配参数，供设计人员和 DBMS 对数据库进行物理优化。系统为这些变量设定了初始值，但这些值未必适用于各种应用环境，在物理设计阶段，要根据实际情况重新对这些变量赋值，以满足新的要求。

系统配置变量和参数包括同时使用数据库的用户数、同时打开的数据库对象数、内存分配参数、缓冲区分配参数、存储分配参数、数据库的大小、时间片的大小、锁的数目等，这些参数值影响存取时间和存储空间的分配，进行物理设计时，要根据应用环境确定这些参数值，以改进系统性能。

9.5.2　评价物理结构

在物理设计过程中需要考虑很多因素，包括时间和空间效率、维护代价和用户的要求等，对这些因素进行权衡后，可能会产生多种物理设计方案。该阶段需要对各种可能的设计方案进行评价，并从多个方案中选出较优的物理结构。如果该结构不符合用户需求，则需要修改设计；如果符合用户需求，则可进行数据库实施。实际上，往往需要经过反复测试才能优化物理设计。

评价物理结构设计完全依赖具体的 DBMS，评价重点是系统的时间和空间效率，具体可分为如下五类：

（1）查询时间和响应时间。响应时间是从查询开始到开始显示查询结果所经历的时间。一个好的应用程序设计可以减少 CPU 时间和 I/O 时间。

（2）更新事务的开销。更新事务的开销主要是修改索引、重写物理块或文件以及写校验等方面的开销。

（3）生成报告的开销。生成报告的开销主要包括索引、重组、排序和显示结果的开销。

（4）主存储空间的开销。主存储空间的开销包括程序和数据所占用的空间。对数据库设计者来说，可以适当控制缓冲区，包括控制缓冲区数和大小。

（5）辅助存储空间的开销。辅助存储空间分为数据块和索引块，设计者可以控制索引块的大小、索引块的充满度等。

9.6　数据库的实施与维护

数据库的实施就是根据数据库的逻辑结构设计和物理结构设计的结果，在具体 RDBMS 支持的计算机系统上建立实际的数据库模式、装载数据并进行测试和试运行的过程。

9.6.1　数据库的建立与调整

1. 数据库的建立

数据库的建立包括两部分：数据库模式的建立和数据装载。

（1）数据库模式的建立。数据库模式的建立由 DBA 完成。DBA 利用 RDBMS 提供的工具或 DDL 语言首先定义数据库名、申请空间资源、定义磁盘分区等，定义关系及其相应属性、主键和完整性约束，接着定义索引、聚簇、用户访问权限，最后定义视图等。

（2）数据装载。定义数据库模式后，即可装载数据，除利用 DDL 语言加载数据以外，DBA 还可编制一些数据装载程序完成数据装载任务，从而完成数据库的建立工作。

由于数据库数据入库工作量很大，因此采用分批入库的方法，即先输入小批量数据供试运行期间使用，试运行合格后再逐步将大量数据输入。

2. 数据库的调整

在数据库建立初期和试运行阶段，需要测试数据库是否满足用户需求并达到设计目标，如果不适应用户需求，则必须修改或调整。数据库的修改和调整一般由 DBA 完成，主要包括以下内容：

（1）修改或调整关系模式与视图，使之满足用户的需要。

（2）修改或调整索引与聚簇，使数据库性能与效率更好。

（3）修改或调整磁盘分区，调整数据库缓冲区大小，调整并发度，使数据库物理性能更好。

3. 应用程序编制与调试

数据库应用程序的设计本质是应用软件的设计，软件工程的方法完全适用，且其设计工作应该与数据库设计并行。在数据库实施阶段，建立数据库模式任务完成后，可以开始编制与调试数据库的应用程序。也就是说，编制与调试应用程序的工作与数据库数据装载工作同步进行。调试应用程序时，由于数据入库工作尚未完成，可先使用模拟数据。

9.6.2　数据库系统的试运行

应用程序调试完成且有小部分数据装入数据库后，可以开始数据应用系统的试运行。数据库系统试运行也称联合调试，其主要工作包括：

（1）功能测试。实际运行应用程序，执行对数据库的各种操作，测试应用程序的各种功能。

（2）性能测试。测量系统的性能指标，分析是否符合设计目标。

在数据库物理结构设计阶段评价数据库结构、时间效率和空间指标时，都进行了许多简化和假设，忽略了许多次要因素，因此其结果必然粗糙。数据库系统试运行实际测量系统的各种性能指标，如果测试结果不符合设计目标，则需要返回物理结构设计阶段调整物理结构、修改参数，有时甚至需要返回逻辑结构设计阶段调整逻辑结构。

在数据库试运行阶段，由于系统还不稳定，随时可能发生硬软件故障，而系统的操作人员对新系统还不熟悉，误操作不可避免，因此应先调试运行 DBMS 的恢复功能，做好数据库的转储和恢复工作，尽量减少对数据库的损坏。

9.6.3　数据库系统的运行和维护

数据库系统投入正式运行，意味着数据库设计与开发阶段的工作基本结束，运行与维护阶段的工作正式开始。数据库系统运行和维护阶段的主要工作包括：

（1）数据库的转储与恢复。数据库的转储与恢复是系统正式运行后的重要维护工作。DBA要针对不同的应用要求制定不同的转储计划，定期对数据库和日志文件进行备份，以保证数据库中的数据在遭到破坏后及时恢复。现在的商品化 RDBMS 都为 DBA 提供了数据库转储与恢复的工具或命令。

（2）维持数据库的完整性与安全性。数据的质量不仅表现在及时、准确地反映现实世界的状态，而且要求保持数据的一致性，即满足数据的完整性约束。数据库的安全性也非常重要，DBA 应采取有效措施保护数据，不受非法盗用、不遭到任何破坏。数据库的安全性控制与管理包括：

1）通过权限管理、口令、跟踪及审计等 RDBMS 的功能保证数据库的安全性。

2）通过行政手段，建立一定规章制度以确保数据库的安全性。

3）数据库应备有多个副本并保存在不同的安全地点。

4）应采取有效的措施防止病毒入侵，出现病毒后应及时杀毒。

（3）监测并改善数据库性能。在数据库运行过程中，监测系统运行并对监测数据进行分析，找出改进系统性能的方法是 DBA 的重要任务。DBA 需要随时观察数据库的动态变化，并在数据库出现错误、故障或产生不适应的情况（如数据库死锁、对数据库的误操作等）下随时采取有效措施保护数据库。

（4）数据库的重组和重构。数据库运行一段时间后，其性能逐渐下降，主要是由不断地修改、删除与插入造成的。因为不断地删除会造成磁盘区内碎块增加，从而影响 I/O 速度。此外，不断地删除与插入会造成聚簇的性能下降，同时造成存储空间分配的零散化，使得一个完整关系的存储空间过分零散，从而引起存取效率下降。所以，必须对数据库进行重组，即按照原先的设计要求重新安排数据的存储位置、调整磁盘分区方法和存储空间、整理回收碎块等。

数据库重组涉及大量数据的搬迁，常用方法是先卸载再重新加载，即将数据库的数据卸载到其他存储区或存储介质上，然后按照数据模式的定义加载到指定的存储空间。数据库重组是对数据库存储空间的全面调整，比较费时，但重组可以提高数据库性能。因此，合理应用计算机系统的空闲时间对数据库进行重组、选择合理的重组周期是必要的。目前，商品化 RDBMS 一般都为 DBA 提供了数据库重组的实用程序，以完成数据库的重组任务。

数据库的逻辑结构一般是相对稳定的，但是，由于数据库应用环境的变化、新应用或旧应用内容的更新，都要求对数据库的逻辑结构进行必要的变动，即数据库重构。数据库的重构不是将原来的设计推倒重来，而主要是在原来设计的基础上进行适当的扩充和修改，如增加新的数据项、改变数据项的类型、改变数据库的容量、增加或删除索引、修改完整性条件等。必须在 DBA 的统一策划下进行数据库重构，要通知用户新的数据模式，也要对应用程序进行必要的维护。商品化 RDBMS 同样为 DBA 提供了数据库重构的命令和工具，以完成数据库的重构任务。

数据库的重组和重构是不同的，前者不改变数据库原先的逻辑结构和物理结构；而后者部分修改原数据库的模式或内模式，有时还会引起应用程序的修改。

习　题　9

（1）什么是数据库设计？

（2）数据库设计人员一般应具备哪些知识？

（3）简述数据库的设计步骤。

（4）简述数据库设计的特点。

（5）数据库规划期应完成哪些工作？

（6）简述需求分析的步骤。

（7）简述数据字典的内容和作用。

（8）简述概念结构设计的基本方法。

（9）简述概念结构设计的基本策略。

（10）简述概念结构设计的主要步骤。

（11）简述局部 E-R 模型合并过程中冲突的种类与消除方法。

（12）简述数据库物理结构设计的主要内容。

（13）什么是数据库的重组和重构？其区别是什么？

附录 1　MySQL 安装与配置

常见的 MySQL 版本包括社区版本（MySQL Community Server）、集群版（MySQL Cluster）、企业版本（MySQL Enterprise Edition）、高级集群版（MySQL Cluster CGE）。本书以开源、免费的社区版（MySQL Community 8.0.32）为例，在 Windows 10 系统下进行讲解。

访问 MySQL 的官网（https://www.mysql.com/）下载安装包。为了便于初学者使用，本书选用基于 Windows 系统的图形化安装包进行自动安装，在 MySQL Installer 的下载界面（附录 1 图 1），包含两个版本——在线安装版本 mysql-installer-web-community 和离线安装版本 mysql-installer-community，本书选用离线版本。

附录 1 图 1　下载界面

双击下载完成后的安装程序，等待系统检查配置后启动安装界面，如附录 1 图 2 所示，后续安装基本可以沿用默认的配置项，直到安装完毕。进入配置界面，配置界面的操作与安装相同，选用默认配置项即可。但在 Accounts and Roles 界面设置 root 账号的密码时，一定记好自己设置的密码，如附录 1 图 3 所示。

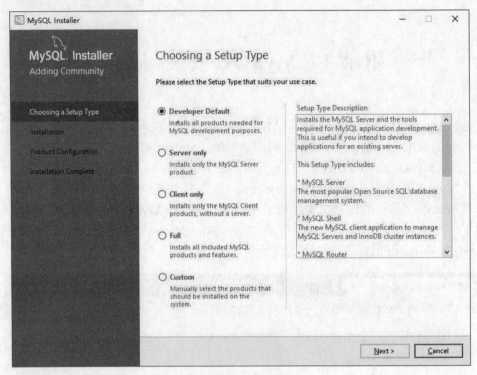

附录 1 图 2　安装界面

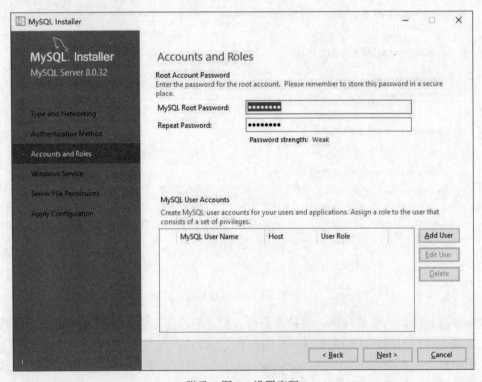

附录 1 图 3　设置密码

安装完成后，还需在操作系统的属性中配置环境变量。右击"此电脑"，在弹出的快捷菜单中选择"属性"→"系统"→"系统信息"→"高级"命令，弹出"系统属性"对话框，选择"高级"选项卡，如附录 1 图 4 所示。

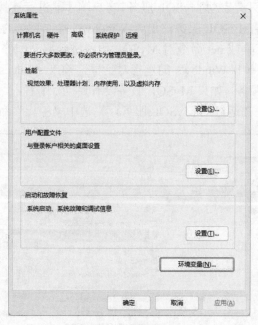

附录 1 图 4　"高级"选项卡

单击"环境变量(N)…"按钮，弹出"环境变量"对话框。在"系统变量"列表中选择 Path 选项，单击"编辑"按钮，弹出"编辑环境变量"对话框，单击"新建"按钮，将路径 C:\Program Files\MySQL\MySQL Server 8.0\bin（本例中的 MySQL 默认安装地址）加到文本框中，如附录 1 图 5 所示。

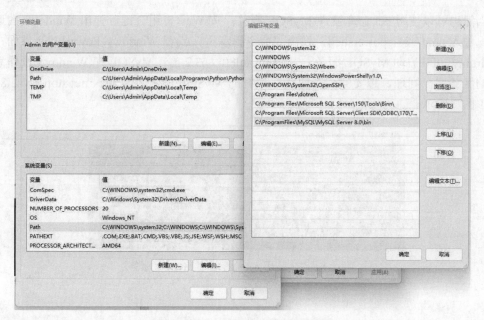

附录 1 图 5　MySQL 系统变量设置

单击"确定"按钮，完成 Path 变量的配置，再单击"环境变量"对话框中的"确定"按钮，保存当前配置。至此，完成了对 MySQL 的安装与环境配置。

安装和配置完成后，只有启动 MySQL 服务，客户端才能进行连接服务器操作。在 Windows 操作系统下，如果已经将 MySQL 服务注册为 Windows 操作系统的一个系统服务，则可以使用操作系统的服务管理工具或 net 命令对 MySQL 服务进行启动和停止操作。

按 Win+R 组合键，弹出 Windows 的运行对话框，输入 services.msc，弹出"服务管理工具"窗口，找到 MySQL 服务，如果 MySQL 服务没有启动，则右击，在弹出的菜单中选择"启动"选项。如果想停止正在运行的 MySQL 服务，则选中"停止"命令，如附录 1 图 6 所示。

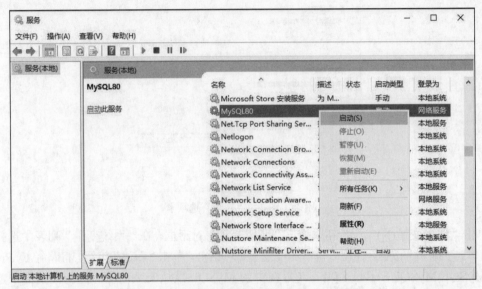

附录 1 图 6　使用服务管理工具管理 MySQL 服务

当然也可以使用 net 命令管理 MySQL 服务。按 Win+R 组合键，弹出 Windows 的运行对话框，输入 cmd 或者 powershell，弹出"命令提示符"或者 Windows PowerShell 界面，输入 net start mysql80 启动 MySQL 服务，其中 mysql80 为 3.2.2 节 MySQL 在 Windows 操作系统中注册的服务名。同理，想要停止当前正在运行的 MySQL 服务，可输入 net stop mysql80，如附录 1 图 7 所示。

附录 1 图 7　使用 net 命令管理 MySQL 服务

附录 2 MySQL 客户端的使用

MySQL 客户端工具有很多，如 MySQL Workbench、SQL Developer、Navicat、MySQL Shell、phpMyAdmin 等。这些图形用户管理工具可以有效提升用户管理数据库的工作效率，即使没有 SQL 基础的用户也可以轻松上手。由于图形用户管理工具无法实现一些功能，因此需要用户掌握一些常用的 MySQL 命令。本书的后续操作以及案例的讲解基本以 Windows PowerShell 工具为主。

1. 使用 Windows PowerShell 工具

Windows PowerShell 是微软推出的一种命令行界面和脚本语言。它基于.NET 框架和 CLI（公共语言基础设施），使用.net 对象和命令完成操作。Windows PowerShell 提供了一种高级的命令行环境，可以在命令行中执行各种操作，包括文件系统、注册表、网络、SQL Server 等。同时，PowerShell 支持执行脚本，用户可以通过编写脚本高效地管理和自动化任务。它是 Windows 系统管理的一个不可或缺的工具，也是开发人员和运维人员的常用工具。使用 Windows PowerShell 工具连接和断开 MySQL 服务器的步骤如下：

（1）单击"开始"→"Windows 工具"→Windows PowerShell 命令，或者按 Win+X 组合键，选择 Windows PowerShell 或者"终端"命令。

（2）在 Windows PowerShell 下，可以通过命令连接 MySQL 服务器，具体命令格式如下：

```
mysql -h hostname -u username -P port -p
```

说明：

（1）hostname: 表示 MySQL 服务器的主机名或 IP 地址，如果服务器是本机，则可以用 localhost 或 127.0.0.1，或者省略此选项。

（2）usemname: 表示用户名，如果没有创建其他用户，则默认为 root。

（3）port: 表示端口号，输入配置 MySQL 服务器时设置的端口号，默认为 3306。

（4）-p 后：可以直接输入密码（不加空格），但是一般不推荐使用明文方式给出密码。

输入 mysql -u root -p，按 Enter 键，提示 Enter password:，输入密码，按 Enter 键，如果密码正确，则出现 mysq 提示符，表示成功连接 MySQL 服务器，如附录 2 图 1 所示。

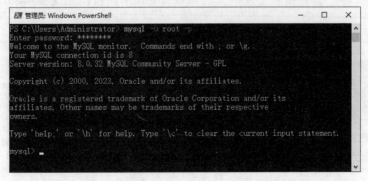

附录 2 图 1 Windows PowerShell 连接 MySQL 界面

（3）输入 exit;，即可断开与 MySQL 服务器的连接。

2. 使用 MySQL Command Line Client

MySQL Command Line Client（MySQL 命令行客户端）是 MySQL 数据库管理系统中的一种命令行工具，可以通过命令行的方式连接到 MySQL 服务器，执行 SQL 语句或者操作数据库。它是 MySQL 系统中的常用客户端工具，也是开发人员和管理员进行数据库管理及维护的重要工具。使用 MySQL Command Line Client 连接和断开 MySQL 服务器的步骤如下：

（1）单击"开始"→MySQL→MySQL 8.0 Command Line Client 命令，打开 MySQL 8.0 Command Line Client 窗口。

（2）输入 root 账户的密码，按 Enter 键，如果密码正确，则出现"mysql>"提示符，表示成功连接 MySQL 服务器，如附录 2 图 2 所示。

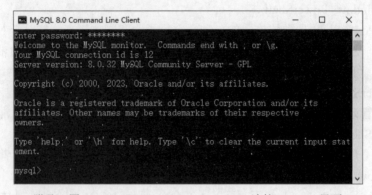

附录 2 图 2　MySQL Command Line Client 连接 MySQL 界面

3. 使用 MySQL Shell

MySQL Shell 是 MySQL 数据库管理系统中的一种交互式命令行工具，也是 MySQL 系统中最新的客户端工具，提供了丰富的功能和操作方式，可以更加高效地管理和维护 MySQL 数据库。MySQL Shell 提供 SQL 功能，同时提供 JavaScript 和 Python 的脚本功能，并包含用于 MySQL 的 API。MySQL Shell 是一种比较新的工具，需要用户具备一定的编程和脚本语言知识，还需要熟悉 MySQL 数据库的管理和操作方式。

在 3.2.2 小节"MySQL 的安装与配置"中同时安装了 MySQL Shell。用户可以通过执行"开始"→"所有应用"→MySQL→MySQL Shell 命令启动 MySQLShell，其界面如附录 2 图 3 所示。其中"MySQL JS>"说明当前交互语言是 JavaScript，用户可以通过输入\sql 转换到"MySQL SQL>"。

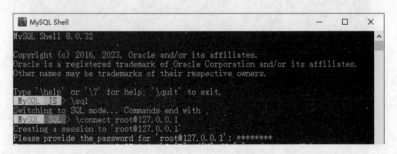

附录 2 图 3　MySQL Shell 连接 MySQL 界面

在 MySQL Shell 中，用户可以通过以下语句连接 MySQL 数据库。

```
\connect root@127.0.0.1
```

其中，"root"是安装 MySQL 时设置的用户名；"@"后是本地 IP，也可以写为"localhost"。按 Enter 键之后会提示再输入密码。连接成功后，可以通过相应的 SQL 操作 MySQL 数据库。

4. 使用 MySQL Workbench

MySQL Workbench 是 MySQL 数据库管理系统中的一种可视化工具，可以帮助用户进行数据库设计、管理和维护。它提供了一种图形化界面，用户可以直观地查看和操作数据库，而不需要使用命令行或者编写脚本。

在 3.2.2 小节 "MySQL 的安装" 中同时安装了 MySQL Workbench。用户可以通过执行 "开始" → "所有应用" →MySQL→MySQL Workbench 8.0 CE 命令启动 MySQL Workbench，进入欢迎界面，如附录 2 图 4 所示。

附录 2 图 4　MySQL Workbench 欢迎界面

其中，MySQL Connections 下面是用户设置的 MySQL 本地登录账号，此账号是在安装 MySQL 过程中设置的，实例名为 MySQL80，管理员账号名为 root，端口为 3306。单击账号，进入附录 2 图 5 所示页面，输入密码即可连接到数据库，进入主页面。MySQL Workbench 的布局及功能如附录 2 图 6 所示。

附录 2 图 5　Connect to MySQL Server 界面

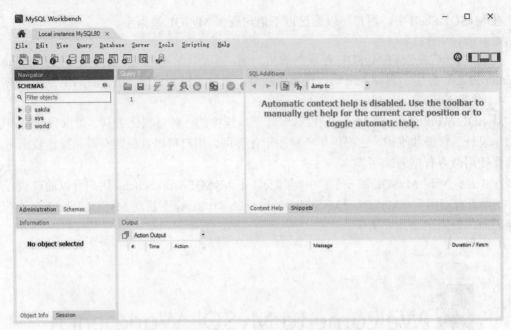

附录 2 图 6　MySQL Workbench 操作界面

用户也可创建新连接。单击附录 2 图 6 主菜单中的 Database→Connect to Database，弹出 Connect to Database 窗口，如附录 2 图 7 所示，输入相关信息，单击 OK 按钮，连接成功后如附录 2 图 6 所示。接下来以图形化方式对数据库进行管理和操作。

附录 2 图 7　"Connect to Database" 窗口

5. 使用 phpMyAdmin 管理工具

phpMyAdmin 是一种基于 Web 的 MySQL 开源数据库管理工具，在 PHP 和 Apache 环境下运行，可以通过 Web 界面进行数据库管理和维护，支持多种操作系统平台。

　　下载和安装 phpMyAdmin，具体的安装配置自行完成。安装成功后，通过浏览器访问 phpMyAdmin，输入正确的用户名和密码即可进入图形化管理界面，如附录 2 图 8 所示。为支持简体中文、防止乱码，建议在 PhpMyAdmin 图形化管理主界面的"语言-Language"下拉列表框中选择"中文-Chinese simplified"选项，在"服务器连接排序规则"下拉列表框中选择 utf8mb4_general_ci 选项。

附录 2 图 8　PhpMyAdmin 图形化管理主界面

　　单击"数据库"选项卡，创建数据库。在文本框中输入要创建的数据库名称，如 school，在"新建数据库"下拉列表框中再次选择 utf8mb4_general_ci 选项，如附录 2 图 9 所示，单击"创建"按钮，在左侧数据库列表中可以看见创建的数据库。

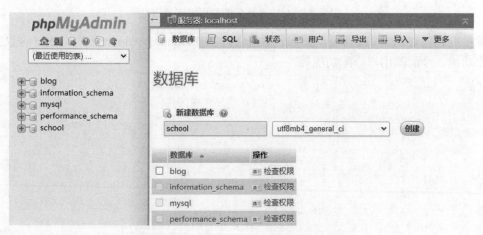

附录 2 图 9　PhpMyAdmin 创建数据库界面

　　在创建的 school 数据库右侧的操作界面"结构"选项卡下单击"新建数据表"，输入数据表的名字和字段数，单击"执行"按钮，即可创建数据表，如附录 2 图 10 所示。

　　成功创建数据表之后，显示数据表结构的界面。在该界面的表单中输入各字段的详细信息，包括字段名、数据类型、长度/值、编码格式、是否为空和主键等，以完成对数据表结构的详细设置。所有信息都填写完成后，单击"保存"按钮，可以创建数据表结构。设计后的数据表字段信息如附录 2 图 11 所示。

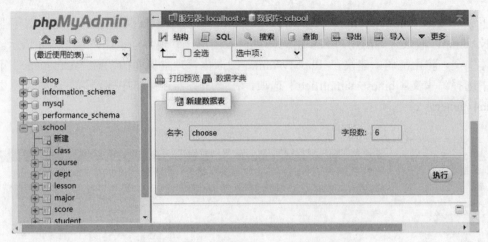

附录 2 图 10　phpMyAdmin 创建数据表界面

#	名字	类型	排序规则	属性	空	默认	额外	操作
1	cno	char(5)	utf8_general_ci		否	无		修改 ● 删除 主键 唯一 索引 空间 全文搜索 非重复值 (DISTINCT)
2	cname	varchar(15)	utf8_general_ci		否	无		修改 ● 删除 主键 唯一 索引 空间 全文搜索 非重复值 (DISTINCT)
3	ctype	varchar(5)	utf8_general_ci		是	NULL		修改 ● 删除 主键 唯一 索引 空间 全文搜索 非重复值 (DISTINCT)
4	chour	tinyint(4)			是	NULL		修改 ● 删除 主键 唯一 索引 空间 全文搜索 非重复值 (DISTINCT)
5	ccredit	decimal(2,1)			是	NULL		修改 ● 删除 主键 唯一 索引 空间 全文搜索 非重复值 (DISTINCT)
6	cterm	tinyint(4)			是	NULL		修改 ● 删除 主键 唯一 索引 空间 全文搜索 非重复值 (DISTINCT)

附录 2 图 11　设计后的数据表字段信息

　　除了上述对数据库、数据表及数据的常规管理功能，phpMyAdmin 还提供便捷的数据表导入导出功能、全面的用户分配功能等。

附录3　MongoDB 安装与配置

MongoDB 是一个跨平台的数据库，允许在不同的操作系统上安装部署。MongoDB 提供了可用于 32 位系统和 64 位系统的预编译二进制包，可以从官网下载安装，MongoDB 预编译二进制包下载地址为 https://www.mongodb.com/try/download/community，具体下载步骤如附录 3 图 1 所示。

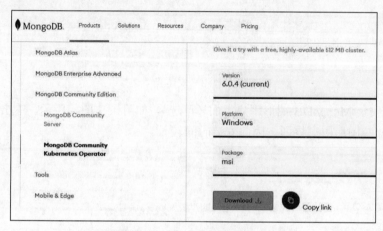

附录 3 图 1　MongoDB 社区版下载中心

下面以 MongoDB 6.04 社区版为例，安装环境为 Windows 64 位操作系统，具体安装步骤如下：

（1）双击下载的.msi 文件，出现开始安装界面，如附录 3 图 2（a）所示，单击 Next 按钮，选择安装方式"Complete（完整安装）"或"Custom（自定义安装）"，如附录 3 图 2（b）所示，自定义安装允许指定安装哪些可执行文件及安装位置，此处选择后者并更改安装目录为 G:\MongoDB\。

（a）

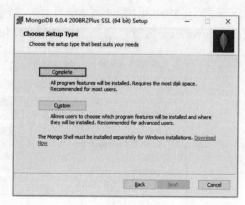

（b）

附录 3 图 2　安装界面 1

（2）采用默认的以网络服务用户身份运行服务设置，附录 3 图 3 所示，服务器名称默认为 MongoDB，数据目录与日志目录默认在安装目录下，如果目录不存在，则安装程序创建目录并将目录访问权限设置为服务用户。

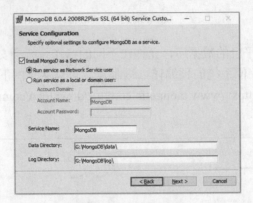

附录 3 图 3　安装界面 2

（3）选择安装 MongoDB 图形用户界面（可选），如附录 3 图 4 所示，单击 Install 按钮安装，由于选择安装图形用户界面，因此安装时间较长。

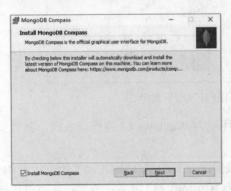 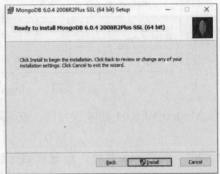

附录 3 图 4　安装界面 3

（4）安装完成后的界面如附录 3 图 5 所示。系统将使用配置文件配置 MongoDB 实例，配置文件为 G:\MongoDB\bin\mongod.cfg，自动启动 MongoDB。若没有将 MongoDB 作为自启动的 Windows 服务运行，则必须手动启动 MongoDB 实例。

附录 3 图 5　MongoDB 安装后界面

（5）建议配置 MongoDB 的环境变量，将安装目录下的 bin 路径（此处为 G:\MongoDB\bin）添加到系统环境变量 PATH 中。

在.msi 文件安装过程中，MongoDB 不再默认安装 Shell 工具（mongosh），需自行到官网 https://www.mongodb.com/try/download/shell 下载安装，此处使用 1.7.1 版，同时添加安装路径到系统环境变量 PATH 中。

以上操作全部完成后，可以使用 MongoDB Shell 连接 MongoDB 服务器。打开 CMD 命令解释器，输入 mongosh 连接到 MongoDB 的 test 数据库，如附录 3 图 6 所示，主要在该界面中实现对 MongoDB 数据库的管理。

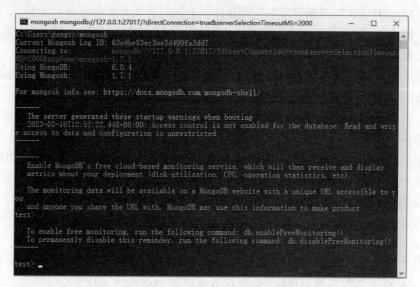

附录 3 图 6　mongosh 连接 MongoDB

可以看出，默认连接到本地主机 27017 端口，等效于通过 mongosh "mongodb://localhost:27017"命令连接。

参 考 文 献

[1] 杨俊杰，张玮．数据库原理[M]．北京：中国水利水电出版社，2018．

[2] 王珊，萨师煊．数据库系统概论[M]．5 版．北京：高等教育出版社，2014．

[3] 陈志泊．数据库原理及应用教程：微课版[M]．4 版．北京：人民邮电出版社，2017．

[4] 吕凯．MySQL 8.0 数据库原理与应用[M]．北京：清华大学出版社，2023．

[5] 王坚．MySQL 数据库原理及应用[M]．北京：机械工业出版社，2020．

[6] 秦昳．数据库原理与应用：MySQL 8.0[M]．北京：清华大学出版社，2022．

[7] 徐丽霞，郭维树，袁连海．MySQL 8 数据库原理与应用：微课版[M]．北京：电子工业出版社，2020．

[8] 李岩，侯菡苕．MySQL 数据库原理及应用：微课版[M]．北京：清华大学出版社，2021．

[9] 孟凡荣，闫秋艳．数据库原理与应用：MySQL 版[M]．北京：清华大学出版社，2019．

[10] 赵明渊．数据库原理与应用：基于 MySQL[M]．北京：清华大学出版社，2021．

[11] 武洪萍，孟秀锦，孙灿．MySQL 数据库原理及应用：微课版[M]．3 版．北京：人民邮电出版社，2021．

[12] 林子雨．大数据技术原理与应用：概念、存储、分析与应用[M]．3 版．北京：人民邮电出版社，2021．

[13] 王爱国，许桂秋．NoSQL 数据库原理与应用[M]．北京：人民邮电出版社，2019．

[14] 侯宾．NoSQL 数据库原理[M]．北京：人民邮电出版社，2018．

[15] 柳俊，周苏．大数据存储：从 SQL 到 NoSQL[M]．北京：清华大学出版社，2021．